Andreas Karge / Werner Klotz • Süsswassergarnelen aus aller Welt

Andreas Karge / Werner Klotz

Süßwassergarnelen aus aller Welt

3., überarbeitete und erweiterte Auflage

Dähne Verlag

Fotonachweis: Alle Fotos und Grafiken, außer den namentlich gekennzeichneten, sind von den Autoren.
Titelfoto: Chris Lukhaup

Bibliografische Information der Deutschen Bibliothek
Die Deutsche Bibliothek verzeichnet diese Publikation in der Deutschen Nationalbibliografie; detaillierte bibliografische Daten sind im Internet über http://dnb.d-nb.de abrufbar.

ISBN 978-3935175-90-6

Druck: Himmer AG, Augsburg
Printed in Germany

Foto: C. Lukhaup

Inhalt

Die rote Farbform der Tigergarnele *Caridina* cf. *cantonensis* entstand durch eine Spontanmutation.

Vorwort

Süßwassergarnelen haben längst einen festen Platz in der Aquaristik eingenommen. Vor allem die Nano-Aquaristik wäre ohne kleine Wirbellose kaum denkbar. War es früher die Amanogarnele *Caridina multidentata*, die zur Algenprophylaxe in viele Gesellschaftsaquarien und Landschaftsaquarien eingesetzt wurde, sind es heute farbenprächtige Hochzuchttiere aus Japan und Taiwan, in zunehmenden Maße auch aus Deutschland, wie Red Bee, Crystal Red, die Taiwaner- oder Shadow-Garnelen oder Hochzuchten der Tigergarnele, die für Begeisterung in der Aquaristik sorgen. Daneben werden auch größere Arten wie Fächergarnelen der Gattungen *Atya* und *Atyopsis* oder Großarmgarnelen der Gattung *Macrobrachium* im Handel angeboten und von Aquarianern gehalten.

Caridina cf. *babaulti*. Hellrotes Wildfang-Exemplar vom Raidad River in Ost-Bengalen.

Anders als bei Fischen, die im Handel meist unter richtigen Artbezeichnungen verkauft werden und für die umfangreiche Literatur zur Verfügung steht, werden Garnelen fast ausnahmslos unter Fantasie- und Handelsnamen angeboten. Über die ursprüngliche Herkunft der Tiere wissen Zoofachhändler und Züchter kaum Bescheid, ohne dieses Wissen wiederum sind aber kaum Angaben zu Haltungsbedingungen zu machen.

Es ist uns deshalb in diesem Buch ein ganz besonderes Anliegen, jede beschriebene Art taxonomisch so genau wie möglich zuzuordnen und Angaben über die Herkunft und die Verhältnisse in den natürlichen Biotopen der Tiere zu machen. Damit sollte es dem interessierten Aquarianer möglich sein, auf die speziellen Bedürfnisse der einzelnen Arten einzugehen. Einfache Bestimmungsschlüssel, Hinweise zu ähnlichen und verwandten Arten sollen eine Möglichkeit bieten, unter Handelsbezeichnungen oder diversen Trivialnamen gehandelte Tiere zuzuordnen, allein auf der Körperfärbung basierend ist dies bei den allermeisten Tieren nicht möglich.

So wie eine bunt zusammengewürfelte Mischung verschiedener Fischarten in einem Gesellschaftsaquarium kaum die artspezifischen Verhaltensmuster der einzelnen Arten zur Ausprägung kommen lässt, zeigen auch viele Garnelenarten erst in einem artgerecht gestalteten Becken ihre charakteristischen Lebensweisen. Nur in einem Aquarium mit starker Strömung wird man Fächergarnelen bei ihrer höchst spezialisierten Form der Nahrungsaufnahme beobachten können. Nur in einem Becken ohne Fraßdruck durch größere Fische werden Zwerggarnelen auch tagsüber die Oberflächen nach fressbaren Aufsitzerorganismen absuchen und nur in einem gut strukturierten Aquarium mit ausreichend Rückzugsmöglichkeiten können territorial veranlagte *Macrobrachium*-Arten eine stabile soziale Struktur in der Population aufbauen, in der ein starkes Alpha-Männchen über mehrere Weibchen und untergeordnete schwächere Männchen wacht. Letztlich sollte es Ziel jeden Aquarianers sein, den von ihm gehaltenen Tieren eine artgerechte Haltung zukommen zu lassen. Die Tiere werden es mit kräftigen Farben, regelmäßigen Bruten und einem interessanten artspezifischen Verhalten zu danken wissen.

Unser Dank gilt jenen Personen, die uns immer wieder mit Rat, Hinweisen, Literatur und Bildmaterial unterstützten. Besonders Chris Lukhaup, ohne dessen Bilder das Buch in dieser Form nicht möglich gewesen wäre, Kai A. Quante, der uns viele seiner Tiere für Bestimmungszwecke zur Verfügung gestellt hat, Tim Page von der Griffith University in Australien und Sammy de Grave vom University Museum for Natural History Oxford für die Zusendung unzähliger Seiten wissenschaftlicher Literatur. Und nicht zuletzt möchten wir uns bei unseren Familien und Freunden für ihre oft geduldige Nachsicht in den letzten Jahren bedanken.

Andreas Karge/Werner Klotz

Foto: C. Lukhaup

Caridina masapi – eine in der Aquaristik noch weitgehend unbekannte Art aus den Zentralseen von Sulawesi.

Morphologie und Anatomie

Körperbau

Wie alle Zehnfußkrebse (Dekapoden) folgen auch die Familien der Süßwassergarnelen dem allgemeinen Bauplan der Krebstiere. Während bei anderen Vertretern der Arthropoden (Gliederfüßer) der Grundbauplan mit baugleichen, kettenartig aneinander gereihten Segmenten noch leichter zu erkennen ist, ist der Körper bei Dekapoden deutlich in zwei Abschnitte gegliedert, einem unter einem Brustschild (Carapax) verborgenen Kopf-Brustteil (Cephalothorax) und dem deutlich gegliederten Hinterleib (Abdomen). Die ursprünglich neunzehn Segmente des Körpers sind im Verlauf der Entwicklungsgeschichte teilweise miteinander verwachsen und gerade im Kopfbereich kaum noch als solche zu erkennen, tragen aber noch immer jeweils eigene Extremitäten. An jedem Segment entspringt eine paarig angelegte Extremität, nur die Oberlippe (Labrum) und das Telson am hinteren Körperende sind unpaar angelegt.

Der Vorderkörper (Cephalothorax) ist fast völlig unter einem starken Schutzschild, dem Carapax, verborgen. Nur die beiden Antennenpaare, die Augen, die Kieferfüße (Maxillipeden) und die Schreitbeine (Peraeopoden) schauen unter dem

Allgemeiner Körperbau einer Garnele

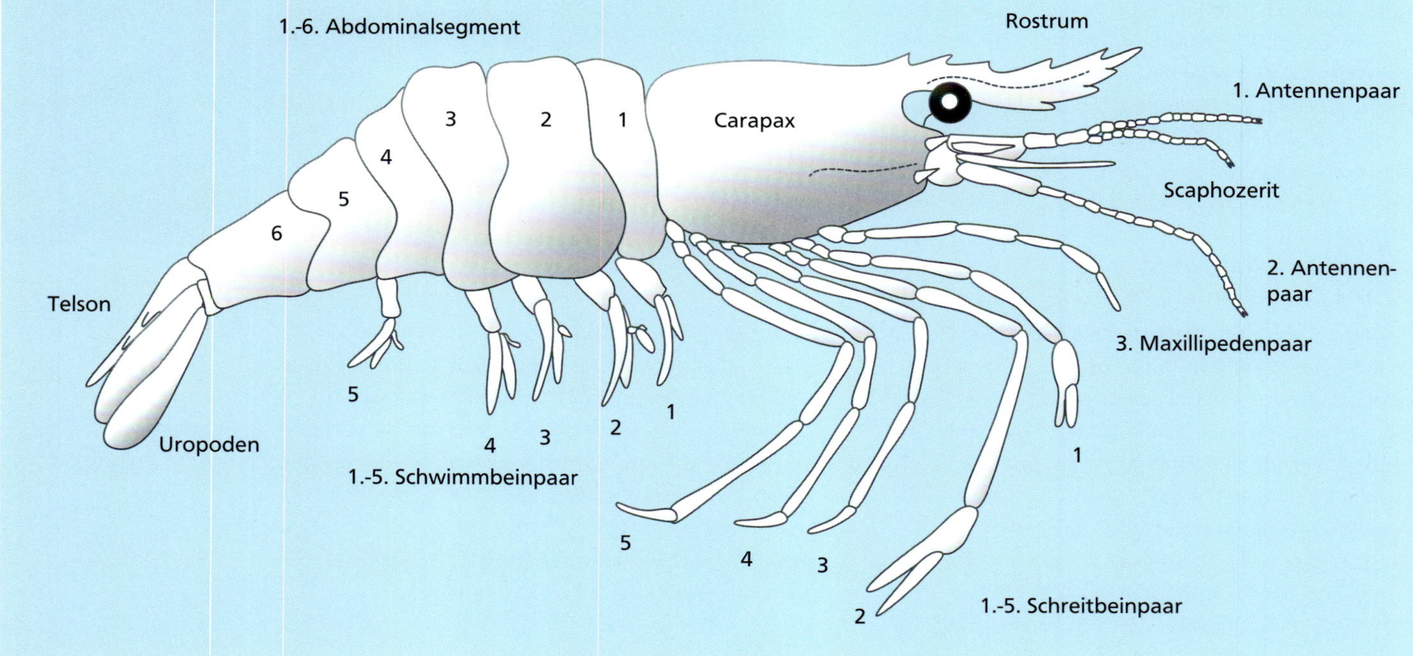

Carapax mit Bedornung und Regionen

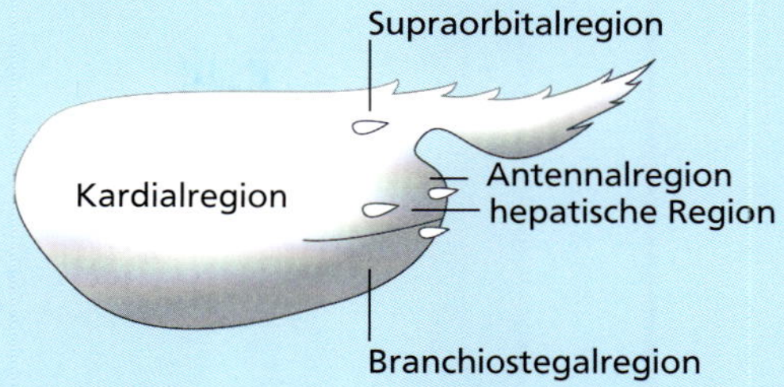

1. Antenne (Antennulae)

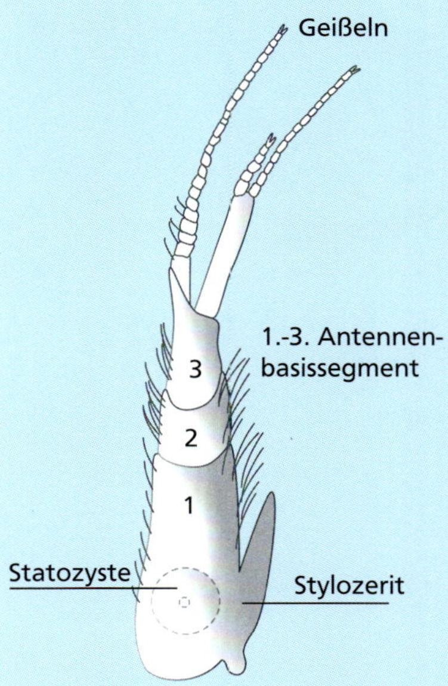

2. Antenne (Antennae)

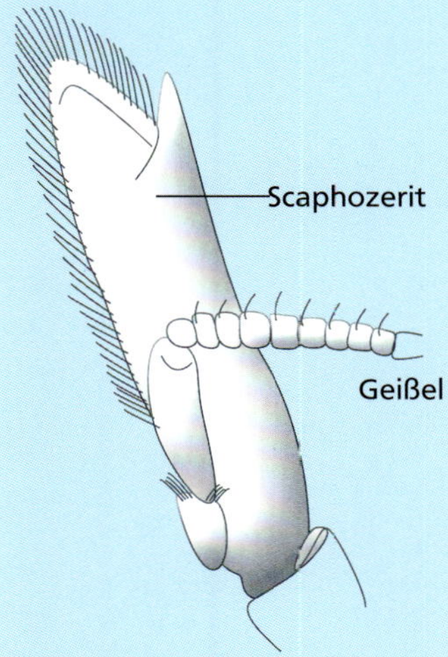

Carapax hervor. Der Carapax ist vorne oben lanzenartig verlängert. Dieser Fortsatz, das Rostrum, trägt bei vielen Gattungen von Süßwassergarnelen sehr wichtige Bestimmungsmerkmale. Die Form, die Länge im Verhältnis zur Länge der Antennenbasis und der Länge des Carapax sowie die Anzahl der Zähne am oberen und unteren Rand des Rostrums sind unverzichtbare Merkmale bei der Garnelenbestimmung.

Der unter dem Carapax liegende und aus den miteinander verschmolzenen Kopf- und Brustteilen gebildete Cephalothorax setzt sich aus fünf Segmenten der Kopfregion und acht Segmenten der Brustregion zusammen. Am vordersten Segment entspringen die ersten Antennen (Antennulae). Seitlich am ersten Segment der dreiteiligen Antennenbasis sitzt eine spitze Schuppe, der Stylozerit. Dessen Länge im Vergleich mit der des ersten Segmentes ist bei Zwerggarnelen der Gattung *Caridina* als Bestimmungsmerkmal von Bedeutung.

Das am zweiten Körpersegment entspringende zweite Antennenpaar (Antennae) ist zweiästig ausgebildet. Den Innenast (Endopodit) bildet dabei die vielsegmentige und ebenfalls mit mechanorezeptiven Härchen versehene Antenne, die bei manchen Arten die Körperlänge übertreffen kann. Der Scaphozerit, eine im distalen Rand dicht bewimperte Schuppe, trägt an der Außenkante einen Zahn und stellt den Außenast (Exopodit) dieses Körperanhanges dar.

An der Basis der zweiten Antennen münden die Ausführungsgänge der Grünen Drüse, über die der Harn der Garnelen ausgeschieden wird.

Die aus tausenden Einzelaugen (Ommatidien) zusammengesetzten halbkugelförmigen Komplexaugen sitzen sehr beweglich an langen Augenstielen, was den Garnelen das Beobachten in alle Richtungen ermöglicht. Nur bei unterirdisch lebenden Arten sind die Augen ganz oder teilweise reduziert, da die Ausbildung dieses Sinnes in völliger Dunkelheit sinnlos wäre und wertvolle Energie verbrauchen würde. Solche Arten sind deshalb leicht am Fehlen einer Pigmentierung der Cornea (äußere Abdeckung des Auges) oder überhaupt stark zurückgebildeten Augen zu erkennen. Dass alle höhlenbewohnenden Arten noch rudimentäre Reste der Augen aufweisen, ist insoweit zu interpretieren, dass die Vorfahren dieser Arten irgendwann einmal in Oberflächengewässern beheimatet waren. In den Augenstielen der Dekapoden liegen lebenswichtige Hormondrüsen, mit denen die Pigmentzellen des Panzers, der Stoffwechsel, das

Großarmgarnelen tragen im Gegensatz zu Zwerg- oder Fächergarnelen ein schwach entwickeltes erstes und ein wesentlich stärker entwickeltes zweites Scherenpaar.

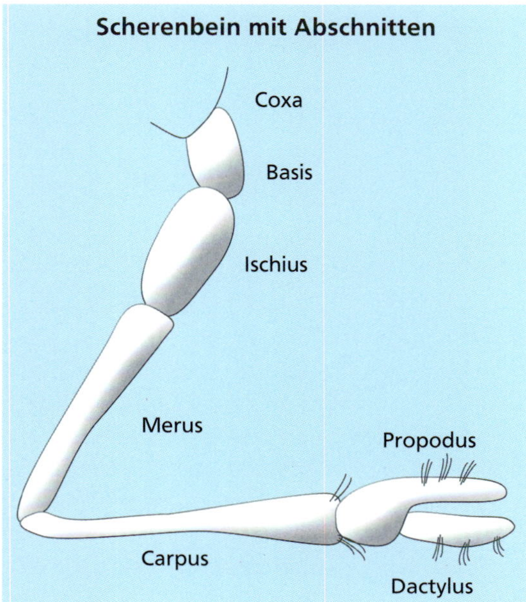

Wachstum, vor allem aber die Häutungsfrequenz der Tiere gesteuert wird. Am dritten bis fünften Segment des Kopfteiles liegen die eigentlichen Mundwerkzeuge der Garnele, welche aus dem Epistom, den Mandibeln, und den ersten und zweiten Maxillen bestehen. Die Mundwerkzeuge stellen ein hoch spezialisiertes System von Anhängseln dar, welches dem Zerkleinern der Nahrung und der Reinigung der Kauwerkzeuge und der Kiemenkammer dient. An den ersten drei Segmenten des Brustteiles sitzen die Kieferfüße (Maxillipeden). Ihre Aufgabe besteht in der Manipulation und Zerkleinerung der Nahrung, sie bilden Schutzklappen für die Kiemenkammer und sorgen mit flimmerartiger Bewegung der bewimperten Lappen für einen konstanten Wasserstrom an den Kiemen vorbei.

Am vierten Segment des Brustabschnittes beginnen die Schreitbeine (Peraeopoden). Jede Garnelenart besitzt fünf Paar bzw. zehn Stück davon, ein namensgebendes gemeinsames Merkmal aller Zehnfußkrebse (Dekapoden). Alle Schreitbeine folgen demselben Grundbauplan und setzen sich aus den Segmenten Coxa, Basis, Ischium, Merus, Carpus, Propodus und Dactylus zusammen.

Die ersten beiden Schreitbeinpaare tragen Scheren, die sich aus dem Dactylus (dem beweglichen Finger), dem Propodus (dem unbeweglichen Finger) und bei allen Arten, mit Ausnahme der Fächergarnelen, der Handfläche (engl. palm) zusammensetzen. Die Ausformung der Scherenbeine unterscheidet sich deutlich zwischen Tieren aus unterschiedlichen Familien und mit unterschiedlichem Nahrungsspektrum, worauf weiter unten noch detaillierter eingegangen wird.

Die hinteren drei Schreitbeinpaare tragen keine Scheren. Die Endglieder (Dactyli) besitzen an der Spitze eine starke Kralle, die untere Kante (engl. flexor margin) bei den Caridinen eine Reihe weiterer Dornen. Die Dactyli des fünften Schreitbeinpaares sind bei den meisten Caridinen kammartig dicht bedornt und dienen der Reinigung des Hinterkörpers und bei den Weibchen der an den Schwimmbeinen (Pleopoden) befestigten Eier.

Bei weiblichen Tieren münden an den Coxa der dritten Schreitbeine die Eileiter, bei den Männchen an den Coxa der fünften Schreitbeine die Samenleiter. Die entsprechenden Öffnungen werden als Gonoporen bezeichnet. Wie alle Dekapoden sind auch Garnelen zur Autonomie befähigt. Darunter versteht man die Fähigkeit, Gliedmaßen gezielt abzuwerfen, um auf diese Weise Fressfeinden oder Gegnern bei Revierstreitigkeiten zu entgehen. Zwischen Ischium und Coxa der Schreit- und Scherenbeine befindet sich eine Sollbruchstelle mit besonders dünner Panzerung. Durch rasches Überdehnen dieses Bereiches durch einen speziellen Muskel können Gliedmaßen an diesen Stellen abgetrennt werden. Die Haut an diesen Sollbruchstellen zieht sich anschließend rasch zusammen und verhindert einen größeren Blutverlust oder das Eindringen von Keimen.

Schreitbein und Dactylus des 5. Schreitbeins

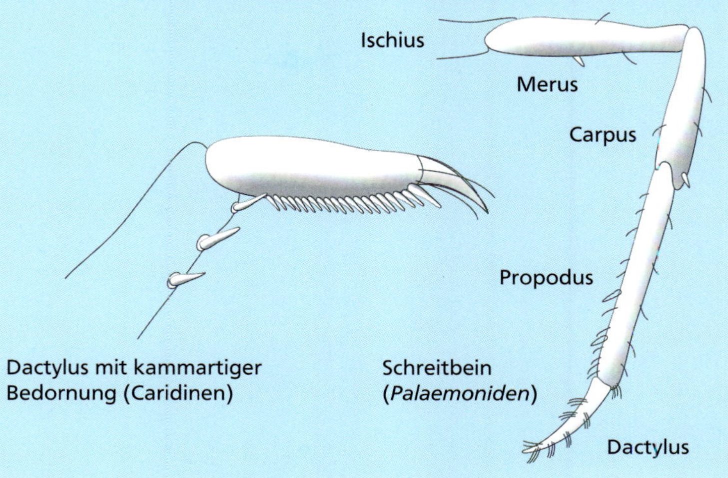

Branchialregion mit den Kiemenbüscheln

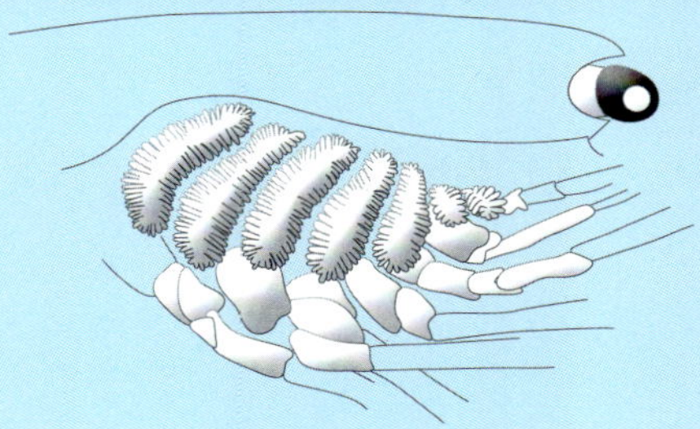

Epipoden und Setobranchien

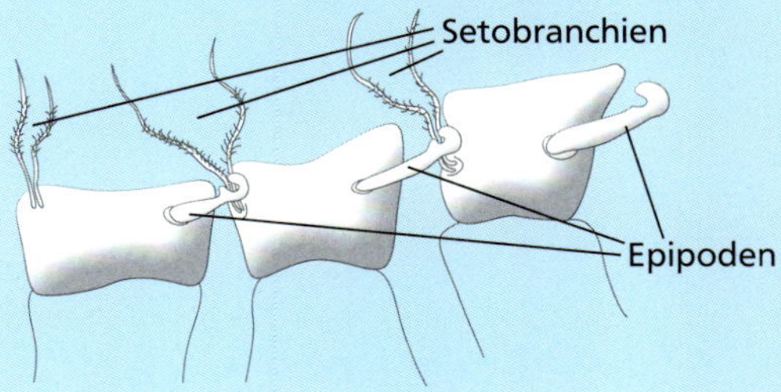

Durch den Carapax verdeckt sitzen an den ersten Segmenten der Kiefer- und Schreitbeine sowie an den seitlichen Körperwänden büschel- oder blattförmige Kiemen, die dem Gasaustausch mit dem Umgebungswasser dienen. Neben der Funktion als

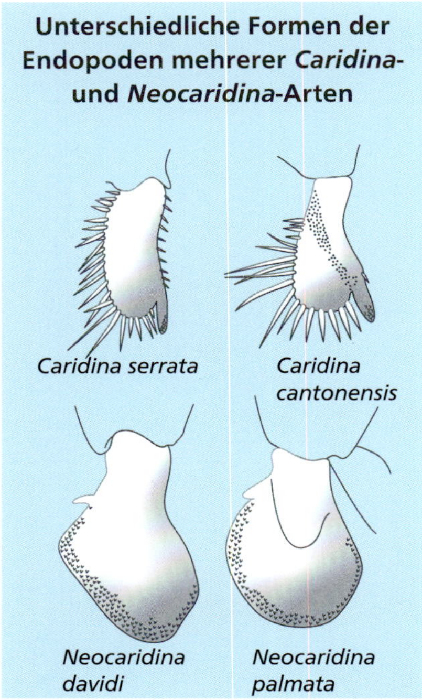

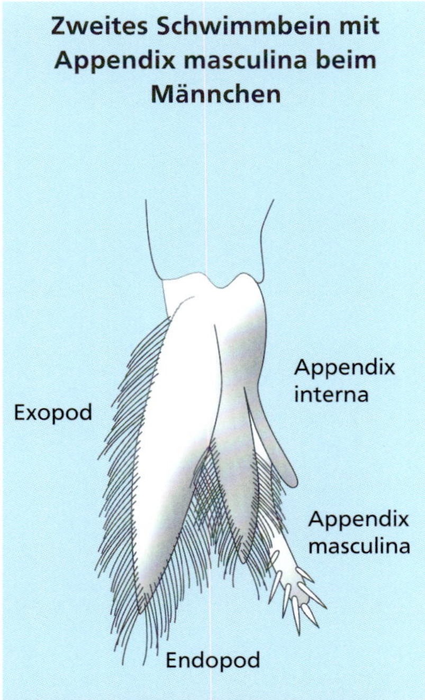

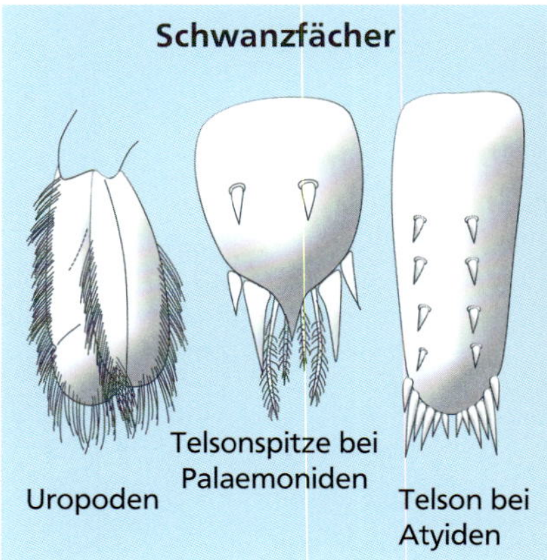

Blasenförmig verdickter Appendix masculina bei *Neocaridina davidi.*

Atmungsorgan dienen die Kiemenblättchen auch als Ausscheidungsorgane, über die lösliche Substanzen an das Wasser abgegeben werden.

Auch die ebenfalls an den Schreitbeinen entspringenden bandförmigen Epipoden und die in deren hakenförmigen Enden eingehakten fadenförmigen Setobranchien werden zum Kiemenapparat gezählt, obwohl diese nicht primär zum Gasaustausch, sondern zur Reinigung der Kiemen gebraucht werden.

Der Hinterkörper (Abdomen, Pleon) der Garnele besteht aus sechs Segmenten und ihren Anhängen. Die ersten fünf Abdominalsegmente (Pleura) tragen die Schwimmbeine (Pleopoden). Sie dienen der Garnele zum langsamen Vorwärtsschwimmen. Die Pleopoden bestehen aus einem Basalteil (Protopodit) und zwei paddelförmigen Ästen, den Endopoditen bzw. Exopoditen. Die Endopoditen (kurz: Endopoden) tragen an den Innenkanten einen kleinen, am distalen Ende mit winzigen Häkchen versehenen Anhang, den Appendix interna. Mithilfe dieser Häkchenfelder werden das linke und rechte Schwimmbein zusammengehalten, um ein gleichmäßiges Schlagen bei den Schwimmbewegungen zu gewährleisten. Der Klettverschluss ist keine Erfindung des Menschen!

Zusammen mit den im Vergleich zu männlichen Tieren weiter seitlich heruntergezogenen Pleurasegmenten weiblicher Tiere bilden die Pleopoden auch die Brutkammer für die befruchteten Eier, die bis zum Schlupf der Larven vom Weibchen am Abdomen mitgetragen werden. Bei den Männchen tragen die Innenäste (Endopoden) der ersten Schwimmbeinpaare die äußeren Geschlechtsorgane. Vor allem bei den Gattungen *Caridina* und *Neocaridina* sind die Endopoden des ersten Schwimmbeinpaares sehr artspezifisch ausgebildet und gehören zu den wichtigsten Bestimmungsmerkmalen bei diesen Tieren. Die artspezifische Ausformung hat möglicherweise den Sinn, Paarungen zwischen Tieren unterschiedlicher Arten zu verhindern. Bei der Gattung *Potimirim* übernehmen die Endopoden des 2. Schwimmbeinpaares diese Funktion.

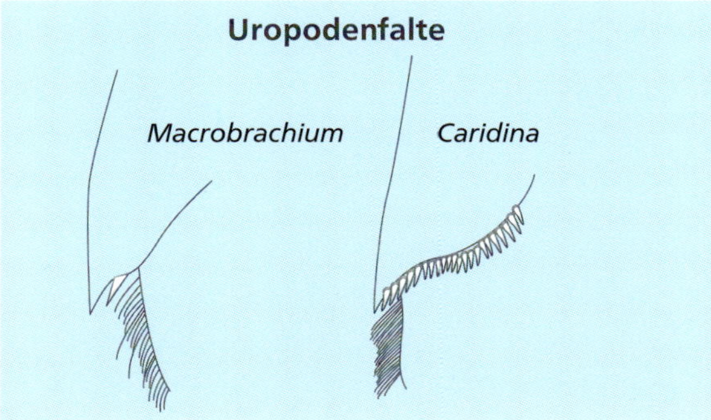

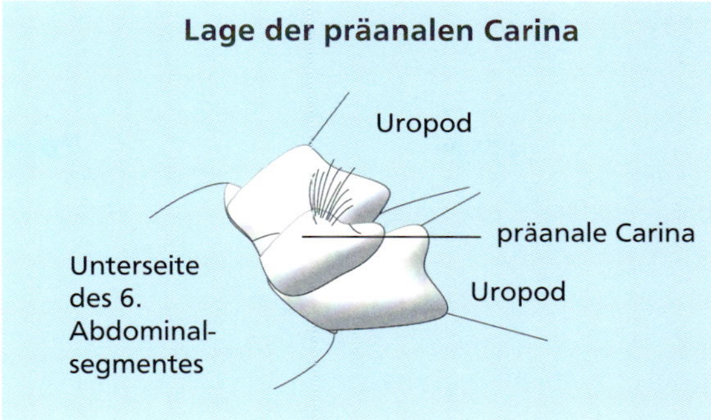

Am Endopod des zweiten Schwimmbeinpaares tragen die Männchen aller Garnelenarten einen dicht bedornten blasenförmigen Anhang, den Appendix masculina. Die Funktion dieses Anhängsels ist unklar, es könnte wie die Endopoden des ersten Schwimmbeinpaares der Übertragung der Samenpakete dienen, aber auch eine Drüsenfunktion wäre denkbar. Für den Wissenschaftler ermöglicht die mikroskopische Kontrolle des zweiten Schwimmbeinpaares die sicherste Unterscheidung zwischen männlichen und weiblichen Tieren. Bei einigen Gattungen wie *Potimirim* stellt die Ausbildung der Anhänge der zweiten Pleopoden männlicher Exemplare ein wichtiges Merkmal zur Artunterscheidung dar.

Die Anhänge des sechsten Abdominalsegmentes sind im Vergleich mit den Pleopoden stark vergrößert und werden als Uropoden bezeichnet. Zusammen mit dem unpaaren Anhang dieses Segmentes, dem Telson, bilden sie den Schwanzfächer der Garnele.

Während die Schwimmbeine dem langsamen Vorwärtsschwimmen der Tiere dienen, wird der Schwanzfächer durch blitzschnelles Nachuntenklappen des muskulösen Abdomens für schnelle Fluchtbewegungen eingesetzt. Die Außenäste (Exopoditen, kurz: Exopoden) der Uropoden tragen eine markante Falte, die je nach Gattung und Art mit einer charakteristischen Anzahl von Dornen besetzt sein kann. In der englischen Literatur wird die Uropodenfalte als uropodial diaeresis bezeichnet.

Zwischen dem sechsten Abdominalsegment und dem Telson befindet sich auf der Unterseite eine kleine längliche Platte, welche bei vielen Arten eine gerundete Erhöhung trägt, die präanale Carina. Direkt dahinter, auf der Unterseite des Telson mündet der Anus der Garnele. Der Telson kann an der Oberseite (dorsal) und am distalen Ende mehrere Dornen tragen. Länge und Anzahl der Dornen besitzen ebenfalls Bedeutung als Bestimmungsmerkmale.

Caridina gracilirostris, eine Zwerggarnele mit markantem, feingliedrigem Körperbau.

Innere Organe

Die meisten inneren Organe liegen im Cephalothorax. Den größten Teil dieses Körperabschnitts nehmen die Organe des Verdauungstraktes ein. An erster Stelle steht hier der Kaumagen, der bei durchsichtigen Arten deutlich unter dem Carapax als gefurchter, graugrün gefärbter Sack zu erkennen ist. Im vorderen Teil dieses Organs liegen vier harte Chitinplatten, welche die mit den Mundwerkzeugen aufgenommene Nahrung nochmals zerkleinern und den nachfolgenden Abschnitten des Verdauungstraktes zuführen. Diese harten Teile des Magens gelten als Teil des inneren Skelettes (Endoskelett).

Das aus mehreren Kammern bestehende Herz liegt direkt hinter dem Magen. Von diesem führen kurze, nur wenig verzweigte Arterien in den Abdominalbereich, nach vorne in die Kopfregion und zu den Kiemen.

Die Blutflüssigkeit besteht aus dem farblosen Hämolymph mit Hämozyanin als Sauerstofftransportmolekül und den Amoebozyten, die analog zu den weißen Blutkörperchen beim Menschen die Aufgaben zur Immunabwehr innehaben. An den Organen tritt die Blutflüssigkeit der Garnelen aus den Arterien aus und umspült die Organe in weiten Hohlräumen.

Bei transparenten Arten, wie hier bei *Caridina gracilipes,* sind die Eierstöcke im Nacken der Garnele gut zu erkennen.

Venen besitzt das offene Blutkreislaufsystem der Garnelen nicht. Die Blutflüssigkeit fließt und sickert über Hohlräume zurück zum Herzen, wo sie durch vier spaltförmige Öffnungen, die wie Ventile verschlossen werden können, wieder ins Herz gesaugt wird.

Das Nervensystem der Garnelen ist sehr komplex und besteht zum einen Teil aus einem kleinen mehrteiligen Gehirn im Bereich hinter den Augen. Der weitaus größere Teil der Nervenzellen liegt aber in einem im unteren (ventralen) Teil des Körpers liegenden Strickleiternervensystem mit mehreren Ganglien. Im vorderen Teil des Cephalothorax liegen auch die sogenannten Grünen Drüsen, die für die Ausscheidung des Harns über an den zweiten Antennen liegende Öffnungen verantwortlich sind.

Im Nackenbereich liegen die inneren Geschlechtsorgane der Garnelen. Bei Männchen die Hoden, bei Weibchen die Eierstöcke. In diesen reifen die Eier heran, bis sie nach der sogenannten Reifehäutung und der daran anschließenden Paarung über die Gonoporen an den Coxa der dritten Schreitbeine aus dem Körper gepresst und nach der Befruchtung zur weiteren Embryonalentwicklung an den Pleopoden des Weibchens angeheftet werden.

Das Abdomen der Garnele besteht zum größten Teil aus einem starken Muskelpaket, das der Garnele blitzschnelle Fluchtreaktionen ermöglicht. Neben diesem Muskel durchzieht der Enddarm den Hinterkörper des Tieres und mündet an der Unterseite des Telsons in die Afteröffnung. Bei vielen kleineren Garnelenarten ist der Darmkanal im durchscheinenden Abdomen gut zu erkennen.

Foto: C. Lukhaup

Farbzellen, die vielen Zwerggarnelen leuchtende Farben verleihen, liegen im Unterhautgewebe des Panzers, wie hier bei *Caridina masapi* aus Sulawesi.

Panzerung und Häutung

Der ganze Körper der Garnele ist von einem harten Panzer (Cuticula) umgeben, der das Tier wie die Rüstung eines Ritters vor Verletzungen schützt und den wirbellosen Tieren, denen ein inneres Skelett weitgehend fehlt, Stabilität verleiht (Exoskelett). Der Panzer einer Garnele besteht im Wesentlichen aus einer Chitinschicht, in der Kalziumkarbonatkristalle eingelagert sind. Um dem Tier Bewegungen zu ermöglichen, besteht das Exoskelett aus Segmenten und Platten, die mit weicheren Zwischenhäuten verbunden sind. Im Unterhautgewebe des Panzers sind Farbzellen eingelagert, die hormonell gesteuert ausgedehnt oder zusammengezogen werden können. Dadurch sind viele Garnelenarten in der Lage, innerhalb kürzester Zeit die Farbe zu wechseln. Prächtig gefärbte Tiere können, wenn sie transportiert oder in ein anderes Aquarium umgesetzt werden, in kurzer Zeit farblos-durchsichtig erscheinen.

Im Panzer und dem Bindegewebe sind aber auch Farbstoffe dauerhaft eingelagert. Einer davon ist das Astaxanthin und verantwortlich für die rosarote bis orange Farbe toter Tiere bei vielen Arten. Da der Panzer der Krebstiere nicht mitwachsen kann, müssen sich die Tiere in den Wachstumsphasen regelmäßig einer Häutung unterziehen. Nur in einer sehr kurzen Zeit nach der Häutung ist ein Größenzuwachs möglich. Der Zeitpunkt und die Intervalle zwischen den Häutungen hängen stark vom Alter der Tiere ab und werden von Hormondrüsen in den Augenstielen gesteuert. Während sich Garnelenlarven in den ersten Stadien fast täglich häuten, nimmt der Abstand zwischen den Häutungen bei älteren Tieren deutlich ab. Geschlechtsreife Tiere häuten sich manchmal nur ein- bis zweimal im Jahr. Bei weiblichen Tieren vieler Arten fällt die Häutung mit dem Beginn der Fortpflanzungszeit zusammen. Auslöser in der Natur ist hier oft eine Veränderung der Wasserwerte oder Wassertemperatur, die durch verstärkte Regenfälle bzw. klimatische Schwankungen hervorgerufen werden. Insbesondere bei Arten aus eher gemäßigten Regionen mit kühleren und wärmeren Perioden sind begrenzte Fortpflanzungszeiten belegt.

Eine Befruchtung der Eier ist oft nur in der kurzen Zeit nach der Häutung möglich, wenn der Panzer des Weibchens noch weich und nachgiebig ist.

Der Vorgang der Häutung beginnt mit einer Rückresorption des im Panzer eingelagerten Kalziumkarbonats in den Körper der Garnele. Unter dem alten Panzer hat sich bereits eine vollständige, aber noch weiche neue Haut gebildet, die teilweise gefaltet ist. Die Garnele stellt die Nahrungsaufnahme ein, da auch die Mundwerkzeuge und ein Teil der inneren Organe wie der Kaumagen mitgehäutet werden. In der Folge füllt sich der Zwischenraum zwischen altem und neuem Panzer mit einer Schleimschicht, die das Lösen des Körpers aus der alten Hülle erleichtert. Auch feinste Strukturen der Garnelen, wie die Antennen, die Kiemen oder die Bedornung des Körpers müssen mitgehäutet werden. Der eigentliche Häutungsvorgang findet bei den meisten Arten in Sekundenschnelle statt. Die Garnele krümmt den Körper mehrmals und der Carapax klappt nach oben. An einer Sollbruchstelle im Nacken bricht der alte Panzer auf und die Garnele schlüpft aus der alten Hülle. Die Exuvie wirkt nach der Häutung wie eine Kopie der Garnele. Nur die zumindest bei kleineren Arten durchsichtige Farbe und der hochgeklappte Carapax lassen erkennen, dass es sich nicht um ein totes Tier handelt.

Der Garnelenkörper nimmt nach der Häutung durch Aufnahme von Wasser an Größe und Gewicht zu und füllt so den neuen, größeren Panzer aus. Da der neue Panzer der Garnele noch weich und sehr verletzlich ist, suchen viele Arten nach der Häutung Verstecke auf, die sie bis zum Aushärten des neuen Panzers nicht mehr verlassen. Bei manchen Arten der Gattung *Macrobrachium* werden frisch gehäutete Weibchen nach der Paarung vom Männchen fürsorglich vor anderen aufdringlichen Artgenossen beschützt. Um einen Teil

Querschnitt „Cuticula"

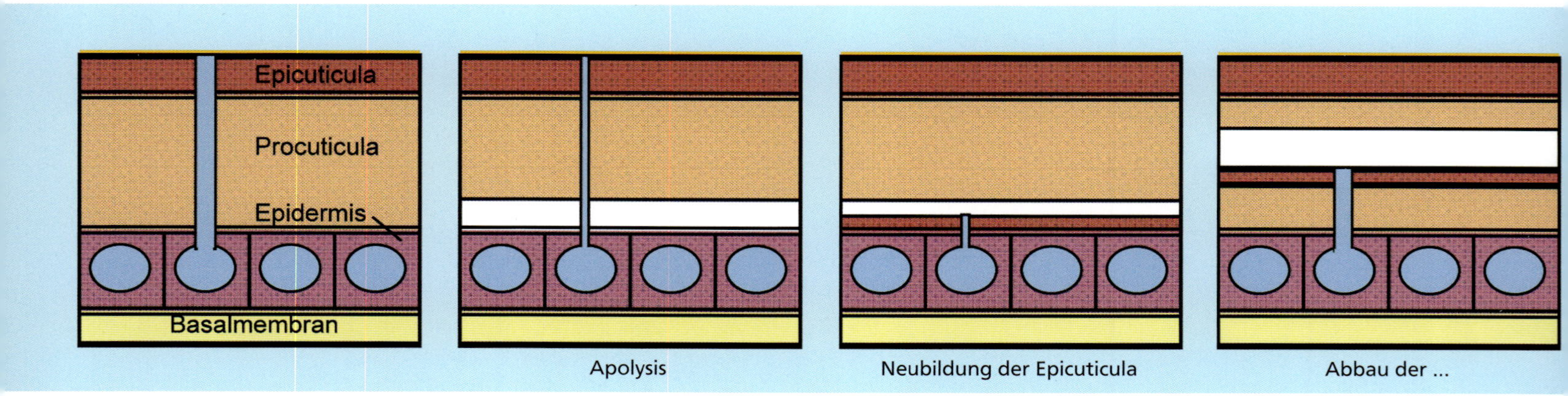

Foto: C. Lukhaup

Die durchsichtige, bei der Häutung abgeworfene Exuvie einer Zwerggarnele.

des durch die Häutung verloren gegangenen Kalziumkarbonates wieder zurückzugewinnen, wird die Exuvie bei manchen Arten von den gehäuteten Tieren zum Teil aufgefressen. Verletzte oder im Kampf verloren gegangene Gliedmaßen werden beim Häutungsvorgang erneuert. Die nachgewachsenen Körperteile sind nach der ersten Häutung noch kleiner als die Originale, nach zwei oder drei weiteren Häutungen erreichen sie aber meist wieder die volle Größe.

Der Häutungsvorgang ist für die Tiere mit enormen körperlichen Anstrengungen verbunden. Für alte oder schwache Tiere ein sehr gefährlicher Zeitraum. Viele kranke oder durch ungenügende Hälterungsverhältnisse geschwächte Tiere schaffen eine vollständige Häutung nicht. Bleibt ein Tier mit Teilen des Körpers in der alten Hülle stecken, bedeutet dies im Normalfall den Tod des Tieres. Aber auch eine erfolgreiche Häutung kann für schwache Tiere den anschließenden Tod bedeuten.

Morphologische Anpassung an unterschiedliche Lebensräume

Wenngleich alle Garnelenarten demselben Grundbauplan folgen, unterscheiden sich die einzelnen Arten doch erheblich in ihrer Gestalt und Ausformung der Körperanhänge. Neben Unterschieden, die primär der Unterscheidung zwischen den einzelnen Arten dienen, sind die Körpermerkmale aber auch ein Ergebnis der Anpassung an unterschiedliche Lebensräume und lassen Rückschlüsse auf die Art der Nahrungsaufnahme zu. Einflüsse wie Strömungsgeschwindigkeit des Wassers und die damit in Zusammenhang stehende Beschaffenheit des Untergrundes haben zur Ausprägung unterschiedlicher Körpermerkmale geführt. In Biotopen, wo stehende oder träge fließende Wassermassen mit weichem oder pflanzenreichem Untergrund vorherrschen, finden wir Arten mit grazilen, langgestreckten Schreit- und Scherenbeinen. Zusammen mit einer langgestreckten Körperform erleichtern diese eine Lebensweise in dichten Pflanzenbeständen und erlauben den Tieren, sich von Stängel zu Stängel weiterzubewegen und sich auf weichem Bodengrund fortzubewegen, ohne im Schlamm zu versinken. Auch der Stirnfortsatz der Tiere, das Rostrum, ist bei Arten aus solchen Lebensräumen meist deutlich schlanker und länger ausgebildet als bei Arten aus strömungsreichen Gewässern.

Grazile Arten, wie *Caridina endehensis,* bewohnen langsamfließende Gewässer im Tiefland.

Innerhalb der Familie Atyidae gehören vor allem die Tiere aus der Artengruppe um *Caridina nilotica* und *Caridina gracilirostris* in diese Gruppe. Bei den Palaemoniden finden wir Beispiele bei den die Niederungen bewohnenden Arten der Gattung *Macrobrachium*; wie beispielsweise die Glasgarnele *M. lanchesteri*, die Schneeflöckchengarnele oder die große *Macrobrachium rosenbergii*. In schnell fließenden Gewässern wären lange Scheren und Beine sehr hinderlich, da sie in lebhafter Strömung einen hohen Wasserwiderstand geben würden. Ein langes Rostrum würde schon bei minimaler Körperhaltung quer zur Strömung das Tier aus dem Gleichgewicht bringen. Garnelenarten aus schnell strömenden Fließgewässern zeichnen sich daher meist durch auffallend kurze Rostren, kräftige kurze Schreitbeine und eine eher gedrungene Körpergestalt aus. Die markanteste Ausprägung der Anpassung an ein Leben in solchen Gewässern finden wir bei den Fächergarnelen der Gattung *Atya*. Die überaus kräftigen, mit starken Endkrallen versehenen vorderen Schreitbeine erlauben es diesen Arten, sich in stärksten Strömungen am Bodengrund festzukrallen. Das Rostrum ist äußerst kurz, seitlich kaum zusammengedrückt und bietet gemeinsam mit dem perfekt stromlinienförmigen Körper der Wasserströmung kaum Angriffsfläche.

Auch bei neuen Arten im Handel, die vorerst nicht zuzuordnen sind, erlaubt eine Betrachtung dieser allgemeinen Körpermerkmale einen zumindest groben Rückschluss auf die Verhältnisse in den Biotopen, aus denen die Tiere stammen. Die verschiedenen Formen der Nahrungsaufnahme haben im Zuge der Evolution zu unterschiedlichen Ausbildungen in erster Line der Scherenbeine ge-

Foto: C. Lukhaup

Fächergarnelen, wie diese Atyopsis moluccensis, sind mit ihrem stromlinienförmigen Körper und den starken Schreitbeinen bestens an das Leben in stark strömenden Gewässern angepasst.

führt. Die wohl primitivste Form der Schere ist bei den Großarmgarnelen zu finden. Wie bei den Krebsen wird hier der bewegliche Finger (Dactylus) gegen den fixen Finger des Propodus geführt.

Solche Scherenformen sind primär zum Greifen und Zerlegen größerer Nahrungsteile geeignet, etwa totes oder frisches pflanzliches Material und Weichtiere wie Würmer oder Schnecken. Sie eignen sich darüber hinaus aber auch zum aktiven Fang größerer Beutetiere. Vor allem bei mittleren und größeren Arten der Gattung *Macrobrachium* sind die Scherenfinger oft zusätzlich mit Zähnen bewehrt, um das Festhalten und Zerteilen größerer Nahrungsbrocken zu erleichtern.

Eine ganz andere Art der Spezialisierung finden wir bei den etwas höher entwickelten Arten aus der Familie Atyidae. Die Scherenfinger sind hier meist nur als relativ kurze Stummel ausgebildet, deren Spitzen starke pinselartige Borstenbüschel tragen. Die einzelnen Haare dieser Pinsel sind sägeartig gezahnt. Mit diesen Pinseln an den Fingerspitzen besitzen diese Arten ein ausgezeichnetes Werkzeug, um Detritus und Aufwuchsorganismen von Oberflächen wie Steinen, Totholz oder Pflanzen abzustreifen. Für das Packen größerer Nahrung oder das Abtrennen von gröberem Pflanzenmaterial sind solche Scherenformen kaum geeignet, räuberische Übergriffe auf andere Tiere wie Fische praktisch ausgeschlossen.

Die Scherenbeine mancher *Macrobrachium*-Arten sind mächtige Greifwerkzeuge.

Die höchste Stufe der Entwicklung bei den Scherenformen finden wir schließlich bei den Fächergarnelen. Die Scherenfinger sind bei diesen Tieren zu reinen Borstenhaltern zurückgebildet, die Handfläche (Propodus, engl. palm) fehlt bei vielen Arten völlig. Dafür sind die familientypischen Borsten an den Fingerspitzen besonders lang ausgebildet und können fächerförmig abgespreizt werden. Wie kleine Fischernetze werden diese Borstenfächer in die Strömung gehalten und feinste Driftnahrung wie Insektenlarven, Algenteilchen und Detritus aus der Strömung gefiltert.

Als Besonderheit finden wir bei einigen Arten der Gattung *Atyoida* polymorph ausgebildete Scherenformen. Hier können sowohl kurzbeborstete (caridinoide), langborstige (atyoide) als auch Zwischenformen (ortmannioide) innerhalb einer Art auftreten.

Geschlechtsunterschiede

Bei vielen Süßwassergarnelen ist eine Unterscheidung zumindest bei ausgewachsenen Tieren schon mit freiem Auge aufgrund sichtbarer Merkmale möglich. Bei allen Arten sind die seitlichen Pleurasegmente am Hinterleib weiter heruntergezogen, das Weibchen wirkt dadurch fülliger. Bei Fächergarnelen der Gattung *Atya* zeigen die Männchen deutlich stärker entwickelte, wuchtigere vordere Schreitbeine, auch hier ist eine Unterscheidung der Geschlechter in der Regel recht einfach. Bei den meisten Arten der Gattung *Macrobrachium* zeigt das zweite Scherenpaar einen deutlichen Sexualdimorphismus. Männliche Tiere besitzen stärker entwickelte, bedornte oder behaarte Scheren. Vor allem bei voll entwickelten männlichen Tieren ist der Unterschied gut zu erkennen. Bei juvenilen oder noch nicht voll entwickelten Tieren kann eine Unterscheidung mit freiem Auge aber schwierig sein.

Eine männliche Garnele kann durch den Appendix masculina am zweiten Schwimmbeinpaar sicher erkannt werden.

Wissenschaftler greifen zur sicheren Geschlechtsbestimmung deshalb auf ein anderes Merkmal zurück. Am zweiten Schwimmbeinpaar tragen männliche Tiere aller Süßwasserarten ein sackförmiges bedorntes Anhängsel, den Appendix masculina. Mit der Lupe oder unter dem Mikroskop kann mit diesem Merkmal das Geschlecht eines Tieres schon sehr früh festgestellt werden. Ergänzend sei noch erwähnt, dass bei einigen Gattungen Protandrie vermutet wird, bei der sich männliche Tiere später zu Weibchen umwandeln.

Fortpflanzungsbiologie und Vermehrung bei Süßwassergarnelen

Über den Ablauf der Paarung bei Süßwassergarnelen ist in der wissenschaftlichen Literatur nur wenig zu finden. Die Aquakultur setzt heute zum Großteil auf künstliche Befruchtung. Wo sich Garnelen noch auf natürliche Weise paaren, geschieht dies für den Züchter kaum sichtbar am Grund der Zuchtteiche. Hier können Aquarianer mit ihren Beobachtungen im Aquarium Entscheidendes zum Verständnis des Paarungsablaufes beitragen.

Paarungsphase

Während geschlechtsreife Männchen die meiste Zeit paarungsbereit sind, beginnt der Fortpflanzungszyklus des Weibchens nach dem Heranreifen der Eier in den Eierstöcken mit der sogenannten Reifehäutung.

Diese hormonell ausgelöste Häutung ist bei vielen Arten für die Befruchtung notwendig, da ein Austritt der Eier aus den Geschlechtsöffnungen zwischen den Schreitbeinen bei vielen Arten nur während der kurzen Zeit unmittelbar nach einer Häutung möglich ist, solange der Panzer der Garnele noch nicht voll ausgehärtet ist. Während des Häutungsvorgangs werden hormonartige Stoffe, sogenannte Pheromone, in das Wasser abgegeben. Bei den Zwerggarnelenarten, beispielsweise der Gattungen *Caridina* und *Neocaridina*, reagieren männliche Tiere auf dieses chemische Signal mit einem als „Paarungsschwimmen" bezeichneten Schwimmen in wellenartigen Bahnen durch das Aquarium. Ein einzelnes paarungsbereites Weibchen kann auf diese Weise alle sich im Aquarium befindenden Männchen in helle Aufregung versetzen. Der eigentliche Paarungsprozess beginnt mit einem „Reiten" des Männchens auf dem Rücken der weiblichen Garnele. Im Laufe der Paarung wird das Weibchen vom Männchen auf den Rücken gedreht und das Männchen befestigt in der Regel mit den Innenästen des ersten Schwimmbeinpaares, bei manchen Gattungen wie z.B. *Potimirim* eventuell auch mit denen des zweiten Schwimmbeinpaares, ein in eine gallertartige Hülle eingeschlossenes Samenpaket nahe der Geschlechtsöffnungen des Weibchens. Bei vielen Gattungen der Flusskrebse (Astacidae) ist das Übertragen der Samenpakete und die Funktion der männlichen Geschlechtsanhänge im Detail beschrieben worden. Bei den meisten Garnelenarten stehen solche Untersuchungen noch aus. Bei manchen Arten der Gattung *Macrobrachium* beginnt der Paarungsakt mit einem vorsichtigen Betasten der Geschlechtspartner mit dem zweiten Scherenpaar. Die Annäherungsversuche des Männchens werden immer heftiger, bis es schließlich beginnt, das Weibchen auf den Rücken zu drehen. Nach der Paarung wird bei vielen Arten von Großarmgarnelen das nach der Häutung durch den weichen Panzer schutzlose Weibchen vom Männchen vor anderen männlichen Konkurrenten beschützt.

Einige Minuten bis Stunden nach der Paarung presst das Weibchen die sich bis dahin in den Eierstöcken im Nackenbereich befindenden Eier durch die Geschlechtsöffnungen aus dem Körper. Die Gallerthülle des Samenpaketes wird dabei aufgelöst und die Eier befruchtet. Mithilfe des fünften Schreitbeinpaares befestigt das Weibchen die befruchteten Eier an den Schwimmbeinen (Pleopoden) des Hinterleibes (Abdomen). An den Pleopoden befinden sich Drüsen, die eine im Wasser

Bei der Reifehäutung abgestreifte Exuvie.

Bei durchsichtigen Arten sind die in den Eierstöcken im Nacken der Garnele heranreifenden Eier deutlich zu erkennen.

Nach der Paarung hält das *Macrobrachium*-Männchen noch längere Zeit seine Scheren schützend über sein Weibchen.

zu klebrigen Fäden aushärtende Substanz absondern. Mit deren Hilfe werden die Eier an den Pleopoden fixiert. Die seitlich weit heruntergezogenen Pleurasegmente des Abdomens bilden eine Art Bruttasche für die weitere Entwicklung der Eier.

Während bei einigen marinen Garnelenarten die Eier nach der Befruchtung ins freie Wasser abgegeben werden, betreiben alle bekannten Arten von Süßwasser bewohnenden Dekapoden damit eine spezielle Art der Brutpflege.

Die Eier werden bis zum Schlupf der Garnelenlarven an den Pleopoden mitgetragen. Um eine ausreichende Sauerstoffversorgung der sich entwickelnden Eier zu gewährleisten, schlägt das Weibchen in unregelmäßigen Abständen mit den Schwimmbeinen, um frisches Wasser an die Eier heranzuführen. Die Eier werden vom Weibchen regelmäßig mit den kammartig bedornten Endgliedern (Dactyli) des fünften Schreitbeinpaares von Verschmutzungen und Verpilzungen gereinigt und unbefruchtete oder abgestorbene Eier entfernt. Die Entwicklung der Eier kann durch die Eifarbe gut verfolgt werden. Die anfangs undurchsichtigen und je nach Art unterschiedlich, aber kräftig gefärbten Eier werden mit zunehmender Entwicklung der Embryonen immer heller, kurz vor dem Schlupf sind die Augen der Junggarnelen durch die transparente Eihülle deutlich zu erkennen. Die Züchter sprechen vom Augenpunktstadium der Brut.

Während des Schlupfs schlägt das Weibchen heftig mit den Schwimmbeinen, so dass die Larven

Im Augenpunktstadium sind die dunklen Augen der Garnelenlarven durch die Eihülle gut zu erkennen.

regelrecht weggeschleudert werden. Von Gattungen mit sehr vielen, pelagischen (freischwimmenden) Larven und marinen Entwicklungsphasen ist bekannt, dass der Schlupf bzw. die Abgabe der Larven in den Nachtstunden geschieht und sich periodisch bis auf drei bis vier Tage erstrecken kann.

Larvalentwicklung und Entwicklungstypen

Bei vielen marinen Garnelenarten schlüpfen die Larven in einer sehr frühen Entwicklungsphase, dem Nauplius-Stadium. Diese entwickeln sich nach mehreren Häutungen zur Protozoea- und schließlich zur Zoea-Larve. Bei allen bekannten Süßwasserarten beginnt die Entwicklung nach dem Schlupf frühestens im Zoea-Stadium. Nach mehreren durch Häutungen getrennten Zoea-Stadien entwickelt sich die Larve zur Postlarve und nach einer weiteren Häutung zum juvenilen Tier, das bis auf die Ausformung der Geschlechtsmerkmale bereits alle Merkmale des erwachsenen Tieres aufweist.

In der Aquaristik wird gewöhnlich zwischen zwei Larvalentwicklungstypen unterschieden. Dem „einfachen" Entwicklungstyp werden jene Arten zugerechnet, die eine Vielzahl an kleinen Eiern tragen und deren Larven mehrere planktonische Zoea-Stadien durchlaufen sowie zur Entwicklung Brack- oder Meerwasser benötigen. Die Amanogarnele *Caridina multidentata* gilt mit neun Zoea- und einem Postlarvalstadium als ein bekanntes Beispiel für diese Gruppe.

Nach der Larvalentwicklung im Meer beginnen die Junggarnelen dieser Gruppe wieder in die Flüsse und Bäche aufzusteigen, um in das Süßwasser zurückzukehren. Viele Arten dieses Entwicklungstyps entlassen ihre Larven direkt in den Lebensräumen der adulten Garnelen, von wo die Larven mit der Strömung in die Mündungsgebiete getragen werden. Bei anderen Arten, wie manchen großen Vertretern der Gattung *Macrobrachium*, wandern trächtige Weibchen aktiv in die brackigen Mündungsgebiete ein, um dort die Larven zu entlassen.

Caridina multidentata trägt eine Vielzahl kleiner Eier.

Danach kehren die Weibchen wieder in ihre angestammten Aufenthaltsorte im Süßwasser zurück.

Staudämme, Kanalisierungen und starke Verschmutzung in den Unterläufen der Flüsse stellen für die abdriftenden Larven und die aufsteigenden Junggarnelen oft unüberwindliche Hindernisse dar. In den an sich intakten höher gelegenen Gewässerabschnitten führen derartige Veränderungen im Unterlauf schnell zum Verlöschen ganzer Populationen von Garnelenarten.

Bei den Arten des „spezialisierten" Entwicklungstyps erfolgt die Larvalentwicklung zum größten Teil innerhalb der Eihülle. Aus den wenigen, relativ großen Eiern dieser Arten schlüpfen weit entwickelte Larven, die manchmal schon nach einer einzigen Häutung das juvenile Stadium erreichen.

Die Larven besitzen bereits fertig ausgebildete Schreitbeine und sind dadurch von Beginn an bestens für eine benthische, das heißt dem Bodengrund angepasste Lebensweise ausgerüstet.

Diese Veränderung in der Entwicklungsbiologie wird als grundlegende Anpassung an das Leben im Süßwasser gesehen. Nach dieser Theorie entwickelten sich die Süßwassergarnelen aus im Meer lebenden Vorläuferarten. Die unterschiedlichen

Caridina parvidentata trägt wenige, große Eier, aus denen weit entwickelte Jungtiere schlüpfen.

Fortpflanzungstypen bei Süßwassergarnelen sind aber neben der Veränderung der Salinität des Lebensraumes Wassers auch als Anpassung an das unterschiedliche Nahrungsangebot und an andere Parameter der Biotope zu sehen. Strömungsgeschwindigkeit, Temperatur und Nahrungsangebot haben direkten Einfluss auf die Fortpflanzungsbiologie der in einem bestimmten Gewässer lebenden Arten. Nur in einem langsam fließenden, nährstoffreichen Gewässer kann sich ausreichend mikroskopisches Zoo- und Phytoplankton entwickeln, welches die Nahrungsgrundlage für planktonisch lebende Zoea-Larven bildet. In einem schnell fließenden, nahrungsarmen Gewässer würden im Freiwasser schwebende Larven viel zu schnell abgetrieben werden und kaum ausreichend Nahrung für eine erfolgreiche Entwicklung finden. Nur wo schnell fließende Bäche nach möglichst kurzer Zeit in nahrungsreichere größere Fließgewässer oder Brackwassergebiete münden, konnten sich an solche Verhältnisse gut angepasste Arten wie die Fächergarnelen der Gattung *Atya* entwickeln. In rasch fließenden Gewässern der Oberläufe und Binnengewässer mit klarem, nahrungsarmem Wasser mussten die dort lebenden Garnelenarten andere Fortpflanzungsstrategien entwickeln. Ein großer Teil der Larvalentwicklung findet bei diesen Arten daher im Inneren des Eies statt. Bereits beim Schlupf tragen die Junggarnelen voll entwickelte Schreitbeine, mit denen sie sich sofort ins Lückensystem des Gewässergrundes zurückziehen können, wo sie Schutz vor Strömung oder vor Fressfeinden finden. Mit gut ausgebildeten Scherenbeinen ausgestattet, machen die frisch geschlüpften Garnelen

microgenitor type (prolonged type)	Eigröße < 1mm	viele Eier	5 oder mehr Zoea-Stadien	Brack- oder Meerwasser
macrogenitor type (partially abbreviated type)	Eigröße > 1mm	wenig Eier	3 Zoea-Stadien	Süßwasser
mesogenitor type (totally abbreviated type)	Eigröße > 1mm	wenig Eier	1 Postlarval-Stadium	Süßwasser im Inland

Entwicklungstypen nach Sollaud, 1923.

bald aktiv Jagd auf winzige Wirbellose wie Insektenlarven oder kleinste Wurmarten oder beginnen, mit den Scherenpinseln Aufwuchsorganismen von Oberflächen wie Steinen, Totholz oder Falllaub abzuweiden. Unterschiedliche Bedingungen in den Lebensräumen haben so zur Ausbildung von unterschiedlichen Fortpflanzungsstrategien geführt.

Die Wissenschaft begnügt sich nicht mit der relativ groben Einteilung in zwei Fortpflanzungstypen, wie sie die Aquarianer verwenden.

Die hier gebräuchlichen Fortpflanzungsmodelle basieren auf einer Einteilung von Sollaud aus dem Jahr 1923. Sollaud unterschied drei Entwicklungstypen, einen sich nur im Meer- oder Brackwasser entwickelnden „microgenitor type" mit kleinen Eiern und mehr als vier planktonischen Larvalstadien und zwei Süßwassertypen mit relativ großen Eiern.

Der „macrogenitor type" ist durch das Durchlaufen von noch bis zu drei Zoea-Stadien gekennzeichnet, während beim „mesogenitor type" die frisch geschlüpften Larven im Postlarvalstadium zur Welt kommen und nach nur einer Häutung sich zum juvenilen Tier entwickeln.

Fortpflanzungszeiten in der Natur und im Aquarium

Werden Süßwassergarnelen, speziell Arten der Gattungen *Neocaridina* und *Caridina* bei gleichmäßiger Beheizung im Aquarium gehalten, vermehren sich die Tiere das ganze Jahr über. Dies entspricht jedoch nur bei einem geringen Teil der Arten der natürlichen Fortpflanzungsbiologie der Tiere. Bei Arten mit einer Verbreitung in gemäßigten Klimazonen fällt die Fortpflanzungszeit meist in den Beginn der wärmeren Jahreszeit. Steigende Wassertemperaturen und intensivere Sonneneinstrahlung führen zu einem verbesserten Nahrungsangebot für die heranwachsenden Junggarnelen. Bei Garnelen mit planktonischen Zoea-Larven, die sich überwiegend von Phytoplankton ernähren, wäre eine Vermehrung in den lichtarmen Wintermonaten nicht möglich. Bei tropischen Arten fällt die Fortpflanzungszeit oft mit dem Beginn der Regenzeit zusammen. Frisch überschwemmte Gebiete sind oft wesentlich nahrungsreicher als ganzjährig wasserführende Gewässer, durch starke Regenfälle werden Laub und anderes organisches Material in die Gewässer gespült und geben ein gutes Substrat für eine Vielzahl von Aufwuchsorganismen, einer wichtigen Nahrungsgrundlage für die Junggarnelen.

Bei der Haltung von Garnelen sollte auf solche Vermehrungszyklen Rücksicht genommen werden. Viele Arten vermehren sich bei gleichmäßiger „optimaler" Temperatur im Aquarium vorerst sehr gut. Es gibt aber Beobachtungen von mehreren Seiten, dass die Vermehrungsrate in solchen Zuchtstämmen nach einiger Zeit deutlich zurückgeht. Eventuell kann dies dadurch erklärt werden, dass den weiblichen Tieren eine notwendige Vermehrungspause fehlt, die den Tieren in der Natur in der kälteren oder trockeneren Jahreszeit zur Verfügung steht und in der sich die Tiere erholen können.

Bei etlichen Zierfischarten kann eine Vermehrung im Aquarium nur dann erreicht werden, wenn durch Veränderung der Wassertemperatur, des Wasserstandes, des Leitwertes oder der Beleuch-

Caridina cf. *babaulti*. Diese Art bewohnt langsam fließende Gewässer im Tiefland von Ostindien, wo eher gleichmäßig hohe Wassertemperaturen vorherrschen.

tungsdauer die Verhältnisse zur Paarungszeit in den natürlichen Biotopen simuliert werden. Ähnliches dürfte auch für so manche Garnelenart gelten. Tiere aus gemäßigten Klimazonen, wie *Neocaridina*-Arten aus Süd- und Ostchina, einige *Caridina*-Arten z.B. aus der *serrata*-Artengruppe oder auch heimische Garnelenarten wie *Atyaephyra desmarestii* oder *Palaemonetes antennarius* sollten aus diesem Grund in den Wintermonaten bei niedrigerer Wassertemperatur gehalten werden, um die Verhältnisse in den angestammten Gewässern zu simulieren.

Die einfache Regel, Süßwassergarnelen könnten ganzjährig im unbeheizten Aquarium bei Zimmertemperatur gehalten werden, ist in diesem Zusammenhang sicher kritisch zu bewerten. Wie bei den Zierfischen ist auch bei Garnelen auf die unterschiedlichen Ansprüche von Arten aus tropischen, subtropischen und gemäßigten Breiten Rücksicht zu nehmen.

Bestimmungsmöglichkeiten

Beim Kauf im Zoofachgeschäft erfolgt die Artzuordnung in der Regel über grobe Merkmale des Körperbaus und der Färbung. Eine exakte Zuordnung zu einer wissenschaftlich beschriebenen Art ist so aber nicht möglich. Zum einen zeigen unterschiedliche Arten wie z.B. *Caridina venusta* oder *C. maculata* aus Südchina und *Caridina zebra* aus Australien zum Verwechseln ähnliche Körperfarben, andererseits verschleiern brillante Färbungen und kontrastreiche Zeichnungen unterschiedlicher Hochzuchten, dass es sich um identische Arten handelt. Als Beispiel seien Tiere aus der Artengruppe um *C. serrata* genannt, bei denen die farblich deutlich unterscheidbaren Stämme wie die der Bienengarnele, der Crystal-Red-Garnele, der Red Bee oder der Black Bee zu ein und derselben Art gehören.

Möchte man eine Farbzucht einer solchen Garnelenart als reinen Stamm erhalten, ist es wichtig, die Tiere nicht mit anderen Farbformen der gleichen Art zu mischen. Eine verlässliche Artbestimmung setzt daher eine mikroskopische Untersuchung eines oder mehrerer Tiere voraus. Auch von den beim Häutungsvorgang abgeworfenen Exuvien kann hier Bestimmungsmaterial gewonnen werden. Neben der technischen Voraussetzung eines geeigneten Mikroskops bildet die wissenschaftliche Literatur die Grundlage jeder Bestimmungsarbeit. In den einzelnen Artikeln, Monografien oder Übersichtsarbeiten werden die charakteristischen Merkmale der einzelnen Arten beschrieben und Unterschiede zu ähnlichen Arten angeführt. Leider ist diese Literatur dem Aquarianer nur schwer zugänglich. Einzelne Artikel können eventuell über eine Universitätsbibliothek oder einen Dokumentlieferdienst bezogen werden. Eine Übersichtsarbeit für alle bisher beschriebenen Süßwassergarnelenarten existiert aber leider bis heute genauso wenig wie ein allgemeiner Bestimmungsschlüssel der bekannten Arten. In vielen Fällen ist eine endgültige Zuordnung auch mittels Spezialliteratur nicht möglich, hier bleibt nur der Vergleich der Tiere mit in wissenschaftlichen Sammlungen hinterlegten Typusexemplaren der jeweiligen Arten. In den Artbeschreibungen dieses Buches werden deshalb die wichtigsten und mit einfachen Mitteln zu ermittelnden Bestimmungsmerkmale jeder Art angeführt. Mit deren Hilfe ist zumindest eine grobe Zuordnung der bisher in der Aquaristik gehandelten Arten möglich. Welche morphologischen Merkmale für die Bestimmung einer Art von Bedeutung sind, hängt wesentlich davon ab, welcher systematisch-taxonomischen Gruppierung die jeweilige Art angehört. Bei Fächergarnelen, Zwerggarnelen und Großarmgarnelen sind jeweils andere Körpermerkmale von taxonomischer Bedeutung. Die wichtigsten werden im Folgenden kurz angesprochen.

Familie Atyidae – Fächer- und Zwerggarnelen

Bei den Tieren dieser Familie muss noch einmal zwischen den verschiedenen Unterfamilien oder Gattungen unterschieden werden. Bei den Caridinen oder Zwerggarnelen, der Aquarianer kommt hier vor allem mit den Tieren der Gattungen *Caridina* und *Neocaridina* in Berührung, stehen die Ausformung und Bezahnung des Rostrums und die Form der männlichen Geschlechtsanhängsel am ersten und zweiten Schwimmbeinpaar im Vordergrund. Länge und Form des Rostrums unterscheiden sich bei den einzelnen Arten und Artengruppen stark. So kann eine „Nashorngarnele" aus der Artengruppe um *Caridina nilotica* mit ihrem charakteristischen langen Rostrum bereits mit freiem Auge von einer „Bienengarnele" aus der *C. serrata*-Artengruppe mit sehr kurzem Rostrum unterschieden werden.

Die Anzahl und Lage der Zähne wird durch die sogenannte Rostrumformel ausgedrückt. Die Formel 2-3 (2) + 6-8 (7) +1 / 12-17 (14) gibt Auskunft darüber, dass die betreffende Garnelenart 2-3 Zähne an der Oberseite hinter dem hinteren Augen-

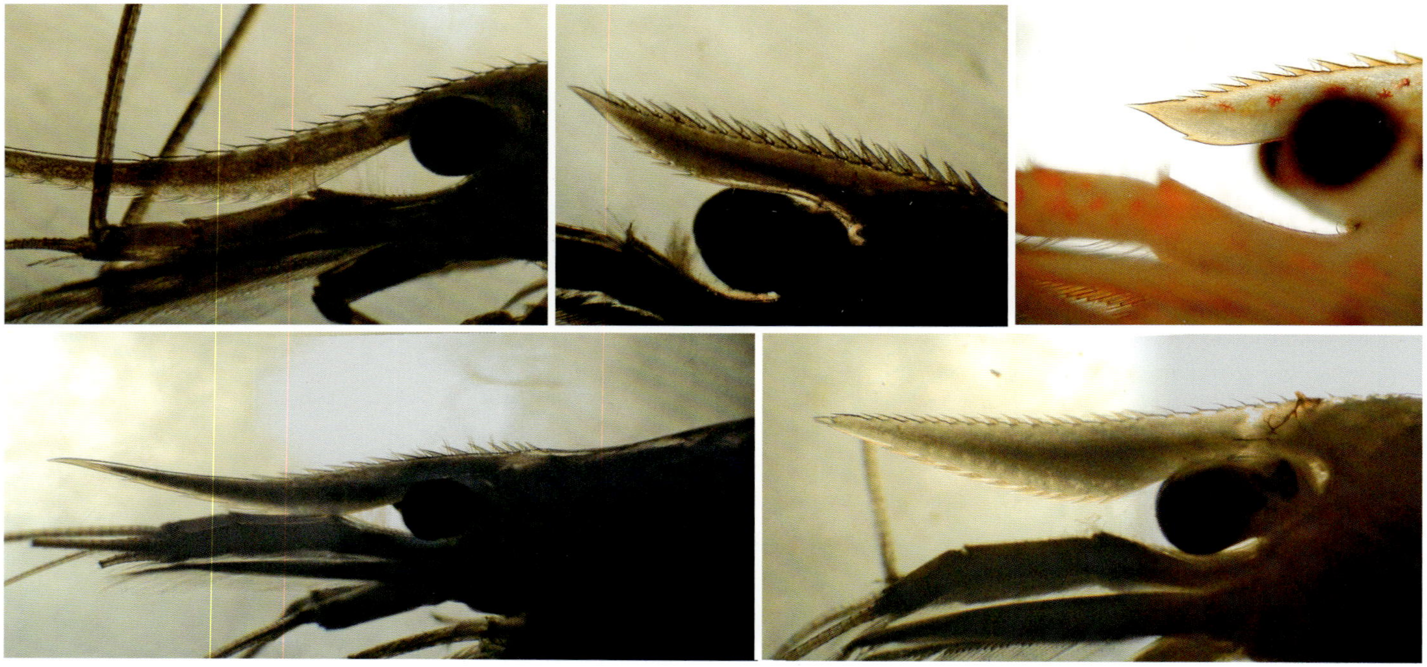

Verschiedene Ausformungen des Rostrums bei Zwerggarnelen.

rand am Carapax, 6-8 Zähne am Oberrand des Rostrums, einen deutlich von den anderen Zähnen getrennten Zahn nahe der Rostrumspitze (auch subapikaler Zahn genannt) und 12-17 Zähne am Unterrand des Rostrums aufweist. Die Werte in den Klammern geben die am häufigsten gefundene Anzahl von Zähnen untersuchter Exemplare an.

Weitere, vor allem zur Unterscheidung der einzelnen Arten in der Gattung *Neocaridina* wichtige Bestimmungsmerkmale weisen die Endopoden des ersten Schwimmbeinpaares der Männchen auf. Form und Längenverhältnisse sowie die Anwesenheit oder das Fehlen eines Appendix interna zählen bei diesen Arten zu den wichtigsten Unterscheidungsmerkmalen auf Artniveau.

Insbesondere bei Zwerg- und Fächergarnelen stellen die Längenverhältnisse der einzelnen Segmente an den Schreit- und Scherenbeinen oft ein wichtiges Merkmal zur Artbestimmung dar. Ähnliches gilt auch für die Bedornung am dritten und fünften Schreitbeinpaar sowie die Anzahl und Länge der Dornen am Schwanzfächer. Bei den größeren Fächergarnelen der Gattung *Atya* kommen noch charakteristische Bedornungsmuster an den einzelnen Beinsegmenten als Merkmale hinzu. Ein relativ einfach zu ermittelndes Merkmal bei *Atya* sind die Borsten an den Rändern der Abdominalsegmente, die artspezifisch vorhanden sein können.

Rostrumformel nach Chace & Bruce

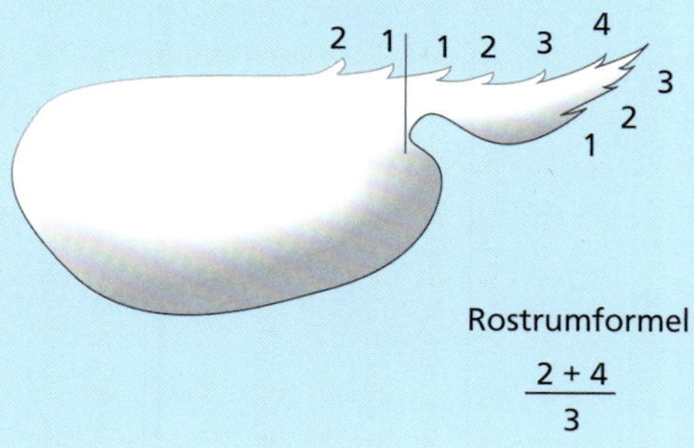

Familie Palaemonidae – Großarmgarnelen

Bei den Großarmgarnelen kommt als charakteristisches Merkmal einiger Gattungen die Bedornung des Rückenpanzers oder Carapax dazu. Wenngleich die Bedeutung der Lage der einzelnen Dornen heute als Gattungsmerkmal von einigen Wissenschaftlern in Frage gestellt wird, erlaubt dieses Merkmal doch eine relativ einfache Zuordnung vieler Gattungen.

Die Form und Bezahnung des Rostrums ist auch bei den Großarmgarnelen von Wichtigkeit für die Bestimmungsarbeit. Gerade bei den Arten der Gattung *Macrobrachium* kommt aber der Form, Bezahnung und Behaarung oder Bedornung des bei diesen Arten meist stark vergrößerten zweiten Scherenpaares die größte Bedeutung zu. Junge und weibliche Tiere, die diese Merkmale nicht oder nicht voll ausgeprägt zeigen, sind deshalb vielfach als Einzelexemplare nicht bestimmbar.

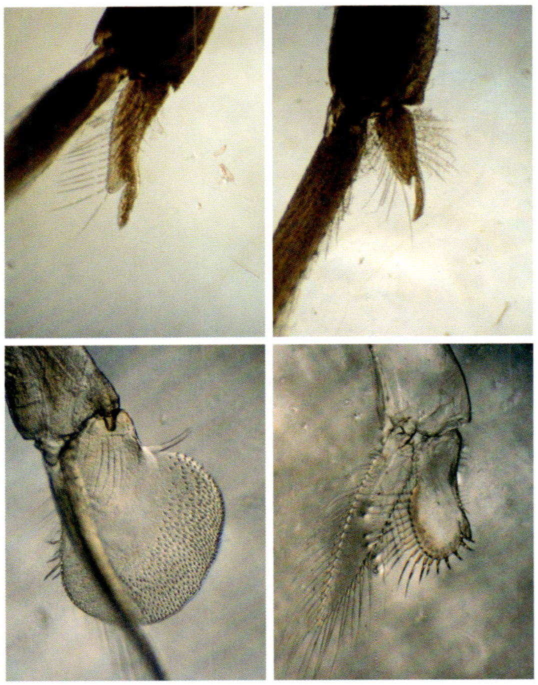

Unterschiedlich geformete Endopoden am ersten Schwimmbeinpaar von männlichen Zwerggarnelen.

Foto: C. Lukhaup

Die Form und Längenverhältnisse des zweiten Scherenbeins sind wichtige Bestimmungsmerkmale in der Gattung *Macrobrachium*.

Erkrankungen und Parasiten

Über Erkrankungen von Süßwassergarnelen in Aquarien ist bislang wenig bekannt. Die Erfahrungen der seit 1970 in wachsendem Umfang betriebenen Aquakultur, also der Zucht von Garnelen zu Speisezwecken, können aber mit gebotener Vorsicht auf die aquaristisch interessanten Arten übertragen werden [89]. Viele zu Speisezwecken in Farmen gezüchteten Arten der Gattung *Macrobrachium* wie *M. rosenbergii*, *M. lar*, *M. lanchesteri* oder einige afrikanische Arten werden auch als Aquarientiere angeboten.

Wie bei vielen Erkrankungen von Zierfischen finden wir auch bei Süßwassergarnelen Krankheitsbilder, die oft keinem speziellen Erreger zugerechnet werden können. Viele Symptome können von verschiedenen Erregern oder Giftstoffen ausgelöst werden. Ein Nachweis von infektiösen Erregern mit molekularbiologischen oder infektiologischen Methoden ist dem Aquarianer nicht möglich. In Europa, wo kaum Zuchtbetriebe für Speisegarnelen vorhanden sind, werden auch an den bakteriologischen Untersuchungsanstalten, Hygieneinstituten

Eine Amanogarnele, *Caridina multidentata*, zeigt eine ungewöhnliche Rotfärbung des Panzers und innerer Organe. Auch wenn die Färbung auf den ersten Blick attraktiv erscheint, sterben solche Tiere innerhalb weniger Tage. Ähnliche Rotfärbungen wurden in der Speisegarnelenzucht als „Red Shell Disease" oder „Red Discoloration Disease" beschrieben. Als Auslöser wurde eine bakterielle Infektion des Hepatopankreas diskutiert.

und Tierkliniken keine entsprechenden Nachweismethoden durchgeführt. Und dort, wo entsprechende Untersuchungen angeboten werden, betragen die Kosten einer einzigen Untersuchung oft das Hundertfache des Marktwertes einer Garnele.

In vielen Fällen ist aber der dezidierte Nachweis eines Krankheitserregers überhaupt nicht notwendig, da der Auslöser einer Erkrankung weniger durch einen spezifischen Erreger verursacht wird, als vielmehr in verschlechterten Lebensbedingungen, die das Immunsystem beeinträchtigen, zu finden ist. Erst die Störungen der Immunabwehr ermöglichen es den Krankheitserregern, in die Tiere einzudringen und eine tödliche Infektion auszulösen.

Schlechte Lebensbedingungen

Viele Erkrankungen haben ihre primäre Ursache in schlechten Lebensbedingungen. Eintrag oder Anreicherung von Giftstoffen, insbesondere von organischen Abbauprodukten, aber auch der Sauerstoffmangel, hervorgerufen durch die mit dem Abbau verbundene vermehrte Sauerstoffzehrung, verschlechtern die Lebensbedingungen für Garnelen rasch. Auch in den natürlichen Biotopen kann es infolge von Trockenperioden zu ähnlichen Zuständen im Lebensraum der Tiere kommen. In einer langsam eintrocknenden Pfütze versuchen die Tiere durch kräftige Schwanzschläge den Lebensraum zu verlassen und, oft mit Zwischenlandungen auf dem Trockenen, frisches Wasser zu erreichen.

Bei Sauerstoffmangel durch Bakterien- oder Algenblüten bzw. einem Ansteigen von Stickstoffabbauprodukten durch ausbleibende Wasserwechsel, kann es im Aquarium zu ähnlichen Aktivitäten kommen. Auch Fluchtreaktionen, die durch potenzielle Fressfeinde wie größere Fische ausgelöst werden, können mit einem Sprung aus der Enge des Beckens enden. Anders als in der Natur besteht aber im Aquarium für die Tiere keine Möglichkeit, rettendes Wasser zu erreichen, so dass eine Flucht aus dem Becken fast immer mit dem Tod der Tiere endet.

Viele Aquarianer reagieren auf solche Fluchtversuche mit dem Abdichten jeder noch so kleinen Öffnung in der Abdeckung. Viel zielführender wäre es hier aber, der Ursache der Fluchtversuche auf den Grund zu gehen und den Tieren geeignetere Lebensbedingungen zu schaffen.

Sauerstoffmangel

Neben den bereits angesprochenen Bakterien- oder Algenblüten kann ein Sauerstoffmangel im Becken auch andere Ursachen haben. Totholz in Form von Wurzelstöcken, aber auch Falllaub unterliegen im Becken einem biologischen Abbau, bei dem viel Sauerstoff verbraucht wird. In Becken mit wenig Oberflächenbewegung kann es hier zu gefährlich niedrigen Sauerstoffkonzentrationen im Wasser kommen. Während in den schnell fließenden Quell- und Bergbächen, aus denen die meisten in der Aquaristik gehaltenen Zwerggarnelen stammen, fast immer Sauerstoffkonzentrationen nahe dem Sättigungsbereich zu messen sind, kann es

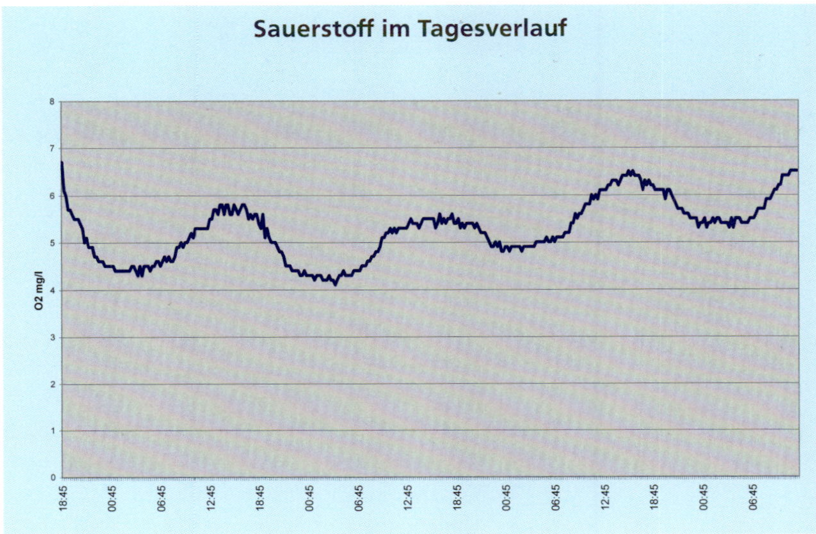

Die Sauerstoffkonzentrationen in einem dicht bepflanzten Garnelenbecken unterliegen deutlichen Schwankungen im Tagesverlauf.

In schnell fließenden Bächen liegen fast immer Sauerstoffwerte nahe dem Sättigungsbereich vor.

im Aquarium durch den beim Abbau von organischem Material verbrauchten Sauerstoff unbemerkt zu einem Mangel an diesem lebensnotwendigen Stoff kommen. So manches nächtliche Garnelensterben wird durch mangelnde Sauerstoffversorgung ausgelöst. Möchte der Aquarianer mit Wurzelholz und Falllaub im Becken einen naturnahen Lebensraum für die Tiere gestalten, ist es wichtig, auch für eine ausreichende Wasserbewegung zu sorgen. Der Einsatz eines luftbetriebenen Innenfilters ist hier manchmal nicht ausreichend!

Idiopatische Muskel Nekrose

Stresssituationen von Garnelen durch pH-Wert-Veränderungen, extreme Temperaturen, niedere Sauerstoffkonzentration oder unpassende Salinität des Wassers bei Brackwasserarten können oft an einer weißlich opaken Färbung des Muskelgewebes bei ansonsten transparenten Arten erkannt werden. Diese als Idiopatische Muskel Nekrose (IMN) bekannte Erkrankung beginnt gewöhnlich in der Schwanzregion und breitet sich in Richtung Kopf aus. Wird ein solches Warnsignal nicht beachtet, ist meist innerhalb weniger Tage mit dem Tod der betroffenen Tiere zu rechnen. Rechtzeitiger, großzügiger Wasserwechsel kann die Erkrankung oft rasch zum Abklingen bringen.

Black Gill Disease

Auch eine Schwarzfärbung der Kiemenregion (engl.: Black Gill Disease) dürfte die Folge von präzipitierenden (ausfällenden, ausflockenden) Chemikalien und Stickstoffabbauprodukten wie Ammonium und Nitrit sein und ist als Warnzeichen zu werten.

Die Ablagerungen führen zu Melanisierung der Kiemen und infolge zu Wachstumsstörungen und zum Tod betroffener Tiere. Süßwassergarnelen sind bedeutend weniger anfällig für hohe Nitritkonzentrationen als Fische, Konzentrationen von 1-2 mg Nitrit pro Liter können aber zu oben beschriebenen Symptomen und zum Tod der Tiere führen. Auch hohe Konzentrationen von Eisen im Wasser sind als Ursache einer Black Gill Disease beschrieben worden.

Häutungsprobleme

Häutungsprobleme (engl: Exuvia Entrapment Disease (EED) genannt) haben ihre Ursache in der Regel in schlechter Wasserqualität oder mangelhafter Ernährung. Betroffene Tiere zeigen Probleme, sich beim Häutungsvorgang aus den Exuvienresten der Körperanhänge zu befreien. Mit ausgewogener Ernährung und regelmäßigen Wasserwechseln sind diese Probleme leicht in den Griff zu bekommen. Versuche, den Tieren bei ihren Befreiungsversuchen mechanisch zu Hilfe zu kommen, enden in der Regel mit schweren Verletzungen und dem Tod der Tiere.

Eine erkrankte *Caridina kempi* zeigt eine weißliche Verfärbung der Muskulatur.

Vergiftungen

Neben der Anreicherung von Stoffwechselprodukten im Wasser können auch Einträge von Chemikalien zum Verlöschen ganzer Garnelenpopulationen führen. In landwirtschaftlich genutzten Gebieten können durch Regenfälle Spritzmittel wie Pestizide und kupferhaltige Pilzmittel in die Gewässer eingeschwemmt werden und für wirbellose Wassertiere verheerende Folgen haben. Im Aquarium sind es eher versteckte Gefahren, die zu Vergiftungen führen können. Wasserpflanzen aus kommerziellen Zuchten können Spritzmittelrückstände aufweisen, die auf wirbellose Tiere tödlich wirken. Neu zugekaufte emers herangezogene Pflanzen sollten daher mehrere Tage bis Wochen gewässert werden, bevor sie in Aquarien mit Wirbellosenbesatz eingepflanzt werden.

Bunt- und Schwermetalle

Ein großer Teil der Ausfälle dürfte auf Vergiftungen durch Bunt- und Schwermetalle zurückzuführen sein. In vielen Gebäuden befinden sich auch heute noch Wasserinstallationen aus Kupfer- oder

Caridina endehensis.

Bleirohren. Die Heizspiralen von Warmwasserbereitern bestehen ebenfalls oft aus Kupfermetall, Pumpengehäuse oder Fittings aus Messing enthalten gleichermaßen beachtliche Mengen an diesem Buntmetall. Je nach Alter dieser Anlagen werden in Abhängigkeit vom pH-Wert und der Verweildauer des Wassers in den Leitungen unterschiedliche Mengen an Kupferionen an das Wasser abgegeben. Sie gelangen dann beim Wasserwechsel in die Garnelenbecken. Aber auch in Gebäuden mit modernen Kunststoff- oder Stahlwasserleitungen können Bunt- und Schwermetalle aus den Metallteilen der Armaturen in das Wechselwasser gelangen.

In einer von der Arbeiterkammer Wien in Auftrag gegebenen Untersuchung [104] wurde Wasser für 24 Stunden in fabrikneue Armaturen eingefüllt. Dabei wurden unter anderem folgende Konzentrationen an Bunt- und Schwermetallen gemessen:

Kupfer	11,9 µg/l
Blei	76,8 µg/l
Cadmium	0,28 µg/l
Nickel	13,6 µg/l

Um diese Werte interpretieren zu können, müssen allerdings die Grenzwerte, ab denen diese Metalle für Wirbellose, speziell unsere Garnelen, toxisch wirken bekannt sein. In einer australischen Studie von Williams et. al. [118] wurde für Kupfer eine LD50, also jene Dosis bei der 50 Prozent der Versuchstiere (Zwerggarnelen der Gattung *Caridina*) innerhalb von vier Tagen starben, von 3 bis 4 µg/l gefunden. Dieser extrem niedrige Wert ist auf das weiche, leicht sauere (pH 6,0) Wasser der Versuchsanordnung zurückzuführen, das den natürlichen Verhältnissen der Tiere im Magela Creek System im Norden Australiens entsprach. Die Autoren konnten gleichzeitig eine Abhängigkeit der Toxizität von Kupfer von der Konzentration an Härtebildnern und dem pH-Wert des Wassers zeigen.

Dies steht im Einklang mit anderen Studien. Für *Macrobrachium rosenbergii* haben brasilianische Wissenschaftler um J.V. Lombardi in „normalem" Wasser mit einer Härte von 2,6 Grad KH eine LD50 (96 h) von 50-60 µg/l gefunden [90]. In Meerwasser wurde für *Palaemon serratus* eine LD50 (72 h) von 3.304 µg/l gefunden [94]. Als Erklärung für diese Unterschiede wurde ein Einfluss des Kupfers auf die Osmoseregulation der Garnelen diskutiert, die in osmotisch dichterem Meerwasser weniger Auswirkungen zeigen soll. Allerdings dürfte ein anderer Umstand einen viel größeren Einfluss auf die Ergebnisse der Versuchsreihen haben. In alkalischem, karbonatreichem Wasser wird ein Großteil der in den Versuchsreihen eingesetzten Kupferionen sofort als schwerlösliches Kupferkarbonat ausgefällt und steht nicht mehr in der akut toxisch wirkenden ionisierten Form zur Verfügung. Auch Huminsäuren und andere organische Verbindungen, welche im Wasser vorhanden sein können, sind in der Lage, Kupferionen zu binden und die Toxizität herabzusetzen. Neben diesen tödlichen Konzentrationen sind Beeinträchtigungen und Dauerschäden der Tiere aber bereits bei noch niedereren Konzentrationen zu erwarten und auch bereits wissenschaftlich beschrieben worden. Vorsicht ist also vor allem in Becken mit Weichwasserarten geboten.

Garnelenlarven zeigen im Vergleich zu erwachsenen Tieren eine ungleich höhere Sensitivität für Kupfer sowie andere Bunt- und Schwermetalle. Selbst im Meerwasser zeigten Konzentrationen von 1 µg/l für Nauplien von *Penaeus japonicus* bereits tödliche Wirkung, Zoea-Larven dieser Art starben bei 3-46 µg/l, Postlarven bei 20-1.450 µg/l, juvenile Tiere erst bei 2.050 µg/l [3]. Hohe Larvensterblichkeit bei Zuchtversuchen könnte daher möglicherweise auch auf solche Schwermetallvergiftungen zurückzuführen sein.

Selbst die Überprüfung des Wassers auf Kupfer mit Aquaristik-Tropftests wird sich bei der Garnelenpflege als nutzlos erweisen. Die unterste Nachweisgrenze für Kupfer beträgt bei diesen Tests je nach Hersteller zwischen 50 und 150 µg/l. In weichem, leicht saurem Wasser kann aber schon ein Zwanzigstel, für Nauplien in Meerwasser sogar ein Fünfzigstel dieser Konzentration zu tödlichen Vergiftungen führen [3, 22, 94].

Bei allen Gefahren einer Kupfervergiftung darf nicht vergessen werden, dass Kupfer als Spurenelement wichtig für Pflanzen und Tiere ist. Unzählige Enzyme enthalten Kupferatome in ihrer Formel. Sogar das Hämocyanin, das für den Sauerstofftransport zuständige Molekül im Hämolymph, der „Blut"-Flüssigkeit bei Garnelen und anderen Wirbellosen, enthält Kupfer und übernimmt hier die Aufgabe, die das Eisen im Hämoglobin des menschlichen Blutes erfüllt. Wie so oft macht auch hier die Dosis das Gift.

Kupfer ist auch wirksamer Bestandteil vieler Medikamente. In vielen, gegen parasitäre Erkrankungen von Zierfischen, Pilzerkrankungen oder gegen Algenwachstum verwendeten Präparaten wird Kupfer in einer Dosierung von etwa 300 µg/l Aquariumwasser eingesetzt. Solche Medikamente dürfen im Garnelenbecken auf keinen Fall zum Einsatz kommen.

Durch das Ausfallen als schwerlösliches Kupferkarbonat in hartem Wasser, durch Komplexbildung mit organischen Substanzen im Wasser oder Bodengrund oder durch gezielte Behandlung mit

Foto: C. Lukhaup

Die kräftig rote Färbung der Ninja-Garnele *C. serratirostris* ist ein Zeichen für die Gesundheit dieses Tieres.

Wasseraufbereitungsmitteln, die in der Regel Komplexbildner als Wirkstoff enthalten, wird ein Großteil des ionisierten Kupfers gebunden und kann nicht mehr akut toxisch wirken. Allerdings lagern sich diese Komplexe und Mineralien im oder am Bodengrund ab und können sich infolge von pH-Wert-Veränderungen wieder lösen und ihre toxischen Auswirkungen entfalten. Dies kann verursacht werden durch pH-Wert senkende Mittel, durch CO_2-Düngung, aber auch durch freiwerdende Säuren bei mikrobiellen Abbauvorgängen.

Kupferverbindungen im Aquarium können also ein unkalkulierbares Risiko im Wirbellosenaquarium darstellen, auch wenn sie durch Aufbereitungsmittel gebunden wurden. Komplexe und Ausfällungen von Kupferverbindungen im Bodengrund können nur durch totales Ausräumen des Aquariums entfernt werden.

Neben Kupfer haben sich auch andere Bunt- und Schwermetalle wie Cadmium, Blei, Quecksilber, Arsen, Chrom, Nickel und Zink als hochgiftig für Garnelen erwiesen. Werden solche Metalle im

Caridina cf. *appendiculata*, eine Nashorngarnele aus Indonesien.

Leitungswasser gefunden, müssen sie vor der Verwendung im Aquarium entfernt werden. Dies erfolgt am effektivsten durch Ionenaustauscher oder Osmosefilter und nachfolgendes gezieltes Aufhärten des aufbereiteten Wassers. Eine Aufbereitung des Wassers durch Versetzen mit einem Komplexbildner und nachfolgendes Filtrieren über Aktivkohle wäre prinzipiell möglich, dürfte aber aufgrund der hohen Kosten auf Dauer nicht rentabel sein.

Infektiöse Erkrankungen

Durch den weltweiten Handel mit Garnelen aus Farmen, sei es zu Speisezwecken, als Aquarientiere oder in getrockneter Form als Fischfutter, kann es heute zu einer weltweiten Verbreitung von Infektionskrankheiten kommen. Ein erschreckendes Beispiel liefert uns hier die Krebspest, eine durch den Pilz *Aphanomyces astaci* hervorgerufene Erkrankung europäischer und australischer Krebsarten. Amerikanische Krebsarten, die gegen den Pilz resistent sind und zu Besatzzwecken in der zweiten Hälfte des 19. Jahrhunderts nach Europa eingeführt wurden, waren die Träger der heimtückischen Erkrankung, die nach Europa eingeschleppt, einen Großteil der heimischen Krebsfauna dahinraffte und bis heute zu regelmäßigen Massensterben in Beständen der europäischen Krebsarten führt. Deshalb ist auch bei Eigenimporten von Garnelen und anderen Wassertieren höchste Vorsicht geboten. Gesund erscheinende Tiere können trotz allem Träger gefährlicher Krankheiten sein.

Viruserkrankungen

Viren, die sich zur Vermehrung in das genetische Material ihrer Wirte einschleusen müssen, sind aufgrund dieser Fortpflanzungsstrategie in der

Regel auf eine spezielle Gattung oder sogar eine Art des Wirtes angewiesen. Anders als bei salzwasserbewohnenden Arten sind bei Süßwassergarnelen nur wenige Viruserkrankungen gefunden und beschrieben worden. Wo solche Erkrankungen auftreten, sind meist verheerende Schäden an der gesamten Population einer Zuchtanlage oder eines Aquariums die Folge. Medikamente wie Antibiotika oder Zellgifte, wie bei den Pilzmitteln, stehen nicht zur Verfügung.

In Zuchtanlagen mit Salzwassergarnelen wurden verschiedene Viren auch bei gesund erscheinenden Garnelen gefunden. Auch hier scheint es sich zu bestätigen, dass Erkrankungen erst bei Verschlechterungen der Lebensbedingungen zum Ausbruch kommen.

Bakterielle Infektionen und Pilzerkrankungen

Brandfleckenkrankheit

Als Brandfleckenkrankheit bezeichnet man eine Vielzahl von bakteriellen und fungalen Infektionen, die sich als rotbraune bis schwarze Flecken mit eingedrückten nekrotischen Zentren am Körper oder den Körperanhängen äußern. Neben den deutlich erkennbaren Verfärbungen kann die Diagnose durch Bakterienkultur und histologische Untersuchung erkrankter Stellen gesichert werden. Die Ursache der Brandfleckenkrankheit ist bis heute nicht vollständig geklärt, in den nekrotischen Zentren der Flecken konnten eine Reihe von chitinolytischen, meist gramnegativen Bakterien oder Pilzarten gefunden werden.

Chitinolytische, also die Chitinschicht des Garnelenpanzers schädigende Bakterien, können aber erst Schäden verursachen, wenn vorher die Epicutis, die den Chitinpanzer überziehende Außenhaut, geschädigt wurde. Dies kann durch mechanische Schädigungen infolge von Verletzungen, etwa durch Revierkämpfe männlicher Tiere, durch Mangelernährung, bereits beim Fang oder durch chemische Einflüsse wie Giftstoffe, pH-Wert-Veränderungen oder Ähnliches verursacht werden. In Zuchtanlagen gehören Überbesatz und schlechte Wasserqualität zu den Hauptauslösern dieser Erkrankungen.

Infektionen mit diesen Erregern führen nicht zwangsläufig zum Tod der Tiere, die schwarzbraunen Flecke beeinträchtigen aber das Aussehen der Tiere und damit den Marktwert erheblich. Sind nur klein- und oberflächige Bereiche des Garnelenpanzers von Infektionen betroffen, werden die infizierten Stellen bei der nächsten Häutung abgeworfen. Schwerere Fälle, bei denen die Nekrosen auch tiefer liegendes Epithel- und Muskelgewebe betreffen, führen meistens zum Tod der betroffenen Tiere. Eine spezifische Behandlung ist durch die Vielzahl der möglichen Erreger der Sekundärinfektion in der Regel nicht möglich. Mehrere Untersuchungen zeigen einen direkten Zusammenhang zwischen dem Auftreten der Brandfleckenkrankheit und der Besatzdichte. Durch eine Verbesserung der Haltungsbedingungen kann eine Ausweitung der Infektionen auf andere Tiere vermieden werden.

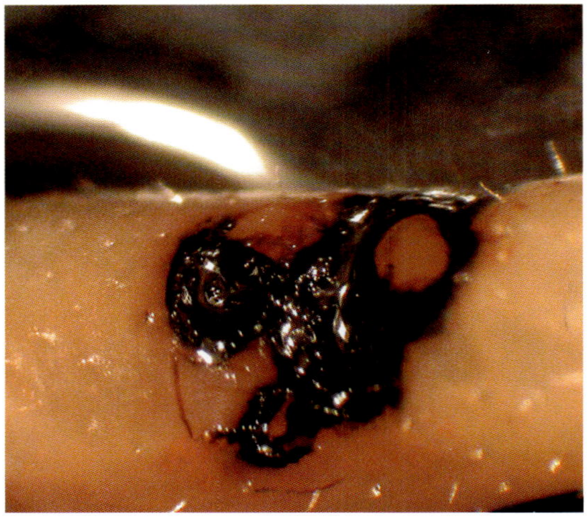

Typische nekrotische Stellen an der Schere einer an der Brandfleckenerkrankung erkrankten Ringelhandgarnele *M. dayanum*.

Pilzerkrankungen

Neben Infektionen in Form einer Brandfleckenerkrankung können Pilze auch als sogenannter Fischschimmel in Erscheinung treten. Allgemeine Abwehrschwäche gilt als Auslöser der Infektionen durch Pilze der Gattung *Saprolegnia*, die als wattebauschähnliche Verpilzungen in Erscheinung treten. Als Sofortmaßnahme kann eine Behandlung mit Malachitgrünoxalat versucht werden. Der Pilz *Fusarium incarnatum* kann eine durch Schwarzfärbung der Kiemen gekennzeichnete Black Gill Disease verursachen [82]. Neben den bereits beschriebenen Ablagerungen von Abbauprodukten kann damit auch eine Infektion Auslöser dieser Erkrankung sein. Pilzerkrankungen tauchen häufig in neu eingerichteten Becken auf.

Parasitäre Erkrankungen

Porzellankrankheit

Als Erreger der Porzellankrankheit konnte der Microsporid *Thelohania contejani*, ein einzelliger Parasit, identifiziert werden. Der Erreger dieser heimtückischen Erkrankung lebt in Muskelgewebe infizierter Tiere und kann durch Kannibalismus, dem bei Garnelen aller Gattungen beobachteten Auffressen verendeter Tiere durch Artgenossen oder andere vergesellschaftete Garnelenarten, übertragen werden. Die durch eine deutliche Weißfärbung des Muskelgewebes, vor allem des großen Muskels des Hinterleibes gekennzeichneten Tiere müssen daher schnellstmöglich von ihren Artgenossen getrennt werden, um eine Übertragung auf andere Tiere zu verhindern [89].

Aufsitzende Einzeller

Glockentierchen der Gattungen *Vorticella*, *Corthunia*, *Epistylis* oder *Zoothamnium* sind regelmäßig auf der Oberfläche von Garnelen zu finden. Diese Einzeller besiedeln in dichten Kolonien vor allem die Bereiche der Kopfpartie und deren Anhänge wie Augenstiele und Antennen. *Zootham-*

von links: Weißfärbung des Abdomens einer an der Porzellankrankheit erkrankten Ringelhandgarnele *M. dayanum*.

Jungtier der Gattung *Macrobrachium* mit am Carapax aufsitzender parasitärer Assel.

nium wird bevorzugt im Bereich der Kiemen gefunden. Ein üblicher geringgradiger Befall scheint die Garnelen kaum negativ zu beeinflussen und verschwindet nach mehreren Wasserwechseln da den Glockentierchen die Nahrungsgrundlage entzogen wird. Die aufsitzenden Einzeller werden beim nächsten Häutungsvorgang mit der Exuvie abgestreift. Besonders starker Befall kann aber zu Problemen bei der Fortbewegung und der Nahrungsaufnahme, ein Befall im Bereich der chemischen Rezeptoren an den Antennen zur Beeinträchtigung der Sensorik führen. Garnelenlarven werden in der Regel von aufsitzenden Mikroorganismen stärker beeinträchtigt als adulte Tiere. Eine Behandlung mit Formaldehydlösung in einer Konzentration von 20 bis 30 mg/l bei einer Behandlungsdauer von 24 Stunden wird bei starkem Glockentierchenbefall angeraten.

Garnelen als Zwischenwirt parasitärer Wurmarten

Eine Reihe von parasitären Wurmarten verwenden Arthropoden oder Mollusken als Zwischenwirt, um in den Darm des Endwirtes zu gelangen. Als Endwirt fungiert dabei oft ein Wasservogel oder Fisch. Wurmeier, die von Crustaceen wie verschiedenen Flohkrebsarten und Garnelen mit der Nahrung aufgenommen werden, entwickeln sich im Körperinneren zu Zwischenformen. Wenn diese vom Endwirt zusammen mit dem Zwischenwirt gefressen werden, können die Zwischenformen im Darm des Endwirtes zum adulten Tier heranwachsen. Süßwassergarnelen wurden bisher als Zwischenwirt von Saugwürmern (Trematoden) beschrieben. Bei zwei amerikanischen *Palaemonetes*-Arten, *P. pugio* und *P. vulgaris*, konnten Zwischenstadien, sogenannte Metacercarien, von *Microphallus turgidus* nachgewiesen werden. 2005 gelang uns der Nachweis, dass die als „Nektarinen" bekannten orangefarbenen eiförmigen Verfärbungen im Körperinneren von Wildfängen der Art *Neocaridina palmata* aus Südchina von einem Parasiten der Familie der Kratzer (Acanthocephala) verursacht werden. [75].

Foto: E. Albiez

Eine Red-Fire-Garnele zeigt einen starken Befall mit Glockentierchen.

Strauchbildende Glockentierchen verursachen oft an Pilzerkrankungen erinnernde Beläge an Garnelen.

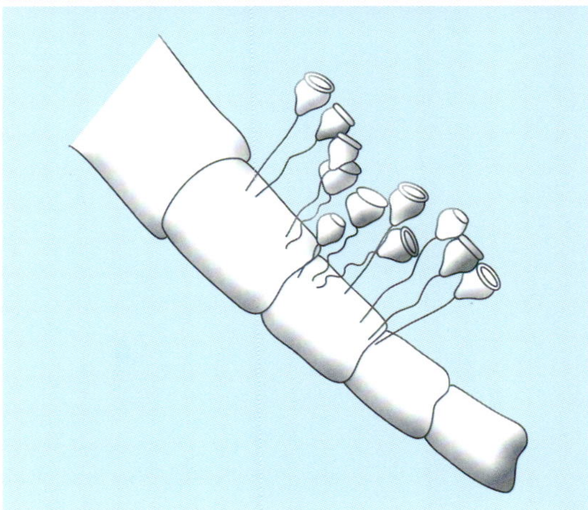

Glockentierchen der Gattung *Vorticella* auf einer Antenne.

Acanthocephala Cystacanthen und Acanthella aus einer infizierten *Neocaridina*.

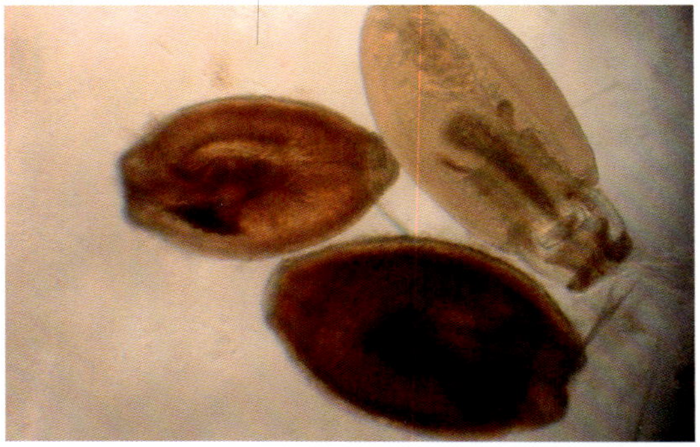

Die Eier der Kratzer werden vom Endwirt (Ente oder Fisch) mit dem Kot ausgeschieden und von den Garnelen mit der Nahrung aufgenommen. Im Darm der Garnele beginnt sich die Eihülle aufzulösen und der Parasit bohrt sich durch die Darmwand bis ins offene Blutkreislaufsystem, dem Hemocoel. Dort entwickeln sich die Tiere zum sogenannten Acanthella-Stadium. Voll ausgewachsen verkapseln sich die Würmer zum sogenannten Cystacanthen. Das durch den Garnelenpanzer schimmernde leuchtende Orange der Cystacanthen bewirkt, dass infizierte Tiere bevorzugt von den Endwirten, auf deren Speiseplan die Garnelen stehen, gefressen werden. Im Darm des Endwirtes löst sich die Kapsel des Cystacanthen wieder auf und die Parasiten bohren sich mit ihrem charakteristischen Hakenkopf in die Darmwand des Wirtes. [75]

Saugwürmer

Viele Wildfänge von Zwerggarnelen sind Träger von Saugwürmern. Ähnliche Würmer sind als Ektosymbionten an Flusskrebsen gut bekannt. Anders als bei den Flusskrebsen weisen Garnelen, welche vom Saugwurm *Scutariella japonica* bewohnt werden, typische nekrotische Löcher an den Kiemenblättchen auf, welche auf eine mögliche parasitäre Lebensweise dieser Würmer hindeuten [132]. Es ist aber unklar, wie weit ansonsten gesunde

Beispielhafter Entwicklungszyklus von Acanthocephalen.

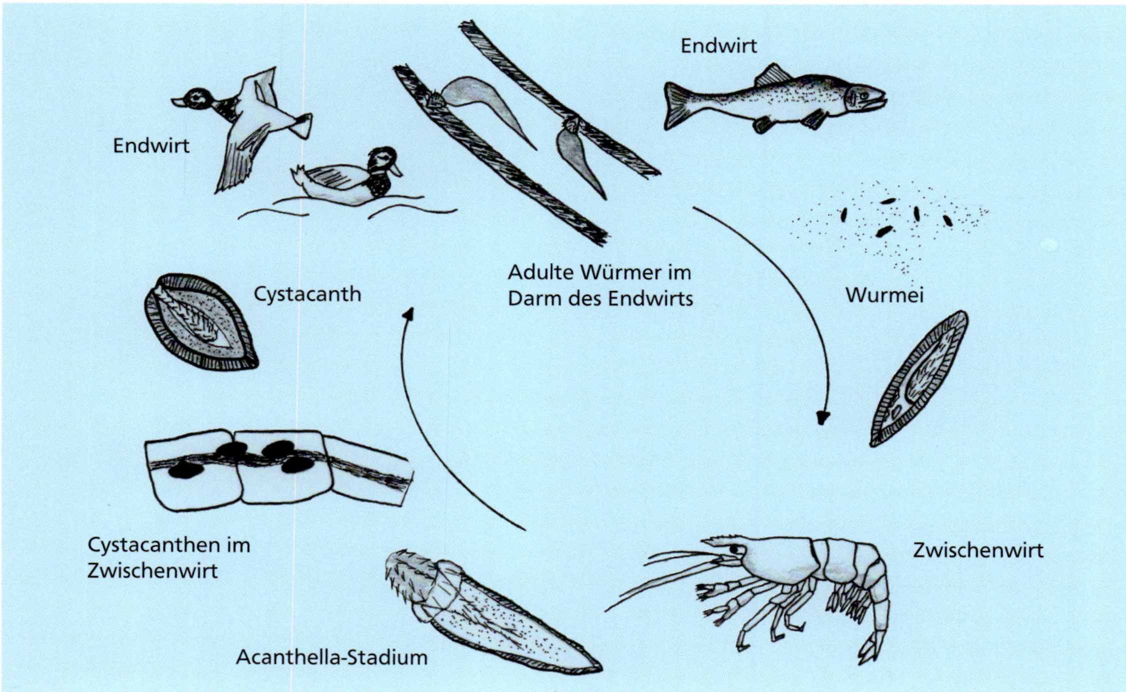

Garnelen vom Wurmbefall beeinträchtigt werden. Bei eher transparenten Arten ist ein Befall über die Eikokons zu erkennen, welche als weißliche Punkte auf den Kiemenbüscheln durch den Panzer der Garnelen schimmern. Häufig sieht man adulte Würmer auch als weißliche „Stäbchen" im Kopfbereich der Garnelen sitzen, oft an der Basis der Antennen. Anders als bei vielen anderen Erkrankungen ist hier eine Therapie der Garnelen mit Medikamenten, welche den Wirkstoff Praziquantel enthalten, möglich. Für Garnelen ist eine ähnliche Dosierung zu wählen, wie sie vom Hersteller der Medikamente für die Behandlung von Kiemenwürmern bei Fischen empfohlen wird. Um auch zum Zeitpunkt der Erstbehandlung in den Eikapseln geschützte Jungwürmer zu erfassen, sollte die Behandlung nach etwa einer Woche wiederholt werden.

Sonstige Parasiten

Verschiedene Egel und Würmer, aber auch andere Arthropoden können als Parasiten auf und in Garnelen in Erscheinung treten [99, 93]. Die Parasiten siedeln dabei oft in der Kopfregion oder an den Kiemenanhängen der Beinpaare. Einige dieser Parasiten scheinen dabei an bestimmte Gattungen wie *Caridina* und *Atya* oder gar spezielle Arten wie die unterirdisch lebende *Troglocaris anophthalmus* gebunden zu sein. Befallene Tiere, sofern sie nicht anderweitig geschwächt sind, werden von solchen Parasiten in aller Regel nur wenig beeinträchtigt. Eine Behandlung ist in den meisten Fällen nicht notwendig. Allerdings können Garnelenarten aus Brackwassergebieten oder dort aufwachsende juvenile Formen gelegentlich von parasitären Asseln (Isopoden) befallen sein. Der Parasit bohrt sich durch den Garnelenpanzer und verwächst quasi mit ihm. Untersuchungen haben ergeben, dass dabei vermutlich Stoffe an den Wirt abgegeben werden, die dessen Häutung und damit die Entfernung des Parasiten verhindern. Hier hilft nur eine äußerst vorsichtige, operative Entfernung mit Pinzette und Nadel.

Foto: C. Lukhaup

Orangefarbene Einlagerungen eines parasitären Saugwurmes in der Nektarinengarnele *N. palmata*.

An dieser Blue-Pearl-Garnele sind die Eikokons der Saugwürmer im Kiemenraum gut zu erkennen.

Eikokons von *Scutariella* und nekrotische Stellen auf einem Kiemenbüschel.

Artbeschreibungen

Familie Atyidae De Haan, 1849

Die Familie Atyidae enthält die in der Aquaristik sehr beliebten Zwerggarnelen der Gattungen *Caridina* und *Neocaridina* sowie die größeren Fächergarnelen der Gattungen *Atya* und *Atyopsis*. Den harmlosen und friedlichen Vertretern der Familie gemeinsam ist die Ausbildung der ersten beiden Beinpaare, deren Finger mit feinen Borsten zur Nahrungsaufnahme besetzt sind. Damit ist ein direkter Beutefang unmöglich, fast alle Arten ernähren sich von mikroskopischem Aufwuchs, Detritus, freischwebenden Nahrungspartikeln, aber auch zersetztem Aas oder kleinsten Insektenlarven.

Verbreitung

Die Gattungen der Familie Atyidae sind weltweit in allen wärmeren Regionen anzutreffen und besiedeln ausnahmslos Süßwasser- oder Brackwasserbiotope. Der überwiegende Teil bewohnt Bäche und Flüsse tropischer und gemäßigter Regionen. Einige wenige Arten haben die Bergbäche in Höhen um 2.000 Meter erobert, andere dagegen leben ausschließlich unterirdisch in Höhlensystemen oder gar im Grundwasser. Am nördlichsten in Europa sind die Populationen von *Atyaephyra desmarestii* verbreitet, eine ursprünglich im mediterranen Raum heimische Garnele, die inzwischen über Flüsse und Kanäle bis in den Großraum Berlin vorgedrungen ist. In Nordamerika stellt *Palaemonias ganteri* im Mammoth Cave in Kentucky die nördlichste Vertreterin dar. Die größte Artenvielfalt entwickelte sich in Südostasien, viele Arten sind hier nur von einzelnen Fundorten bekannt oder in einer begrenzten Region endemisch. Andere dagegen konnten aufgrund ihrer marinen Larvalphasen ihre Verbreitung von der Ostküste Afrikas bis zu westpazifischen Inselgruppen ausweiten. Vom ostafrikanischen Tanganjikasee sind einige endemische Arten bekannt, Gleiches gilt für die alten Zentralseen auf Sulawesi. Die hier heimische Garnelenwelt wurde bereits frühzeitig isoliert und durchlief eigene Entwicklungspfade. Die aquaristisch wichtigen Zwerggarnelen stammen oft aus Bergbächen von eher gemäßigten Klimazonen in Südchina und Japan mit teilweise starken jahreszeitlichen Temperaturschwankungen. Allerdings werden inzwischen verstärkt auch Arten aus Malaysia und Indien angeboten, wo höhere Temperaturen und geringere saisonale Schwankungen vorherrschen.

Auf dem amerikanischen Kontinent sind vergleichsweise wenig Arten verbreitet. Für die Aquaristik sind dies in erster Linie die großen Fächergarnelen der Gattung *Atya*. Einige Arten dieser Gat-

Alle Vertreter der Familie Atyidae tragen Borsten an dem Fingerspitzen der Scheren.

Bei den Zwerggarnelen werden die beiden vorderen Beinpaare zum Abstreifen von Aufwuchs verwendet.

tung sind sowohl an der atlantischen Küstenseite als auch an der Westküste Afrikas anzutreffen. Die an Arten armen amerikanischen Zwerggarnelen siedeln in Flüssen und Bächen in Zentral- und Südamerika. Alle bisher bekannten Vertreter aus Amerika benötigen zur Fortpflanzung einen Zugang zum Meer, da sie pelagische Larven mit marinen Stadien absetzen.

Systematische Übersicht

Abgesehen von der inzwischen schon recht betagten Enzyklopädie der Atyiden Bouviers von 1925 existiert keine zusammenfassende Gesamtübersicht zur Familie. Gerade in den letzten Jahren werden aber vor allem aus dem asiatischen Raum regelmäßig neue Arten beschrieben und neue Gattungen aus bestehenden herausgelöst. Viele Arten sind dabei nur von einzelnen Fundorten belegt, das wirkliche Verbreitungsgebiet kann natürlich deutlich größer sein. Insbesondere die Artenvielfalt der Gattung *Caridina* ist mit aktuell 291 Arten und Unterarten inzwischen fast unüberschaubar geworden, die Familie selbst beinhaltet über 470 Arten in 43 Gattungen [133, 134].

Bereits Bouvier erkannte anhand der damals bekannten Gattungen frühzeitig die Problematik der verwandtschaftlichen Beziehungen und Abgrenzungsmerkmale. Er versuchte daher, die Familie durch Unterscheidungsschlüssel in verschiedene Serien zu ordnen und aufzuteilen.

Nachdem Bouviers Serien lange Zeit Bestand hatten, versuchte Holthuis 1986 durch die Aufstellung von vier Unterfamilien die Familie systematisch neu zu ordnen. Die Abtrennung zwischen den Unterfamilien erfolgt nach dem Bau des Kiemenapparates, den Exopoden an den Schreitbeinen sowie den Mundwerkzeugen. Diese Unterfamilien wurden aber in neuerer Zeit von mehreren Seiten

Überfamilie Atyoidea De Haan, 1849			
Familie Atyidae De Haan, 1849			
	Atyiden	**Gattung**	
		Archaeatya Villalobos, 1960	1
		Atya (Leach, 1816)	13
		Atyoida Randall, 1840	3
		Atyopsis Chace, 1983	2
		Australatya Chace, 1983	1
	Caridinen	**Gattung**	
		Antecaridina Edmondson, 1954	1
		Atyaephyra, de Brito Capello, 1867	7
		Atyella Calman, 1906	2
		Caridella Calman, 1906	3
		Caridina Milne-Edwards, 1837	291
		Caridinides Calman, 1926	1
		Caridinopsis Bouvier, 1912	1
		Dugastella Bouvier, 1912	2
		Edoneus Holthuis, 1978	4
		Halocaridina Holthuis, 1963	2
		Halocaridinides Fujino & Shokita, 1975	2
		Jolivetya Cals, 1986	1
		Jonga Hart, 1961	1
		Lancaris Cai & Bahir, 2005	2
		Limnocaridella Bouvier, 1914	1
		Limnocaridina Calman, 1899	8
		Mancicaris Liang, Guo & Tang, 1999	1
		Marosina Cai & Ng, 2005	2
		Micratya (Bouvier, 1913)	2
		Monsamnis Richard, de Grave & Clark, 2012	1
		Neocaridina Kubo 1938	30
		Palaemonias Hay, 1902	2
		Paracaridina Liang & Guo, 1999	5
		Paratya Miers, 1882	14
		Parisia Holthuis, 1956	9
		Potimirim Holthuis, 1954	5
		Puteonator Gurney, 1987	1
		Pycneus Holthuis, 1986	1
		Pycnisia Bruce, 1992	2
		Sinodina Liang & Cai, 1999	12
		Stygiocaris Holthuis, 1960	2
		Syncaris Holmes, 1900	2
		Typhlocaridina Liang & Yan, 1981	3
		Troglocaris Dormitzer, 1853	14
		Typhlatya Creaser, 1936	17
		Typhlopatsa Holthuis, 1956	1
		Atydina Cai, 2010	1
		Gallocaris Sket & Zaksek, 2009	1

angezweifelt und auch in der aktuellen Checkliste aller echten Garnelen nicht mehr angeführt [133]. Aktuelle phylogenetische Untersuchungen [134] belegen ebenfalls, dass die Einteilung in die vier Unterfamilien nicht den entwicklungsgeschichtlichen Tatsachen entspricht und deshalb einer Revision unterzogen werden muss. Aus diesem Grund haben wir in der vorliegenden Auflage des Buches auch auf die Einteilung in Unterfamilien verzichtet. Die Gattungen der Familie Atyidae werden deshalb hier nach aquaristischen Gesichtspunkten geordnet und nur grob in die beiden Gruppen Fächergarnelen und Zwerggarnelen unterteilt

Bei der Gesamtbetrachtung zur Familie fällt auf, dass in den meisten Gattungen nur wenige Arten zu finden sind. Nur *Caridina* weicht hiervon deutlich ab. Für diese Gattung ist zukünftig mit einer umfassenden Revision mit etlichen neuen Gattungen oder Untergattungen zu rechnen. Die in heutiger Zeit betrachteten feinen morphologischen Unterschiede und in jüngster Zeit immer häufiger durchgeführte DNA-Analysen dürften diesen Schritt sicherlich rechtfertigen. Gegen das Aufsplitten der Gattung *Caridina* spricht aber die Tatsache, dass nach der Abtrennung von Artengruppen mit klar definierten Merkmalen als neue Gattungen eine größere Anzahl von Arten zurückbleiben würde, welche wenig gemeinsame Merkmale aufwiesen oder genetisch nicht direkt miteinander verwandt wären. Für diese Arten müssten jeweils monospezifische Gattungen aufgestellt werden. Möchte man die Gattung *Caridina* als Gesamtes erhalten, müssten in diese Gattung auch andere Gattungen wie *Neocaridina*, *Parisia*, *Marosina*, *Edoneus* und andere integriert werden. Die Artenfülle der Gattung würde sich dadurch noch erheblich vergrößern. In jedem Fall ist mit größeren nomenklatorischen Veränderungen auch von aquaristisch relevanten Arten in den nächsten Jahren zu rechnen.

In der Familie Atyidae sind derzeit fast ausschließlich Vertreter der Gattungen *Caridina*, *Neocaridina*, *Atya* und *Atyopsis* für die Aquaristik relevant.

Große Atyiden oder Fächergarnelen

Die deutsche Bezeichung Fächer- oder Radargarnelen, auch Fächerhandgarnelen, deutet auf die ungewöhnlich lang entwickelten Borsten der ersten beiden Beinpaare hin, mit denen die Tiere Futterpartikel aus fließenden Gewässern ihrer Heimat herausfiltern. Die Gruppe enthält mit der Gattung *Atya* die größten Vertreter der Familie, darüber hinaus zeigt die Gruppe aber auch sehr interessante Verbreitungsgebiete auf. Auf den südostasiatischen Inseln ist die Gattung *Atyopsis* mit ihren beiden Arten recht weit verbreitet. Noch weiter in den Südpazifik reicht das Verbreitungsgebiet der Gattung *Atyoida*, welche mit einer Art auch im Indischen Ozean vorkommt. Andere Gattungen beschränken sich auf relativ eng umgrenzte Gebiete in Australien, Afrika, Südamerika oder der Karibik. Die Gattung *Atya* besiedelt zumindest mit zwei Arten gleichzeitig die Westküste Afrikas und die Ostküste Südamerikas sowie die dazwischen liegenden atlantischen Inseln, kommt mit anderen Arten aber auch auf der pazifischen Seite Südamerikas vor.

Foto: C. Lukhaup

Atyopsis moluccensis.

Schlüssel der Atyiden nach F. A. Chace jr. (stark vereinfacht)

1 Rostrum ohne dorsale Dornen (mit Ausnahme der amerikanischen *Atya crassa* und *Atya limnetes*).

3' 3. Maxillipedenpaar mit vielen kurzen Borsten, ohne deutlichen Enddorn.

Atya (Afrika/Amerika)
Seitenwinkel des Telson nicht länger als der hintere Seitenrand.
3. Peraeopoden männlicher Tiere ohne starken Sporn auf Merus.

Atyopsis (Asien)
Seitenwinkel des Telson deutlich länger als der hintere Seitenrand.
3. Peraeopoden männlicher Tiere mit starkem Sporn auf Merus.

3 3. Maxillipedenpaar endet mit deutlichem Dorn.

4 ***Australatya*** (Australien)
Pterygostomialwinkel breit gerundet. Chela der 1. und 2. Peraeopoden nicht heteromorph (unterschiedlich).

4' Pterygostomialwinkel schmal gerundet bis scharf zugespitzt. Chela der 1. und 2. Peraeopoden heteromorph ausgebildet.

Archaeatya (Amerika)
Pterygostomialwinkel gerundet.
1. Peraeopoden ohne Arthobranchien.

Atyoida (Asien)
Pterygostomialwinkel gezahnt oder eckig.
1. Peraeopoden mit Arthobranchien.

1' Rostrum mit dorsalen Dornen (aktuell zur Unterfamile Caridellinae).

2 ***Atyella*** (Afrika)
Rostrum mit mehr als 12 dorsalen Zähnen.

2' ***Micratya*** (Amerika)
Rostrum mit nicht mehr als 10 dorsalen Zähnen.

Foto: C. Lukhaup

Atya scabra.

Gattung *Archaeatya* Villalobos, 1960

Die Verbreitung der monotypischen Gattung beschränkt sich auf Mittelamerika und einige Inseln auf der pazifischen Seite. Vermutlich stellt sie ein Bindeglied zwischen den Gruppen der Caridinen und der Atyiden dar, da sie Merkmale beider Gruppen auf sich vereint.

Archaeatya chacei Villalobos, 1960

Verbreitung: Costa Rica bis Kolumbien, Cocos-Insel, Perlas-Archipel im Golf von Panama, Galapagos.

Größe: Bis 23 mm.

Merkmale: Rostrum kurz bis zum Ende des ersten Basissegmentes und unbezahnt. Telson mit Mittelzahn und spezifischer langer Bedornung am distalen Rand, das äußere Paar dabei deutlich kürzer. Uropodenfalte mit 19 Dornen. Ohne Exopoden an den Peraeopoden. Die Chelipeden der ersten beiden Beinpaare unterschiedlich ausgebildet, es finden sich wie bei *Atyoida* „ortmannioide" und „atyoide" Formen. Transparente Grundfärbung.

Bemerkungen: Die Art wurde in leicht brackigem Wasser sowie in Flüssen und kleinen Anstauungen gefunden. Zur Vermehrung liegen keine Informationen vor, aufgrund der kleinen Eier dürften pelagische Larven mit marinen Stadien abgesetzt werden. Sie wurde möglicherweise als Beifang bereits eingeführt.

Literatur: [115, 116, 50]

Gattung *Atya* (Leach, 1816)

Synonyme: *Atys* (Leach, 1816), *Evatya* (Smith, 1871), fehlerhafte Schreibweisen: *Atia* (Latreille, 1817), *Athys* (Milne Edwards, 1838), *Euatya* (Koelbel, 1884), *Atyia* (Roux, 1932), *Ataya* (Chace & Hobbs, 1969).

Der älteste Hinweis auf Tiere der Gattung *Atya* stammt bereits aus dem Jahr 1648. Marcgrave beschrieb hier ein Tier in Wort und Bild aus Brasilien, vermutlich handelte es sich um *Atya scabra*. Aktuell sind 13 gültige Arten bekannt, die sich in erster Linie in Form und Länge des Rostrums, der Ausbildung der fünften und sechsten Abdomensegmente und der Randborsten an den Abdomensegmenten drei bis fünf unterscheiden. Allen Arten gemeinsam ist neben der äußerlich etwas plump wirkenden Erscheinung die Vermehrung über pelagische Larven. Eine Nachzucht in Gefangenschaft ist demnach nur bedingt möglich, unter Laborbedingungen aber bereits vereinzelt gelungen. Geschlechtsunterschiede lassen sich dagegen relativ einfach feststellen, da männliche Tiere ein deutlich kräftigeres drittes Schreitbeinpaar entwickeln. Bei einigen Arten, wie etwa *A. scabra,* sind altersbedingte Farbstadien bekannt. Im Alter werden diese Arten eher braun. Die Ursache dieser Farbstadien ist bislang noch nicht geklärt, wahrscheinlich bilden sie einen Vorteil während der Wanderung ju-

links:
Atya gabonensis mit Borsten am fünften Abdomensegment.

rechts:
Rostrum bei *Atya gabonensis* mit seitlichen Fortsätzen, der rechte fehlt hier.

veniler Tiere flussaufwärts. Gelegentlich fallen im Aquarium auch weiße Tiere auf, deren Ausprägung sich nach einigen Häutungen aber wieder abschwächen oder gänzlich verlieren kann. In freier Natur hätten solche Exemplare kaum eine große Überlebenschance, im Aquarium ist die Ursache vermutlich in der Wasserbeschaffenheit bzw. fehlenden Spurenelementen zu suchen. Die Gattung *Atya* besitzt eine sehr ungewöhnliche Verbreitung. Zwei Arten kommen gleichermaßen an den Küsten Westafrikas und Südamerikas vor. Andere sind an der atlantischen oder pazifischen Küste Amerikas, teilweise auch auf beiden Seiten anzutreffen.

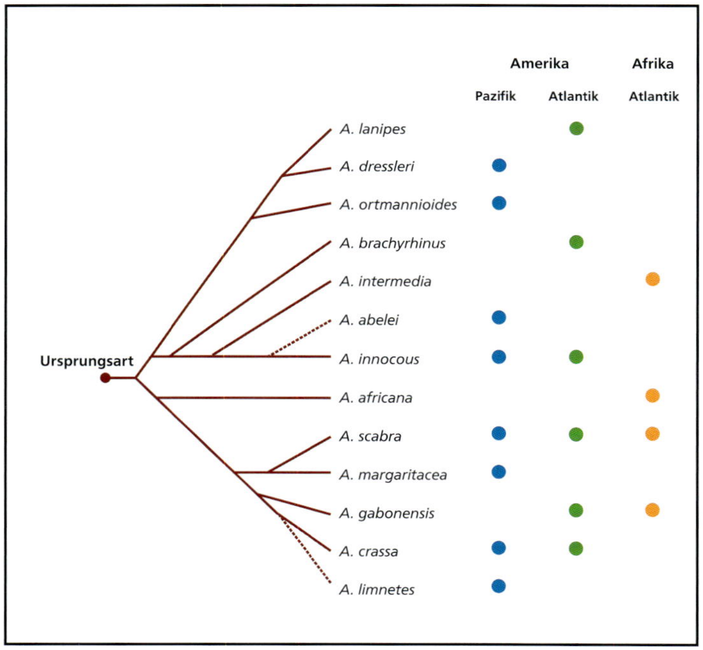

Verwandtschaftliche Zuordnung nach Körpermerkmalen und ihre Verbreitung nach Hobbs & Hart.

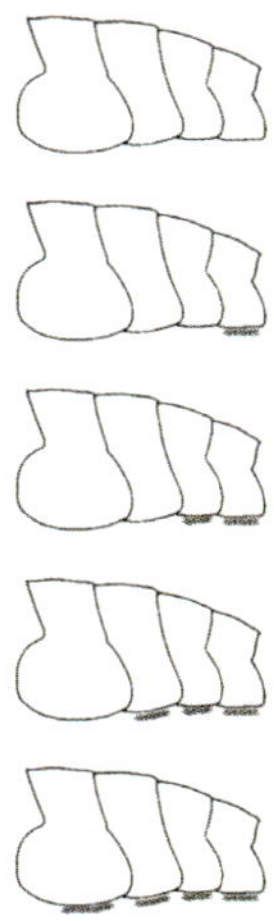

	Amerika Pazifik	Amerika Atlantik	Afrika Atlantik
	A. ortmannioides *A. innocous* [1] *A. limnetes*	*A. lanipes*	*A. intermedia*
		A. gabonensis	*A. gabonensis* *A. africana*
	A. crassa *A. dressleri* [3]	*A. crassa*	
	A. margaritacea *A. abelei* [4]	*A. brachyrhinus* *A. innocous* [1]	*A. scabra* [2]
	A. scabra [2]	*A. scabra* [2]	

1) *Atya innocous* ohne Randborsten von der pazifischen Seite (ehemals *A. tanella*)
2) Amerikanische *Atya scabra* oft mit Randborsten am 2. Segment
3) *Atya dressleri* nicht mit Borsten, sondern feinen Fransen
4) nur sehr kleine Borsten am 3. und 4. Segment

Randborsten an den Abdomensegmenten.

Bestimmungsschlüssel für die Arten der Gattung *Atya*

Eine grundlegende Überarbeitung und Revision erfuhr die Gattung 1982 durch H.H. Hobbs jr. & C. W. Hart jr., deren Ansichten hier weitgehend gefolgt wird. Zur groben Abgrenzung kann die Lage der Randborsten an den Abdomensegmenten helfen. Nach diesem vereinfachten Schlüssel sind die aquaristisch wichtigsten Arten untereinander schnell zu unterscheiden.

1 Carapax und Rostrum mit dorsalen Dornen.

- **1a** ***Atya crassa***
  Ohne ventrale Dornen am Rostrum. Kantenreihen an den Carapaxseiten mit Dornen.
- **1b** ***Atya limnetes***
  Mit ventralen Dornen am Rostrum.

1' Carapax und Rostrum ohne dorsale Dornen. Falls Kantenreihen am Carapax vorhanden, dann ohne Dornen.

2 Rostrum mit seitlichen spitzen Fortsätzen. Dornen am Dactylus des 3. Beinpaares gruppiert oder in einer Reihe.

- **3** ***Atya scabra***
  Innenseite Propodus des 3. Beinpaares mit einigen stark verhornten, in Längsreihen angeordneten schuppenartigen Höckerdornen. Amerikanische Exemplare oft mit Randborsten am ventralen Seitenrand des 2. Abdomensegments.
- **3'** Innenseite Propodus des 3. Beinpaares mit wenigen bis vielen verhornten Höckerdornen, nicht immer in Längsreihen angeordnet. Auf dem 2. Abdomensegment nie ventrale Randborsten.
  - **4** ***Atya gabonensis***
    Carapax relativ stark strukturiert. Innenseite Propodus des 3. Beinpaares mit auffallenden Büscheln feiner Borsten und sehr wenigen, kleinen Höckerdornen. Dornen am Dactylus 3. Beinpaar gruppiert oder einzeln. Sternum am 5. Abdomensegment mit vorspringendem, gebogenem Horn.
  - **4'** ***Atya margaritacea***
    Carapax verhältnismäßig schwach strukturiert. Innenseite Propodus des 3. Beinpaares ohne auffallende Borstenbüschel aber mit deutlich entwickelten Höckerdornen. Dornen am Dactylus 3. Beinpaar in einzelner Reihe angeordnet. Sternum am 5. Abdomensegment mit kleinem Höcker.

2' 3. Paar der Maxillipeden mit vielen kurzen Borsten, ohne deutlichem Enddorn.

- **5** ***Atya africana***
  1. Segment der Antennenbasis mit 1-3 deutlichen dorsalen Dornen. Höckerdornen der Innenseite Propodus des 3. Beinpaares in zwei parallelen Reihen angeordnet. Dornen am Dactylus des 3. Beinpaares in einer Reihe.
- **5'** 1. Segment der Antennenbasis ohne deutliche Dornen. Höckerdornen der Innenseite Propodus des 3. Beinpaares verstreut angeordnet. Dornen am Dactylus des 3. Beinpaares in zwei Reihen.
  - **6** ***Atya brachyrhinus***
    Rostrum stark konvex und nach unten gebogen. Rostrumspitze erreicht nicht das 2. Segment der Antennenbasis.
  - **6'** Rostrumränder parallel bis konvergent, Rostrumspitze reicht mindestens bis zum Anfang des 2. Segmentes der Antennenbasis.

7 Rostrum gebogen ausgeformt. 3.-5. Abdomensegmente mit oder ohne Randborsten.

- **8** ***Atya ortmannioides***
  Innenseite des Merus des 3. Beinpaares ohne auffällige Höckerdornen, nur mit kleinen unauffälligen Schuppen. Carapax gerade, Rostrumbasis bis auf Carapax gezogen.
- **8'** Innenseite des Merus des 3. Beinpaares mit Höckerdornen. Carapax konvex, Rostrumbasis nicht bis auf Carapax gezogen.
  - **9** ***Atya innocous***
    3.-5. Abdomensegmente mit ventralen Randborsten, mit Ausnahme der Exemplare der pazifischen Küste. Mitteldorn auf Sternum eher unauffällig. Präanale Carina des 6. Abdomensegments mit einzelnem Dorn. Rostrum ohne Seitendornen.
  - **9'** ***Atya abelei***
    Nur 5. Abdomensegment mit deutlichen ventralen Randborsten. Präanale Carina mit zwei Dornen. Rostrum mit Seitendornen.
  - **9''** ***Atya intermedia***
    Keine Randborsten an den 3.-5. Abdomensegmenten. Präanale Carina des 6. Abdomensegmentes mit zwei Dornen. Rostrum ohne Seitendornen.

7' Rostrum spitz zulaufend. 3.-5. Abdomensegmente ohne Randborsten.

- **10** ***Atya lanipes***
  Pterygostomialwinkel mit kräftigem Dorn. 2. Segment der Antennenbasis mit verstreuten kleinen Dornen. Merus des 3. Beinpaares ohne dorsale oder seitliche Höckerdornen. Präanale Carina mit kleinem Dorn. Telson mit 5-7 dorsalen Dornenpaaren.
- **10'** ***Atya dressleri***
  Pterygostomialwinkel mit schwachem oder unauffälligem Dorn. 2. Segment der Antennenbasis mit in Reihe angeordneten ca. 6 Dornen. Merus des 3. Beinpaares mit deutlichen dorsalen oder seitlichen Dornen. Präanale Carina mit rückwärts entwickeltem Dorn. Telson mit 7-9 dorsalen Dornenpaaren.

Atya brachyrhinus Hobbs & Hart, 1982
Höhlenfächergarnele

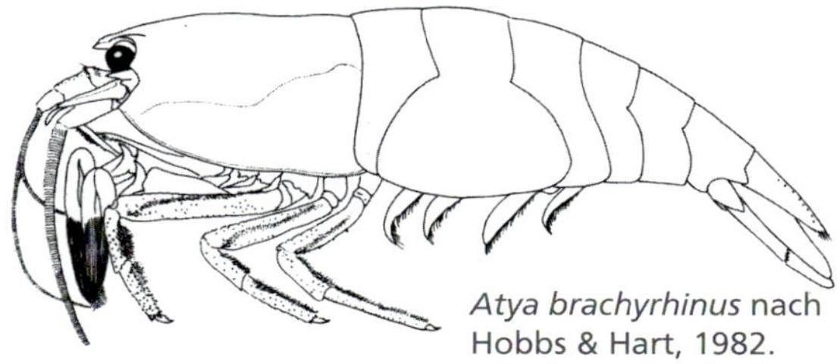

Atya brachyrhinus nach Hobbs & Hart, 1982.

Verbreitung: Barbados, Coles Cave.

Größe: 5-6 cm.

Merkmale: Kurzes, sehr breites Rostrum, reicht nicht bis zum zweiten Segment der Antennenbasis. Dadurch gut von allen anderen Arten der Gattung zu unterscheiden.

Färbung: Farblos mit rosafarbenem Schwanzteil und zwei schwarzen Punkten.

Bemerkungen: Die einzige höhlenbewohnende Art wurde anhand zweier konservierter weiblicher Exemplare beschrieben, die 1972 bzw. 1963 in der Coles Cave auf Barbados gefunden wurden. Die cirka 1.000 m lange Karsthöhle befindet sich in etwa 225 m Höhe und grenzt unmittelbar an die touristisch erschlossene Harrison Cave an, mit der sie vermutlich auch verbunden ist. Über die Lebensweise von *Atya brachyrhinus* ist nichts bekannt. Bei einem Besuch der kaum zugänglichen Coles Cave im August 2005 konnten keine Tiere nachgewiesen werden.

Literatur: [51]

Barbados, Fundort Coles Cave.

Atya crassa (Smith, 1871)
Große Fächergarnele

Atya crassa.

Synonyme: *Evatya crassa* (Smith, 1871).

Verbreitung: Mexiko, Mittelamerika, Kolumbien, Ecuador.

Größe: 12-15 cm.

Merkmale: Durch die kräftige Bedornung des Rostrums und des Carapax hebt sich die sehr große Art innerhalb der Gattung deutlich ab.

Bemerkungen: Die ersten Tiere wurden durch Smith im westlichen Nikaragua gemeinsam mit *A. rivalis* (*A. margaritacea*) und *A. tenella* (*A. innocous*) gefunden und von ihm aufgrund der abweichenden Körperform in die neue Gattung *Evatya* gestellt, die aber von Bouvier 1925 aufgelöst wurde. Die Art ist auf der pazifischen Seite von Mexiko bis Ecuador verbreitet. Von der atlantischen Seite gilt nur ein Fund aus Panama (Doflein, 1900) als etwas unsicherer Beleg. Gefunden wurde die Art in Flüssen bis zu einer Höhe von 135 Metern, über die nähere Lebensweise ist leider nichts bekannt. Trotz des großen Verbreitungsgebietes scheint die Art nicht sehr häufig anzutreffen zu sein, importiert wurde sie bislang leider noch nicht. Eine weitere Art mit dorsaler Rostrumbezahnung ist die erst 1984 gefundene *Atya limnetes* Holthuis, 1986. Allerdings trägt diese in Westkolumbien heimische Art auch ventrale Zähne am Rostrum.

Literatur: [51, 4]

Atya gabonensis Giebel, 1875
Gabun-Riesenfächergarnele, Blaue Monstergarnele

Synonyme: *Euatya sculptilis* (Koelbel, 1884), *Atya sculptata* (Ortmann), *Atya scabra* (Liberia: Rathburn, 1900).

Verbreitung: Westafrika – Senegal bis Zaire, nördliches Südamerika, Venezuela, Surinam, Brasilien, (Mexiko?).

Größe: ♂ bis 14 cm, ♀ kleiner.

Merkmale: Randborsten nur am fünften Abdomensegment, seitliche Fortsätze am Rostum spitz und deutlich nach vorne gezogen, Carapax auffallend gefurcht, dadurch Unterscheidung zu *A. scabra* und allen anderen Arten der Gattung leicht möglich. Eigröße: 0,4 x 0,5 bis 0,4 x 0,7 mm.

Färbung: Dunkelgrau bis schwarz (Nigeria), je nach Herkunft auch blaugrau oder dunkelblau, generell ohne Rückenstrich. Im Aquarium sind nach Häutungen auch schon weiße Exemplare aufgetreten, vermutlich als Folge von fehlenden Spurenelementen. Die frühere Vermutung, dass auch *A. gabonensis* verschiedene altersbedingte Farbformen durchläuft, hat sich bislang nicht bestätigt. Die individuelle Färbung scheint vielmehr herkunftsabhängig zu sein.

Bemerkungen: *A. gabonensis* gehört zu den beiden Arten, die aus Westafrika und von der atlantischen Seite Amerikas bekannt sind, sie scheint aber nicht auf den Inseln der Kap Verden verbreitet zu sein. Zumindest an einigen afrikanischen Fundstellen wie in Liberia kommt die Art gemeinsam mit Männchen von *A. africana* und *A. scabra* vor.

Atya gabonensis, typisch gefärbtes Tier.

Atya gabonensis, weiße Morphe.

Nach früheren Berichten wurde die Art bis zu 125 km von der Küste entfernt vorgefunden, spätere Berichte von Powell (1979) belegen ein Vorkommen von juvenilen Tieren in Nigeria zwischen 95 km und 152 km von der Küste entfernt. Die juvenilen Tiere müssen daher nach der Larvalentwicklung im Meer weite Strecken bis zu den Lebensräumen der adulten Tiere zurücklegen. Möglicherweise ziehen die Tiere ein Leben lang flussaufwärts. Nach Powells Angaben kommt die Art vorzugsweise in verhältnismäßig hartem Wasser vor. Jungtiere wurden von ihm in lockeren Beständen von Wasserpflanzen und Laubansammlungen gefunden, konnten aber auch freischwimmend beobachtet werden, wobei die Tiere eine sehr hohe Geschwindigkeit erreichten. Ausgewachsene Exemplare wurden unter Steinen in schnell fließenden Flüssen gefunden, im Niger teilweise auch bis in Tiefen von über 11 Metern. Zumindest die Fundorte in Nigeria sind starken saisonalen Veränderungen unterworfen. In der Trockenzeit von Dezember bis April fallen hier die Wasserstände der nun trägen Flüsse stark ab. Während dieser Niedrigwasserperiode sind häufig tragende Tiere zu finden, in der übrigen Zeit scheint hier ein Sammeln wegen der hohen Wasserstände kaum möglich.

Die Nachzucht im Aquarium ist noch nicht gelungen. Die Art gehört inzwischen zum aquaristischen Standardangebot, allerdings werden aufgrund der kräftiger entwickelten dritten Beinpaare überwiegend männliche Tiere angeboten, was die Chancen von erfolgreichen Zuchtversuchen leider deutlich minimiert. Alle Angebote sind daher bisher ausschließlich Wildfänge. Da die Tiere aber ein Alter von mindestens 10 bis 15 Jahren erreichen, können sie bei richtiger Pflege (Artenbecken mit viel Strömung und Sauerstoff) als ausdauernde Pfleglinge gelten.

Literatur: [51, 4]

Atya innocous (Herbst, 1792) Basket-Fächergarnele

Synonyme: *Atya occidentalis* Newport, 1847, *Atya tenella* Smith, 1871, *Atya robusta* Milne-Edwards, 1894.

Verbreitung: Atlantische Seite von Nicaragua bis Panama, große und kleine Antillen, als ehemals *A. tenella* auf der pazifischen Seite von Nicaragua bis Panama.

Größe: ♂ bis cirka 10 cm, ♀ kleiner.

Merkmale: Atlantische Tiere mit Randborsten an den dritten bis fünften Abdomensegmenten, Abgrenzung zu *A. scabra* über die fehlenden spitzen Seitendornen am Rostrum. Pazifische Tiere ohne Randborsten am Abdomen, Abgrenzung zu *A. ortmannioides* hier nur über Form und Proportionen des Carapax, Rostrums und der Ausbildung der dritten und fünften Beinpaare möglich. Eigröße: 0,6 x 0,7 mm.

Bemerkungen: Die in großen Höhen nachgewiesene Art filtert ihre Nahrung nicht nur aus dem Wasser, sondern sucht auch aktiv den Bodengrund nach Futter ab. Interessant ist die Be-

Stadium	Tag	Größe mm
1	1 - 6	1,80 - 1,90
2	3 - 8	1,85 - 2,05
3	7 - 13	2,00 - 2,15
4	12 - 17	2,40 - 2,70
5	16 - 22	2,80 - 3,20
6	21 - 29	3,50 - 3,85
7	27 - 39	4,00 - 4,40
8	34 - 48	5,20 - 6,00
9	43 - 62	6,40 - 7,60
10	53 - 78	8,05 - 8,85
11	61 - 82	9,00 - 9,75
12	76 -119	10,05 -11,75

Larvenentwicklung nach Hunte.

obachtung, dass die Art vorwiegend nachtaktiv ist. Im Aquarium kann die Art recht ausdauernd sein, sie wurde bereits knapp sieben Jahre gepflegt, meist erreichen die Tiere ein Alter von drei bis vier Jahren. Unter Laborbedingungen wurde die Art von Hunte 1979 erfolgreich gezüchtet. In mehreren Versuchsreihen ermittelte er eine optimale Salinität von 30 ‰, als Futter wählte er Hafer- und Weizenkeime sowie handelsübliches Fischfutter „Tetramin", die Besatzdichte betrug etwa eine Larve je 15 cm^3. Die Zoea-Larven schlüpften meistens nachts und reagierten positiv auf Licht. Insgesamt wurden 12 verschiedene Larvenstadien ermittelt, wobei im ersten Stadium kein Futter angenommen wurde. In allen übrigen Stadien wurde alle 12 Stunden mit Teilen der Getreidekeime und zerriebenen Futterflocken gefüttert. Nach jeder zweiten Fütterung, also täglich, wurde ein kräftiger Wasserwechsel vorgenommen.

Literatur: [51, 4, 65]

Atya innocous.

Atya scabra (Leach, 1815)
Grüne Fächergarnele, Rauhe Fächergarnele

Synonyme: *Atya scaber* Leach, 1815, *Atya mexicana* Wiegmann, 1836, *Atya sulcatipes* Newport, 1847, *Atya punctata* Kingsley, 1878, *Atya serrata* Bate, 1888, *Atya margaritacea* var. *claviger* Aurivillius, 1898.

Verbreitung: Westküste Afrikas von Liberia bis zum nördlichen Angola, Kapverdische Inseln, Große und Kleine Antillen, Ostküste Amerikas von Mexiko bis Brasilien, Westküste Mexikos, Costa Rica, Panama.

Größe: ♂ bis 12 cm (Carapaxlänge bis 46 mm), ♀ deutlich kleiner.

Merkmale: Kurzes Rostrum, Randborsten an den dritten bis fünften Abdomensegmenten, bei amerikanischen Tieren oft auch am zweiten Segment, dadurch Abgrenzung zu *A. gabonensis* gut möglich. Unterscheidung zu *A. margaritacea* über die Bedornung der dritten Beinpaare, zu allen anderen Arten über die spitzen Seitenfortsätze am Rostrum. Eigröße: 0,58 x 0,64 - 0,65 x 0,37.

Färbung: Zwei Färbungsphasen sind bekannt. Grüne Phase: Körper dunkelgrün, dorsal dunkler, ventral heller werdend. Dünner, unterbrochener Rückenstrich von hellgrüner Farbe bis zum fünften Abdomensegment. Dunkle Querbänder an der Rostrumbasis, am hinteren Carapaxrand und auf dem sechsten Abdomensegment. Braune Phase: Zeichnung identisch, aber Grundfärbung cremefarbig bis dunkelbraun.

Bemerkungen: Von der Art sind eine Vielzahl von Synonymen bekannt, die Zuordnung einzelner Funde aus der Vergangenheit ist recht unübersichtlich. *Atya scabra* lebt in ers-

Atya scabra aus Westafrika.

ter Linie in mittleren und kleineren Bächen und Flüssen mit steinigem Bodengrund und Geröll. Ihr Siedlungsraum kann dabei weit im Landesinnern (100 km) liegen und große Höhenlagen (800 m) erreichen. Ähnlich wie bei *A. innocous* wurden männliche Tiere im schnell fließenden Mittellauf zwischen Steinen und Geröllspalten gefunden, weibliche Tiere dagegen in langsam fließenden Zonen mit steinigem Bodengrund und Laubansammlungen. *A. scabra* scheint eher nachtaktiv zu sein. So wurden beispielsweise während einer mehrere Monate andauernden Beobachtung in Mexiko tagsüber nie Exemplare außerhalb der untersuchten Laubansammlungen gefunden. Nachts dagegen befanden sich Tiere in den angrenzenden Bereichen auf dem steinigen und pflanzenlosen Bodengrund. Je nach Herkunft kann die Ernährung differieren. Der Mageninhalt der in Mexiko beobachteten Tiere setzte sich überwiegend aus nicht näher bestimmbaren Detritus (91,3 %), Algenbestandteilen (6,9 %) und tierischen Anteilen (1,0 %) zusammen. Daraus wurde der Schluss gezogen, dass diese Tiere nicht aktiv das freiströmende Wasser nach Nahrung abfiltern, sondern eher den Bodengrund bzw. Algenpolster absuchen und nur eher passiv innerhalb des Laubes filtern. Dagegen wurden von Fryer in Dominica Tiere aktiv filternd im freien Wasser vorgefunden. Er pflegte *A. scabra* bis zu 2,5 Jahre gemeinsam mit *A. innocous*. Dabei erwies sich *A. scabra* als deutlich zurückhaltender und war nur selten außerhalb ihrer Verstecke unter Steinen zu sehen. Ausnahmen bildeten nur die Strömungsbereiche des Filters, vor denen sich Tiere öfters aufhielten. Vermehrt wurde *A. scabra* im Aquarium bislang noch nicht erfolgreich, über Laborversuche liegen zumindest Berichte vor. Hier dürften aber die ähnlichen Nachzuchtbedingungen wie bei *A. innocous* gelten. Weibliche Tiere sind insgesamt deutlich kleiner, das kleinste bekannte tragende Tier hatte eine Gesamtlänge von nur 3,9 cm. Es werden sehr viele Eier produziert, ein 5,7 cm großes Exemplar trug bereits cirka 8.000. Nach Villalobos beträgt die Sterblichkeitsrate der ersten Larvenstadien allerdings etwa 60 %. Bei amerikanischen Populationen erfolgt die Vermehrung ganzjährig, in Westafrika wurden tragende Tiere nur in den Monaten März, Mai, Juli und August beobachtet. Seit 2003 ist die Art mehrfach aus Amerika eingeführt worden, frühere Importe aus Afrika wurden vermutlich als *A. gabonenis* angeboten.

	Pichelin River	Cane River	Morant River
pH	7,7	7,5	7,7
Temperatur °C	24,0	22,8	22,3
Sauerstoff / ppm	8,0	8,7	8,7
GH	2,0		
KH	0,6		
Kalzium / ppm	8,9		
Magnesium / ppm	3,4		
NO_3 / ppm		0,008	0,265
PO_4 / ppm		0,384	0,362

Wasserwerte an Fundorten von *A. scabra* nach Hunte.

Literatur: [51, 21, 4]

Atya scabra aus Panama.

◀ Ein schnell fließender Regenwaldbach in der Nähe der Stadt Chiriqui Grande an der Atlantikküste von Panama. Lebensraum von *A. scabra* und einigen *Macrobrachium*-Arten.

Gattung *Atyella* Calman, 1906

Mit ihren zwei Arten fällt die Gattung innerhalb der Unterfamilie durch ihre längeren Borsten an den beiden ersten Peraeopoden etwas aus dem Rahmen. Beide Arten sind endemisch im Tanganjikasee und dort nur von wenigen Fundorten belegt. *Atyella brevirostris* und *A. longirostris* lassen sich über den außergewöhnlichen Dorn am ersten Segment der Antennenbasis und in der Rostrumlänge unterscheiden. Bis zur Entdeckung von *Caridina longidigita* aus dem Poso See auf Sulawesi waren die beide Arten der Gattung *Atyella* die einzigen seebewohnenden Vertreter der Fächerhandgarnelen.

Gattung *Atyoida* Randall, 1840

Bereits frühzeitig mit der Typusart *A. bisulcata* beschrieben, werden heute insgesamt drei Arten mit sehr speziellen Verbreitungen im indopazifischen Raum zur Gattung gezählt. Die Gattung *Atyoida* ist aufgrund ihrer Körpermerkmale näher mit der australischen *Australatya* und der amerikanischen *Archaeatya* verwandt als mit den im indopazifischen Raum verbreiteten Arten der Gattung *Atyopsis*. Alle drei Arten besiedeln relativ eng abgrenzbare Gebiete, die sich nicht überschneiden. Über die natürlichen Lebensumstände und zur Vermehrung liegen nur wenige Informationen vor. Vermutlich ernähren sich alle Arten entprechend der Ausbildung ihrer Chelipeden nicht ausschließlich durch Filterung, sondern zusätzlich durch Abstreifen der Oberflächen von Bodengrund und Pflanzen. Nach vorliegenden Berichten entwickeln sich die Zoea-Larven von *A. serrata* innerhalb von sechs Tagen zum Mysis-Stadium, bereits nach 12 Tagen zum fertigen Jungtier. Von *A. bisulcata* werden gleiche Entwicklungszeiträume berichtet, im Mysis-Stadium hatten die Larven hier eine Größe von ca. 6 mm. Vermutlich liegen bei *A. bisulcata* die Entwicklungen ähnlich. Aufgrund der eingeschränkten Verbreitungsgebiete sind die Larven unter rein marinen Bedingungen wohl kaum längere Zeit überlebensfähig, zumindest die ersten Larvenstadien halten sich in freier Natur aber wohl kurze Zeit in Brackwasser auf. Von allen drei Arten existieren eine Vielzahl Synonyme (*Ortmannia*, *Atya*, *Caridina*, *Pseudatya* u.a.), auf deren Angabe hier aufgrund des Umfanges verzichtet wird.

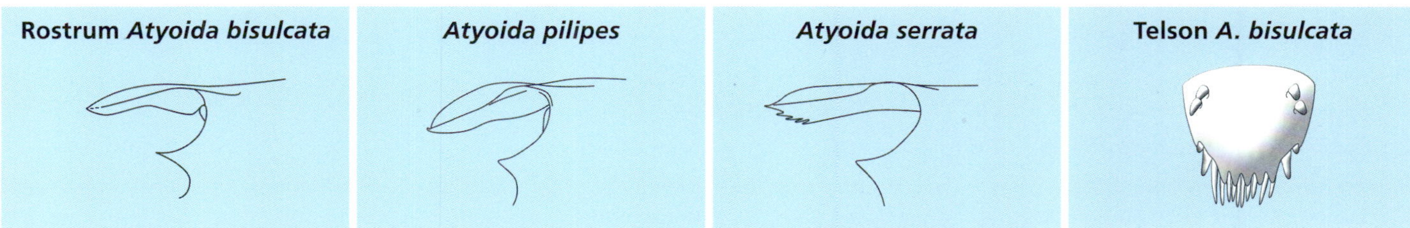

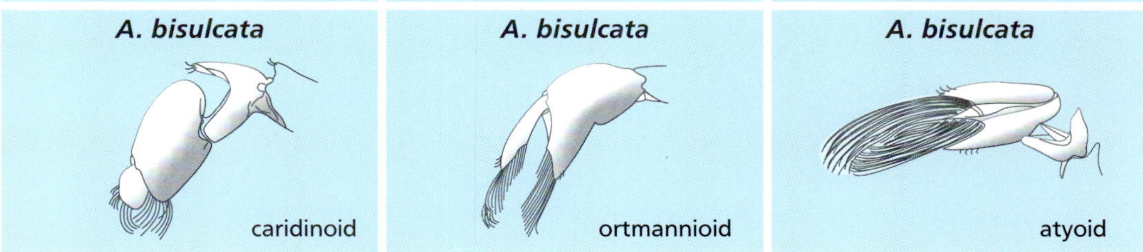

◀ Chelipeden des ersten Beinpaares in ihren drei verschiedenen möglichen Ausbildungsformen.

Alle Zeichnungen nach F. A. Chace.

Atyoida bisulcata Randall, 1840

Atyoida bisulcata.

Foto: M. Yamamoto

Verbreitung: Hawaii: Oahu, Maui und Hauptinsel Hawaii.

Größe: Bis 50 mm, Carapax bis 12,7 mm, ♂ etwas kleiner.

Merkmale: Rostrum dorsal und ventral ohne Zähne, kaum nach unten gebogen. Spitzer Pterygostomialwinkel. Telson mit zwei bis sieben auffallenden, festen Zähnen am hinteren Rand. Chelipeden der ersten beiden Beinpaare stark variabel, je nach Ausbildung geeignet zum Filtrieren, Abstreifen von Oberflächen oder gezielten Aufsammeln von Nahrungspartikeln.

Färbung: Grundfärbung grau bis olivgrün mit rötlicher Zeichnung an den Carapaxseiten. Farbe und Musterung kann je nach Umgebung angepasst werden.

Bemerkungen: Die Art besiedelt vorzugsweise kühlere Bergbäche bis in Höhen um 550 m, im Küstenbereich kommt sie seltener vor. Die optimale Temperatur liegt zwischen 20 und 26 °C, der pH-Wert zwischen 8 und 9. In letzter Zeit hat sich auf Hawaii *Neocaridina davidi* verbreitet, die durch Aquarianer ausgesetzt wurde und inzwischen als direkter Nahrungskonkurrent die heimische Art bedroht.

Die sehr variable und unterschiedliche Ausbildung der ersten beiden Chelipeden war in der Vergangenheit Ursache für vielfältige Synonyme und führte beispielsweise zur Bildung der heute ungültigen Gattung *Ortmannia*. Die Ursache dieser variablen Ausbildung ist noch weitgehend unbekannt. Möglicherweise ist es neben wechselndem Nahrungsangebot als Ursache auch ein geschlechtsspezifisches Merkmal. Auch wird vermutet, dass die Gattung *Atyoida* protandrisch ist, es entwickeln sich also ausschließlich männliche Tiere aus den Larven, von denen sich später ein gewisser Anteil zu weiblichen Tieren umwandelt.

Literatur: [20, 43]

Atyoida pilipes (Newport, 1847)

Verbreitung: Östliches Indonesien, Philippinen, Neuguinea, Carolinen, Samoa, Marquesa und Gambier Islands. Sehr weite östliche Ausdehnung auf den pazifischen Inseln ab dem 120. Längengrad.

Größe: Bis 61 mm, meist um 40 bis 50 mm.

Merkmale: Rostrum dorsal ohne Zähne, ventral ohne oder mit einem, selten mit zwei oder mehr Zähnen, nach unten gebogen. Stumpfer Pterygostomialwinkel. Telson mit unauffälligen festen Zähnen am hinteren Rand. Chelipeden der ersten beiden Beinpaare in zwei Formen ausgebildet, entweder zum Filtrieren oder zum Abstreifen von Oberflächen, weniger zur gezielten Aufsammlung von Nahrungspartikeln geeignet.

Färbung: Grundfärbung grau bis rotbraun mit feiner Zeichnung an den Körperseiten. Rücken dunkler mit Ansätzen eines Rückenstriches.

Bemerkungen: Die Vielzahl der bekannten Synonyme gerade bei dieser Art zeigt die Schwierigkeiten bei der richtigen Zuordnung dieser ebenfalls recht variablen Art auf. Im Prinzip gelten auch hier die bereits bei *A. bisulcata* gemachten Ausführungen, erschwerend kam das große Verbreitungsgebiet im pazifischen Raum hinzu. Daher meinten einige Autoren, jeweils eigenständige Arten vor sich zu haben. Auch *Atyoida pilipes* wurde früher aufgrund ihrer variablen Chelipeden zur heute ungültigen Gattung *Ortmannia* gestellt. Über die Nachzucht der inzwischen für die Aquaristik zugänglich gemachten Art ist nichts bekannt. Ihre Verbreitung deutet aber darauf hin, dass die Larven gegenüber den anderen beiden Arten resistenter gegen marine Bedingungen sind und vermutlich auch eine längere Entwicklungsphase durchlaufen.

Literatur: [20, 17]

Foto: C. Lukhaup

Atyoida pilipes aus Indonesien.

Atyoida serrata (Bate, 1888)

Foto: F. Staub (als *A. pilipes*)

Atyoida serrata aus Mauritius.

Verbreitung: Indischer Ozean zwischen 40° und 60° östlicher Länge: Madagaskar, Réunion, Seychellen, Mauritius, Komoren. Nach unbestätigten Berichten auch auf den Andamanen und den Nicobaren.

Größe: Bis 50 mm, ♂ kleiner.

Merkmale: Rostrum kaum nach unten gebogen, ohne dorsale Zähne, zwei bis vier ventrale Zähne. Spitzer Pterygostomialwinkel. Telson nur mit unauffälligen festen Zähnen am hinteren Rand. Chelipeden der ersten beiden Beinpaare in mehreren Formen entwickelt, je nach Ausbildung geeignet zum Filtrieren, Abstreifen von Oberflächen oder gezielten Aufsammeln von Nahrungspartikeln.

Bemerkungen: Bereits 1869 erwähnte Hilgendorf sieben Exemplare von den Seychellen als *Atya* (*Atyoida*) sp.. Bate beschrieb dann 1888 *Atya serrata*, gab aber als Fundort fälschlicherweise die Kap Verden an. Die Art ist wie einige andere Atyiden vorwiegend nachtaktiv, während sie sich tagsüber unter Steinen oder in der Ufervegetation versteckt hält. Sie besiedelt schnell fließende Flüsse und Bäche in Wassertiefen bis 50 cm mit steinigem Bodengrund und wurde schon bis in Höhen um 500 Meter nachgewiesen. Die Wassertemperaturen schwankten an Fundorten von 20 bis 26 °C, der pH-Wert zwischen 7,0 und 8,4. Für die Aquaristik wurde *Atyoida serrata* noch nicht nachweislich eingeführt, zur erfolgreichen Nachzucht liegen daher keine Berichte vor. Allerdings versuchte bereits 1908 Bordage in Réunion die Zucht. Er fing tragende Weibchen aus den kühleren Gebirgsregionen und setzte sie in Durchflussbehälter um. Es wurden Zoea-Larven entlassen, die sich nach etwa sechs Tagen in ein Mysis-Stadium und nach zwölf Tagen zum fertigen Jungtier entwickelten. Aus Weibchen mit „ortmannioiden" Chelipeden entwickelten sich nach seinen Beobachtungen Jungtiere mit „ortmannioiden" und „atyoiden" Chelipeden, aus Weibchen mit „atyoiden" Chelipeden wiederum nur Jungtiere mit „atyoiden" Chelipeden.

Literatur: [20, 17, 4]

Gattung *Atyopsis* Chace, 1983

Die Typusart der Gattung wurde von Newport ursprünglich als *Atya spinipes* beschrieben. Im Rahmen einer Revision indopazifischer Atyiden wurde 1983 durch Chace dann die Gattung *Atyopsis* aufgestellt und ihr zwei bis dahin als asiatische Vertreter der Gattung *Atya* geltende Arten zugeordnet. Ihre Verbreitung ist dabei nicht deckungsgleich mit dem der nahe verwandten Gattung *Atyoida*. Vorkommen sind von Sri Lanka bis Samoa, den größeren indonesischen Inseln, vom Festland von Indien über Thailand bis zur malaysischen Halbinsel und im Norden von Okinawa (Ryukyu) bekannt.

Von *Atyoida* und *Australatya* lässt sich die Gattung relativ einfach durch das markante Telson abgrenzen, welches an den äußeren seitlichen Rändern stark verlängert ist. Auch durch die Ausbildung der dritten Maxillipeden kann *Atyopsis* von *Atyoida* sicher abgegrenzt werden.

In der Aquaristik ist *Atyopsis moluccensis* seit vielen Jahren als Radar- oder Bergbachgarnele bekannt und beliebt. Durch ihre recht hohe Farbvariabilität wurde früher vermutet, dass es sich um verschiedene Arten handeln würde, was aber nicht der Fall ist.

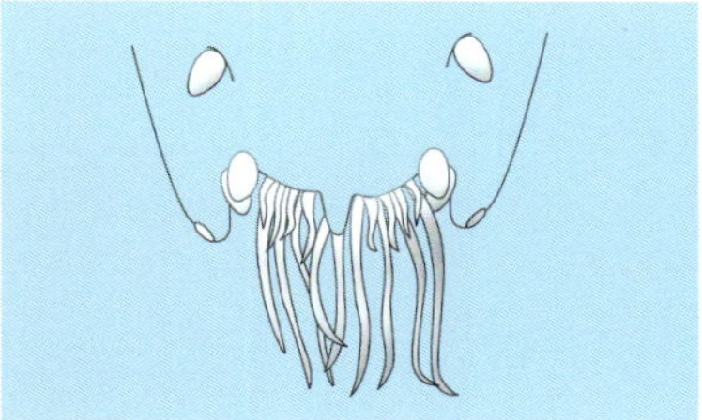

Telsonrand *Atyopsis moluccensis*.

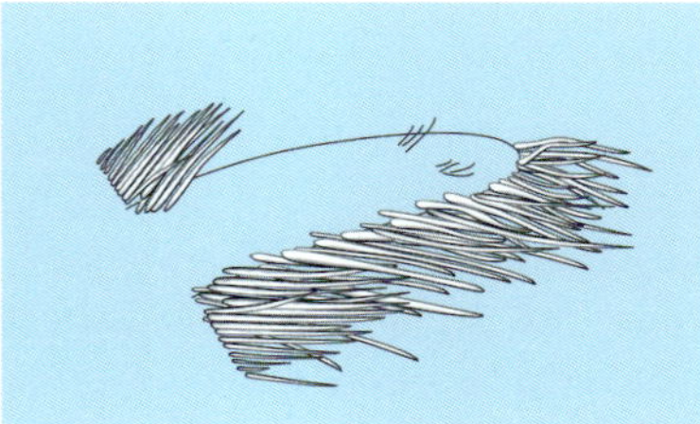

Spitze der dritten Maxillipeden von *Atyopsis moluccensis* ohne Dorn.

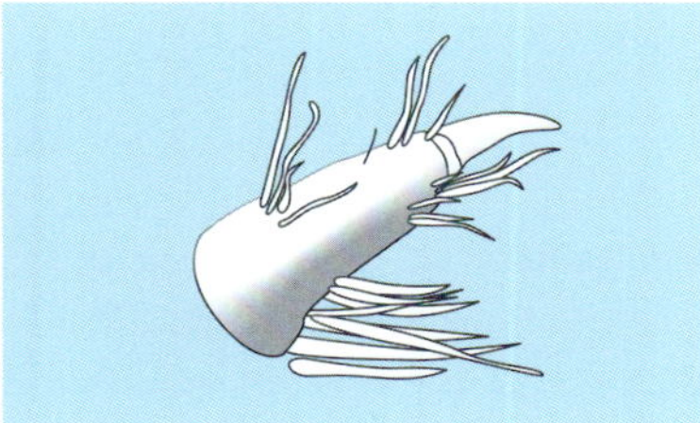

Spitze der dritten Maxillipeden von *Atyoida serrata* mit Dorn.

Atyopsis moluccensis (De Haan, 1849) Molukken-Bergbachgarnele, Radargarnele

Synonyme: *Atya moluccensis* De Haan, 1849 und andere.

Verbreitung: Indien, Sri Lanka, Andamanen, Thailand, malaysische Halbinsel, Sumatra, Java, Bali, Borneo, Neukaledonien, Fiji, Neuguinea. Nicht auf den Molukken!

Größe: Bis 86 mm.

Merkmale: Abgrenzung zur Gattung *Atyoida* über das Telsonende und die Spitze des dritten Maxillipeden. Unterscheidung zu *Atyopsis spinipes* über Form und Bezahnung des Rostrums und den Proportionen der Endopoden der ersten männlichen Pleopoden. Das Verhältnis Länge zur Breite der Endopoden des ersten Pleopodenpaares beträgt 1,5. Das Rostrum verjüngt sich stufenweise zur schlanken Spitze. Rostrumformel: 0 / 7-18 (10-14).

Färbung: Äußerst variabel, Grundfärbung hell- bis dunkelbraun, ältere Tiere dabei in der Regel dunkler, jüngere Exemplare grünlich. Mit dunklen Seitenstreifen (Sri Lanka), unterbrochenem Zeichnungsmuster (Malaysia) und oft mit hellem Rückenstrich über die gesamte Körperlänge.

Bemerkungen: Seit ihrer Erstbeschreibung durch De Haan wurde die Art mit verschiedenen Synonymen belegt oder auch falsch zugeordnet. Ausgewachsene Tiere halten sich normalerweise unter bzw. an glatten Steinen in schnell fließenden Bächen und Flüssen auf und sind dabei oft an Stellen mit der höchsten Strömung anzutreffen. Jüngere Tiere dagegen bevorzugen als Lebensraum eher die Vegetation der ruhigeren Bereiche am Rande der Stromschnellen oder Ufer. Durch die variierende dorsale Färbung vermag sich die Art optimal ihrer Umgebung anzupassen. Im Gegensatz zu einigen anderen Atyiden scheint *A. moluccensis* nicht allzu hohe Berglagen zu besiedeln, auch wenn der deutsche Trivialname darauf hindeutet. Nach Johnson konnte sie nicht im Hochland Malaysias nachgewiesen werden, fast alle anderen belegten Funde befinden sich ebenfalls in tiefer gelegenen Regionen. Die Wassertemperaturen schwankten jeweils zwischen 24 und 28 °C, in höheren Lagen sind vermutlich die Temperaturen zu kühl für *Atyopsis*. Das schließt allerdings eine tiefere Verbreitung im Landesinneren nicht aus. So berichten Arudpragasam & Costa über *Atya spinipes* (= *Atyopsis moluccensis*) aus Sri Lanka von Funden circa 60 bis 70 km von der Küste entfernt am Rand des Hochlandes in knapp 150 Metern Höhe. Obwohl der Artname anderes vermuten lassen würde, kommt *A. moluccensis* nicht auf den Molukken vor, dort ist die Geschwisterart *A. spinipes* zu finden.

Foto: C. Lukhaup

Atyopsis moluccensis.

Den Angaben natürlicher Fundstellen sollte bei der Haltung im Aquarium Rechnung getragen werden. Die Art bevorzugt relativ gleichmäßige und wärmere Temperaturen um 24 bis 26 °C. Eine Stelle mit höherer Strömung ist anzubieten, zum Beispiel ein entsprechener Filtereinlauf. Nach Eingewöhnung zeigen sich die Tiere auch tagsüber und versuchen, in typischer Haltung Nahrung aus dem Wasser zu filtern, bleiben aber teilweise schreckhaft. Bei der Fütterung ist darauf zu achten, dass den Tieren eine ausreichende Menge zur Verfügung steht. Handelsübliches Flockenfutter kann zerkleinert in Strömungsbereiche gegeben werden. Zusätzlich ist Lebendfutter in Form von Cyclops oder Daphnien oder gefriergetrocknetes Material dieser Krebschen anzubieten. Vergesellschaftet werden können die Tiere mit Zwerggarnelen (Caridinen) und möglichst kleineren, nicht zu aufdringlichen Fischen. Ansonsten besteht die Gefahr, dass sich die Tiere zurückziehen und nur selten sichtbar sind. Die Einrichtung sollte ausreichend Unterschlupfmöglichkeiten in Form von Steinen, Wurzeln, Laub oder Pflanzenpolstern bieten. Im Aquarium konnte diese Art bereits nachgezüchtet werden, die Larven benötigen auch hier eine rein marine Phase mit Salinitäten um 30 ‰. Nahezu alle im Handel angebotenen Tiere sind aber bislang Wildfänge. Seit einiger Zeit bestehen Befürchtungen, dass durch die zunehmende Verschmutzung der Flussmündungen in einigen Regionen die Bestände in absehbarer Zeit zurückgehen werden.

Literatur: [20, 4, 73, 2]

Atyopsis spinipes (Newport, 1847) Dornenfuß-Bergbachgarnele

Synonyme: *Atya spinipes* Newport, 1847 und andere.

Verbreitung: Philippinen, Sulawesi, Palau und Fijii. Vermutlich verbreitet südlich von den kleinen Sunda-Inseln über den Philippinen, nördlich bis Taiwan und Tokuno (Ryukyu), östlich bis Samoa.

Größe: Bis 77 mm.

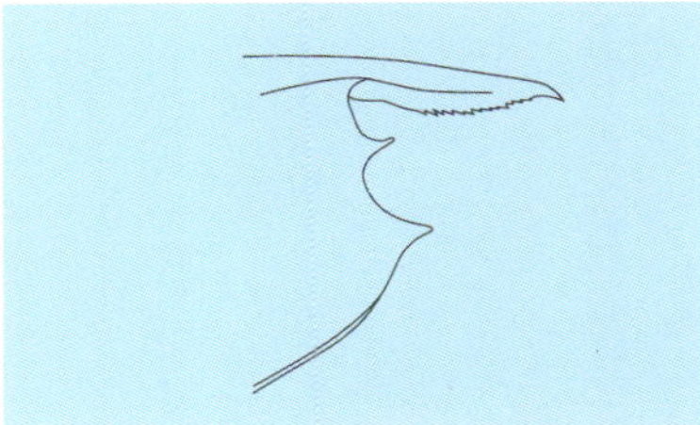

Rostrum *Atyopsis moluccensis.*

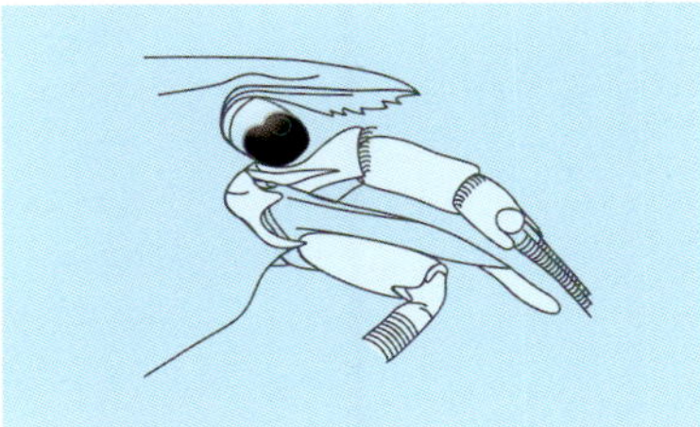

Kopfregion *Atyopsis spinipes* nach Chace.

Merkmale: Abgrenzung zur Gattung *Atyoida* über Telson und dritten Maxillipeden. Unterscheidung zu *Atyopsis moluccensis* über Form und Bezahnung des Rostrums und die Proportionen der Endopoden der ersten männlichen Pleopoden. Verhältnis Länge x Breite der Endopoden des ersten Pleopoden beträgt 1,75. Rostrum verjüngt sich gleichmäßig zur relativ breiten Spitze. Rostrumformel: 0 / 2-6.

Färbung: Insgesamt bräunlich-transparent mit feinem Zeichnungsmuster. Variabel, je nach Herkunft mit mehr oder weniger deutlichem Rückenstreifen über die gesamte Körperlänge und sechs bis sieben seitlichen Streifen auf dem Carapax. In der Lebendfärbung kaum von *A. moluccensis* zu unterscheiden.

Atyopsis spinipes.

Bemerkungen: Auch von dieser Art sind mehrere Synonyme und falsche Zuordnungen bekannt. In vielen Fällen wurde sie als *Atyopsis moluccensis* bezeichnet, einzelne Funde auch als eigenständige Art angesehen. Gefunden wurde die Art in schnell fließenden Bergbächen mit Geröll, Sand, Kies und Laubablagerungen bis in etwa 300 m Höhe, seltener im Flachland. Sie siedelt allerdings im Gegensatz zu *A. moluccensis* vorzugsweise in Wurzeln des Uferbereiches oder in Pflanzen. Im bewegten Wasser fächern die Tiere ihre Nahrung aus dem Wasser, in ruhigeren Zonen verhalten sie sich bewegungslos und suchen nicht wie andere Atyiden den Bodengrund nach Futter ab. Für die Aquaristik dürfte die Art bisher eher als *A. moluccensis* eingeführt worden sein. Für die Art ist zwingend ein Strömungsbereich zur Nahrungsaufnahme vorzusehen.

Literatur: [20, 4]

Gattung *Australatya* Chace, 1983

Die monotypische Gattung ist nur von wenigen Fundstellen an der Ostküste Australiens belegt. Ursprünglich der Gattung *Atya* zugeordnet, wurde sie später zu *Atyoida* gestellt, Chace räumte der Art 1983 dann den Status einer eigenen Gattung ein. *Australatya* ist nahe verwandt mit der indopazifischen *Atyoida* und der amerikanischen *Archaeatya*. Einige Autoren sehen in ihr ein Relikt aus frühgeschichtlicher Zeit, das sich in einem begrenzten Lebensraum erhalten konnte. Aus Taiwan wurde in den letzten Jahren gelegentlich eine kleine kräftig gebänderte Fächergarnele importiert, welche in die verwandtschaftliche Nähe von *Australatya* zu stellen ist.

Foto: C. Lukhaup

Australatya striolata vom Never Never River.

Australatya striolata (McCulloch & McNeill, 1923)

Verbreitung: Ostküste Australiens, nördliches Queensland, New South Wales.

Bemerkungen: Neben schnell fließenden Flüssen und Bächen wurde die Art auch schon in Höhlenbereichen gefunden. Wichtig sind Geröll und Steine, unter denen sie sich verstecken kann. Über die Fortpflanzung ist nichts bekannt. Mit sehr hoher Wahrscheinlichkeit vermehrt sich auch diese Art über marine Larvenstadien.

Literatur: [20]

Gattung *Micratya* (Bouvier, 1913)

Micratya poeyi (Guérin-Méneville, 1855) Zwergfächergarnele

Synonyme: *Atya poeyi*, Guérin-Méneville, 1855.

Verbreitung: Kuba, Jamaika, Puerto Rico, Dominika, Martinique, Costa Rica, Panama.

Größe: Knapp 2 cm.

Merkmale: Rostrum mit bis zu zehn dorsalen und 1-2 ventralen Zähnen. Dadurch leicht von *Jonga* oder *Potimirim* ohne dorsale Zähne zu unterscheiden. Abdomensegmente ohne Randborsten.

Färbung: Es sind drei Farbmuster bekannt: eines mit Querstreifen, das zweite mit Rückenstrich, das dritte ohne Streifenmuster. Tiere mit Querstreifenmuster werden nochmals in eine blaue und eine gelbe Phase unterteilt. Die Grundfärbung variiert hier von einem dunklen Blaugrau bis zu Hellbraun. Streifenmuster sind dabei hell cremefarben.

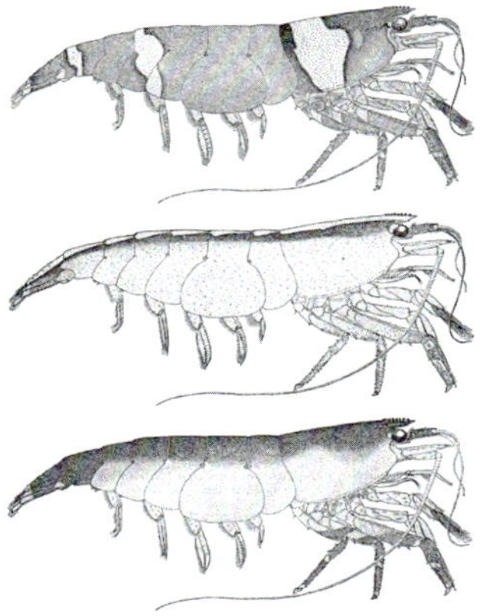

Färbungsmuster von *M. poeyi* nach Chace & Hobbs.

Stadium	Tag	Größe mm
1	1 - 3	1,50 - 1,55
2	2 - 6	1,65 - 1,70
3	5 - 9	1,80 - 1,90
4	8 - 12	2,20 - 2,30
5	13 - 18	2,40 - 2,55
6	19 - 25	2,65 - 2,75
7	27 - 38	3,80 - 4,15
8	33 - 45	4,60 - 4,80
9	42 - 55	4,90 - 5,45
10	50 - 72	5,80 - 7,05

Larvenentwicklung nach Hunte.

Bemerkungen: Ursprünglich als *Atya poeyi* beschrieben, erwähnte sie Bouvier 1908 noch als *Calmania poeyi*, um sie 1913 dann der Gattung *Micratya* zuzuordnen. *M. poeyi* war bis vor Kurzem die einzige Art der Gattung mit einem sehr spezifischen Verbreitungsgebiet. Aktuelle phylogenetische und morphologische Untersuchungen belegen aber eine zweite Art in dieser Gattung auf Puerto Rico. In der Natur wurde die Art in Flüssen und kleinen Bächen mit Geröll und steinigem Bodengrund, aber auch schon in Entwässerungsgräben gefunden. Hier siedelten die Tiere in Pflanzen und unter Wurzeln im Uferbereich sowie in wasserströmenden Pflanzenpolstern. Für die Aquaristik wurde die Zwergfächergarnele erst 2004 aus Kuba eingeführt. Um zur Geltung zu kommen, sollte den Tieren ein Artbecken mit Strömungsbereich geboten werden. In freier Natur erfolgt die Vermehrung ganzjährig, im Aquarium konnte sie noch nicht erfolgreich nachgezogen werden. Die Nachzucht ist wie bei allen Atyiden nicht einfach, allerdings nicht unmöglich. So berichtete Hunte 1979 über die geglückte Nachzucht unter Laborbedingungen. Er beobachtete ingesamt 10 Larvenstadien im über zweimonatigen Entwicklungszeitraum. Die Aufzucht der lichtsensitiven Larven erfolgte bei einer Salinität von 32 ‰ in 1,5-l-Behältern und einer Populationsdichte von ca. einer Larve auf 15 cm^3. Als Futter kamen wie bei *A. innocous* Tetramin und Weizenkeime zur Anwendung.

Foto: C. Lukhaup

Micratya poeyi aus Kuba.

Literatur: [21, 66]

Caridinen oder Zwerggarnelen

Unter dieser Bezeichnung, die keine taxonomisch gültige Gruppe darstellt, werden in der Aquaristik Gattungen und Arten zusammengefasst, welche neben einer relativ geringen Körpergröße als gemeinsames Merkmal relativ kurze Borstenpinsel an den Scherenfingern tragen, welche zum Abstreifen von Nahrung in Form von Detritus oder Aufwuchsorganismen von Oberflächen gebraucht werden. In der Form der Nahrungsaufnahme unterscheiden sich die Tiere damit von jenen der vorangestellten Gruppe der Fächergarnelen, welche primär ihre Nahrung aus der Strömung filtrieren. Eine scharfe Trennung der beiden Gruppen ist aber schwierig, da etwa männliche Tiere mancher Arten der Gattung *Atyoida* caridinoide Scheren besitzen, während die Weibchen der gleichen Arten atyoide Filtrierborsten tragen. Andererseits wird *Caridina longidigita*, eine Fächerhandgarnele aus dem Poso See auf Sulawesi, bei ihren nahen Verwandten in der Gattung *Caridina* angeführt.

Gattung *Antecaridina* Edmondson, 1954

Antecaridina lauensis (Edmondson, 1935)

Synonyme: *Mesocaris lauensis* Edmondson, 1935.

Verbreitung: Indopazifik; Fiji, Hawaii, Ryukyu, Salomonen, Madagaskar (Europa-Insel), Rotes Meer (Insel Entedebir).

Größe: Gesamtlänge bis maximal 15,5 mm.

Färbung: Von transparent farblos oder gelblich mit roten Chromatophoren, die dem Körper je nach Befinden auch eine hellrote Grundfärbung verleihen können.

Bemerkungen: Die Art siedelt in unterirdischen oder offenen Brackwassertümpeln, oft in anchialinen Habitaten. Aufgrunddessen kann davon ausgegangen werden, dass *Antecaridina* unbedingt Brackwasser benötigt und in reinem Süß- oder Meerwasser nicht zu überleben vermag.

Literatur: [54]

Antecaridina lauensis.

Gattung *Atyaephyra* de Brito Capello, 1867

Die Gattung *Atyaephyra* zählt zu den wenigen oberirdisch lebenden Vertretern von Süßwassergarnelen in europäischen Gewässern. Das ursprüngliche Verbreitungsgebiet lag dabei in den Ländern des Mittelmeeres, seit längerer Zeit wird ihre Ausbreitung nach Norden beobachtet.

Atyaephyra desmarestii desmarestii (Millet, 1832)

Synonyme: *Symethus fluviatilis* Rafinesque, 1814, *Hippolyte desmarestii* Millet, 1832, *Caridina desmarestii* Joly, 1943, *Atyaephyra rosiana* de Brito Capello, 1866, *Hemicaridina desmarestii* Ortmann, 1891.

Verbreitung: Europa: alle Mittelmeerländer sowie Belgien, Niederlande, Deutschland. In Frankreich, Spanien und Portugal auch an der atlantischen Seite sowie in Madeira. Nordafrika: Marokko, Algerien, Tunesien.

Größe: Gesamtlänge bis 30 mm, meist etwa 17-22 mm, ♀ generell etwas größer.

Merkmale: Carapax mit supraorbitalem Zahn. Rostrum breit und länger als die drei Segmente der Antennenbasis. Dorsal gleichmäßig bis zur Spitze bezahnt mit 2-4 Zähnen auf dem Carapax. Die Bezahnung ist variabel und schwankt je nach Herkunftsgebiet. Die Dactyli der ersten beiden Beinpaare enden in winzigen Borsten und Haken, besitzen aber auch die bei Atyiden übliche Beborstung. Uropodenfalte mit 1-2 Dornen. Rostrumformel: 14-36 / 1-11 (Bouvier: 17-32 / 2-10). Eigröße: 0,32-0,52 x 0,50-0,71 mm, schwankt je nach Herkunftsgebiet.

Bemerkungen: *Atyaephyra desmarestii* gehört neben der spanischen *Dugastella* zu den wenigen oberirdisch lebenden Arten der Familie in Europa. Die Art breitet sich seit vielen Jahren nach Norden über Flüsse und Kanäle aus, ihr vorerst nördlichster Nachweis liegt im Elbe-Havel-Kanal bei Brandenburg. In kälteren Wintern gehen die Populationsdichten zurück, können sich aber stets wieder erholen. Obwohl sich die Art in reinem Süßwasser vermehrt, durchläuft sie mehrere Larvenstadien bis zum fertigen Jungtier. Nach Untersuchungen Gauthiers 1924 besitzt *A. desmarestii* insgesamt acht veschiedene Larvalstadien. Davon ein Zoea-Stadium, drei Stadien Promysis, zwei Stadien Mysis sowie zwei postlarvale „Parva"-Stadien. Unter aquaristischen Bedingungen wurde später noch ein weiteres Stadium zwischen Promysis und Mysis beobachtet. Die nachembryonale Entwicklung bis zum Jungtier dauert zwischen 18 und 25 Tage. Die Art ist in gewissen Grenzen tolerant gegen erhöhte Salinität. Bis zu einer Dichte von 1,0075 konnten Tiere längere Zeit überdauern, jedoch verpilzten die Nachzuchten. Neben der Nominatform sind zwei Unterarten bekannt, *A. desmarestii mesopotamica* Al-Adhub, 1987 aus dem Irak und *Atyaephyra desmarestii orientalis* Bouvier, 1913 aus der Türkei und Syrien. Die beiden Unterarten werden heute als eine Art *A. orientalis* betrachtet und unterscheiden sich in der Ausbildung der Endopoden an den ersten männlichen Pleopoden (Schwimmfüße) von *A. desmarestii*. Im unbeheizten Arten-Aquarium erweist sich *A. desmarestii* als recht problemloser und ansprechender Pflegling, dem zukünftig mehr Aufmerksamkeit gebühren sollte.

Literatur: [4, 107, 55, 49]

Atyaephyra desmarestii aus einem deutschen Schifffahrtskanal.

Atyaephyra spp. Epirus

Verbreitung: Mazedonien, Nordwest-Griechenland.

Größe: Gesamtlänge bis 30 mm, meist etwa 17-22 mm, ♀ generell etwas größer.

Merkmale: Carapax mit supraorbitalem Zahn. Rostrum schmal, gerade. Dorsal gleichmäßig bis zur Spitze bezahnt. Rostrumformel: 13-26 (18-20) / 1-6 (3) / 2-10.

Schön gefärbtes Weibchen von *Atyaephyra thyamisensis* aus Griechenland.

Männliche Exemplare sind auch bei diesen Arten unauffälliger gefärbt.

Der Louros Fluss in Nord-Griechenland ist ein typischer Lebensraum für *Atyaephyra*.

Bemerkungen: Neben der bereits länger aus West-Zentral-Griechenland und dem südlichen Mazedonien bekannten *Atyaephyra stankoi* wurden 2012 zwei zusätzliche Arten der Gattung *Atyaephyra* aus dem Nordwesten von Griechenland beschrieben. Die Unterscheidung der neu beschriebenen Arten erfolgt hauptsächlich durch die Bedornung und Größenverhältnisse der Mundwerkzeuge. Im Bach Acharon im Epirus-Gebiet kommt *A. acheronensis* vor, im nahen Louros River *A. thyamisiensis* und *A. acheronensis*. Ohne mikroskopische Untersuchung können die beiden Arten nicht unterschieden werden.

Literatur: [4, 55, 143, 149]

Gattung *Atydina* Cai, 2010

Die Gattung *Atydina* wurde 2010 errichtet um die Art *Caridina atyoida* Nobili, 1900, welche sich durch mehrere Merkmale, etwa besonders kräftige Schreitbeine bei männlichen Tieren, von allen anderen Arten der Gattung *Caridina* unterschiedet, aus dieser Gattung herauszulösen. Morphologisch steht *Atydina atyoides* zwischen den Gattungen *Caridina* und *Atyopsis*. Mit letzterer teilt sie etwa das kräftige 3. Schreitbeinpaar mit einem starken Sporn am Merus männlicher Tiere, mit ersterer die Scherenform mit zum Abstreifen von Oberflächen geschaffenen kurzen Borstenpinseln.

Gattung *Caridella* Calman, 1906

Als Unterscheidungsmerkmal zur ähnlichen Gattung *Limnocaridina* gilt der nach vorne ausgebogene Carpus der beiden vorderen Beinpaare. Darüber hinaus ist das Rostrum relativ kurz und reicht nur bis zum zweiten Segment der ebenfalls sehr kurzen Antennenbasis. Die Gattung enthält drei im Tanganjikasee endemische Arten *Caridella cunningtoni*, *C. minuta* und *C. paski*, die scheinbar nicht gemeinsam mit *Limnocaridina* vorkommen.

Atydina atyoides.

Gattung *Caridina* Milne-Edwards, 1837

Mit derzeit 291 Arten ist die Gattung *Caridina* die artenreichste Gruppe in der Familie Atyidae. Bereits 1837 mit der ersten Art *C. typus* beschrieben, stellt sich heute eine scheinbar kaum noch zu überblickende Vielfalt von Arten und auch Synonymen dar. Obwohl sich zu Zeiten Bouviers die damals bekannten Arten noch in überschaubaren Grenzen hielten, erkannte er bereits die Vielschichtigkeit der Gattung und versuchte 1925, sie anhand von Körpermerkmalen in einzelne Gruppen zu gliedern. Diese Gliederung hat heute nur noch teilweise Bestand, gelegentlich wird sie aber durchaus noch zitiert. Einige Arten werden heute zu anderen, neuen Gruppen gerechnet oder wurden gar in neue Gattungen gestellt. Sehr erschwerend für die nomenklatorische Zuordnung innerhalb *Caridina* ist, dass einige Artbeschreibungen aus früherer Zeit nur unvollständig und verschieden interpretierbar sind. Insgesamt erscheint der Status der Gattung stark revisionsbedürftig. Galt beispielsweise früher die Anwesenheit von Epipoditen an den ersten vier Schreitbeinpaaren (Peraeopoden) als relativ typisch für die Gattung, wurden zwischenzeitlich auch Arten mit stark reduzierter Epipodenformel bekannt. Für die nahe Zukunft ist daher eine Neugliederung mit mehreren neuen Gattungen oder Untergattungen zu erwarten. Bis dahin stellt *Caridina* gemeinsam mit *Neocaridina* die meisten Vertreter für die Aquaristik.

Im Folgenden werden die einzelnen aquaristisch interessanten Arten nicht in streng alphabetischer Reihenfolge vorgestellt, sondern soweit möglich in verwandtschaftlich und morphologisch ähnlichen Gruppen zusammengestellt. Die Darstellung aller Arten in Wort und Bild würde den Rahmen an dieser Stelle sprengen.

Caridina cf. *babaulti*.

Die grüne Zwerggarnele ist der aus aquaristischer Sicht wichtigste Vertreter der Artengruppe um *Caridina babaulti*.

Die *Caridina babaulti*-Artengruppe

Die meisten Arten der Gattung *Neocaridina* tragen am Pterygostomialwinkel des Carapax einen kleinen Zahn. Bei Tieren der Gattung *Caridina* ist dieses Merkmal nur bei sehr wenigen Arten zu finden. Interessanterweise tragen aber mehrere für die Aquaristik bedeutende Arten einen solchen Zahn an der Vorderkante des Carapax, allen voran die häufig gehandelten Arten Grüne Zwerggarnele oder die „Streifen- bzw. Zebragarnele“. Aufgrund dieses charakteristischen Merkmales sollten die Tiere einfach zuzuordnen sein. Bei näherer Betrachtung zeigt sich die Artengruppe allerdings als problematisch und revisionsbedürftig.

Caridina babaulti wird im Jahr 1918 erstmals von Bouvier anhand der von M. Guy Babault während einer Expedition 1914 bis 1918 durch „Englisch-Indien“ gesammelten Tiere beschrieben. In seiner 1925 erschienenen Atyiden-Monographie übernimmt Bouvier die Abbildungen und Daten von 1918.

Ebenfalls im Jahre 1918 beschreibt S. Kemp unter der Bezeichnung *C. weberi* prox. var. *sumatrensis* Tiere aus dem „Shan state“ im heutigen Myanmar (Burma). Von *C. weberi sumatrensis* unterscheiden sich Kemps Tiere durch einen Zahn am Pterygostomialwinkel und durch wesentlich größere Eier. Y. Cai und P. K. L. Ng greifen 2000 in ihrer Übersichtsarbeit über die *Caridina*-Arten von Myanmar die Beschreibung Kemps noch einmal auf und merken an, dass Tiere mit so deutlichen Unterschieden in der Eigröße nicht zur selben Art gezählt werden können, da sie sich auch in der Larvalentwicklung unterscheiden müssten. Da ihnen keine Exemplare dieser Art vorlagen, verzichteten Cai und Ng auf eine Beschreibung als neue Art und bezeichneten Kemps Tiere als nicht zuzuordnende *Caridina*-Art (*Caridina* sp.)

Jalihal beschreibt 1984 unter anderem drei grüne bis blaugrüne Arten, die sich morphologisch nur minimal von Bouviers *C. babaulti* unterscheiden. Zwei der neuen Arten (*C. shenoyi* und *C. gurneyi*) waren sich in ihren mikroskopischen Merkmalen so ähnlich, dass eine Unterscheidung nur durch die Eigröße trächtiger Weibchen möglich war. Jalihal führte Aufzuchtversuche mit den gefangenen Tieren durch und fand analog zu den unterschiedlichen Eigrößen für alle drei Arten eine unterschiedliche Anzahl von Larvenstadien. Bei *C. kempi* betrug die Eigröße 0,33-0,40 x 0,58-0,65 mm; frisch geschlüpfte Garnelen machten sechs Larvalstadien und ein Postlarvalstadium durch. Bei *C. shenoyi* fand Jalihal eine Eigröße von 0,33-0,44 x 0,57-0,68 mm und fünf Larvalstadien sowie ein Postlarvalstadium.

C. guerney zeigte eine Eigröße von 0,50-0,65 x 0,75-0,90 mm sowie drei Larvalstadien und ein Postlarvalstadium. Die systematische Stellung als eigenständige Arten war dadurch gesichert.

Betrachtet man vor dem Hintergrund der Beschreibungen von Eigrößen und Larvalentwicklungen noch einmal die Erstbeschreibung von C. *babaulti* durch Bouvier fällt sofort auf, dass sich Tiere von unterschiedlichen Fangorten deutlich in der Eigröße unterscheiden. Bei den Tieren von Mukhi betrug sie 0,40 x 0,70 mm, bei Tieren von Majghaon dagegen 0,60 x 1,20 mm. Vom dritten Fundort bei Rajadhar sind keine eiertragenden Weibchen beschrieben worden. Es ist daher anzunehmen, dass sich die Tiere von Mukhi und Majghaon auch in der Anzahl der Larvenstadien deutlich unterscheiden, sich hinter der Bezeichnung *Caridina babaulti* Bouvier also mindestens zwei unterschiedliche Arten verstecken. Aus diesem Grund kann daher keine eindeutige Zuordnung zur Art C. *babaulti* Bouvier gemacht werden. Einige der in der Aquaristik beliebtesten Arten wie die „Grüne Zwerggarnele" oder die „Streifengarnele" können deshalb auch nicht exakt zugeordnet werden und werden vorläufig mit der Bezeichnung *Caridina* cf. *babaulti* belegt.

Literatur: [5, 4, 12, 77]

Gelb gefärbtes Exemplar der Grünen Zwerggarnele.

Caridina cf. *babaulti* „green"
Grüne Zwerggarnele

Foto: C. Lukhaup

Synonyme: *Caridina weberi* prox. var. *sumatrensis* Kemp, 1918, *Caridina* „ceylanica".

Verbreitung: Nordostindien.

Größe: ♂ bis 15 mm, ♀ bis 20 mm.

Merkmale: Rostrum gerade und leicht abwärts gerichtet, bis zum distalen Ende des zweiten oder dritten Segmentes der Antennenbasis reichend, Spitze unbezahnt. Pterygostomialwinkel mit Zahn. Der Carpus des ersten Scherenpaares ist 1,3-1,6-mal so lang wie breit und distal stark eingekerbt. Dactyli des dritten Schreitbeinpaares mit 5-7, jene des fünften Schreitbeinpaares mit 18-27 Dornen an der Hinterkante. Uropodenfalte mit 13-17 kleinen Dornen. Rostrumformel: 3-6 (4) + 10-12 / 4-8 (5).

Färbung: Grün, hellbraun, seltener schwarz oder blau, tragende Weibchen oft mit Rückenstrich.

Nahrung: Aufwuchs von Laub und verrottendem Material, kleinste Insektenlarven, Trockenfutter, Algen, Gemüse.

Haltung: Im Aquarium sind die Tiere sehr ruhig und lieben dicht bepflanzte Becken. Durch ihre grüne Körperfärbung sind sie im dichten Pflanzenwuchs nur schwer auszumachen. Die Tiere sind aber in der Lage, rasch die Farbe zu wechseln und erscheinen dann in bräunlicher, orangefarbener oder fast durchsichtiger Färbung. Wichtig für das Wohlbefinden dieser Art sind eine deutliche Strömung und hohe Sauerstoffkonzentrationen im Becken. In ruhigem Wasser sind die Tiere oft nur schwer zur Fortpflanzung zu bewegen. Aufgrund der Herkunft der Tiere aus den Niederungsgebieten Indiens und Burmas sollte die Grüne Zwerggarnele bei etwas höheren Wassertemperaturen bis knapp unter 30 °C gehalten werden.

Zucht: Nicht so einfach wie bei Zwerggarnelen der Gattung *Neocaridina*, Larven aber vom Schlupf an benthisch. Langsame Entwicklung der Jungtiere bei niedrigen Wassertemperaturen.

Bemerkungen: Die Grüne Zwerggarnele entspricht in allen wesentlichen Merkmalen, insbesondere der Ausprägung des Zahnes am Pterygostomialwinkel des Carapax und der auffallend geringen Anzahl an Dornen am Dactylus des fünften Schreitbeinpaares den Tieren, die Kemp 1918 als *Caridina weberi* prox. var. *sumatrensis* beschrieben und als „häufigste Art der Niederungen von Indien und Burma" bezeichnet hat. Die Lebendfärbung beschreibt Kemp mit einer Grünfärbung, manche Tiere fast schwarz gefärbt, in der Regel mit hellem Rückenstrich. Bei dunkler gefärbten Exemplaren aus einem zweiten Gewässer wird auf eine hellere Längsstreifung an den Körperseiten hingewiesen. Dies entspricht im Wesentlichen der Färbung unserer Grünen Zwerggarnele. Sie gleicht aber auch in vielen morphologischen Merkmalen der Beschreibung von *Caridina babaulti* Bouvier und ist mit Sicherheit in die Nähe dieser Art zu stellen. Von den Angaben Bouviers unterscheidet sich die Grüne Zwerggarnele vor allem in einer geringeren Anzahl von Dornen am Dactylus des fünften Schreitbeinpaares. Allerdings deuten die Angaben Bouviers zur Eigröße der Tiere von den verschiedenen Fundorten darauf hin, dass sich hinter der Bezeichnung *Caridina babaulti* mindestens zwei oder drei eigenständige Arten verbergen. Eine eindeutige Zuordnung der Grünen Zwerggarnele ist aus diesem Grund nur nach einem Vergleich mit Tieren von den Orginalfundorten Bouviers und den Fundorten von *Caridina weberi* prox. var. *sumatrensis* nach Kemp, sinnvollerweise in Verbindung mit einer Abklärung der Larvalentwicklung dieser Tiere möglich.

Literatur: [5, 4, 12, 77]

Caridina cf. *babaulti* „Malaya"
Braune Zwerggarnele

Herkunft: Cooch Behar, Nordostindien.

Größe: ♂ bis 16 mm, ♀ bis 23 mm.

Merkmale: Rostrum gerade, manchmal leicht abwärts gerichtet, reicht bis zum Ende des zweiten oder dritten Segmentes der Antennenbasis, Spitze unbezahnt. Pterygostomialwinkel ohne Zahn. Der Carpus des ersten Scherenpaares ist 1,3-mal so lang wie breit und distal deutlich eingekerbt. Dactyli am fünften Schreitbeinpaar mit 29-37 Dornen an der Hinterkante. Uropodenfalte mit 16-17 kleinen Dornen. Rostrumformel: 4-5 + 12-17 / 5-6 (5), Eigröße: 0,35 x 0,40 mm.

Färbung: Rotbraun, trächtige Weibchen mit hellem Rückenstrich, das Abdomen mit hellen Querstrichen.

Nahrung: Aufwuchs von Laub und verrottendem Material, kleinste Insektenlarven, Trockenfutter, Algen, Gemüse.

Haltung: Im Aquarium zeigen sich die Tiere als sehr ruhige Art, dunkler Bodengrund und verrottendes Laub verstärken die Färbung.

Zucht: Nicht so einfach wie bei Zwerggarnelen der Gattung *Neocaridina*, bei höheren Wassertemperaturen und mittelhartem Wasser aber durchaus produktiv.

Bemerkungen: Die frühere Herkunftsbezeichnung, welche auf die malyische Halbinsel deutete, muss heute kritisch hinterfragt werden. Die aktuellen Importe kommen wie die Grüne Zwerggarnele aus dem Nordosten Indiens. Die von Johnson 1961 aus Malaysia beschriebenen *Caridina* cf. *babaulti* wurden nach neueren Untersuchungen (128) der Art *Caridina temasek* zugeordnet. Sowohl morphologisch als auch genetisch stehen die immer noch als „Malaya" in der Aquaristik bekannten Tiere *Caridina fernandoi* aus Sri Lanka sehr nahe. Eine Unterscheidung ist nur durch eine exakte mikroskopische Untersuchung möglich.

Literatur: [73, 4, 5, 128]

Caridina cf. *babaulti* „Malaya".

Streifengarnele.

Caridina cf. *babaulti* „stripes"
Streifengarnele, Leopardgarnele

Verbreitung: Indien, exakte Herkunft unbekannt.

Größe: ♂ bis 14 mm, ♀ bis 18 mm.

Merkmale: Rostrum gerade, manchmal leicht abwärts gerichtet, bis zum Anfang oder Ende des dritten Segmentes der Antennenbasis, Spitze unbezahnt. Pterygostomialwinkel mit Zahn. Der Carpus des ersten Scherenpaares ist 1,6-1,9-mal so lang wie breit und distal deutlich eingekerbt. Dactyli des dritten Schreitbeinpaares mit 4-8, jene des fünften Schreitbeinpaares mit 24-28 Dornen an der Hinterkante. Uropodenfalte mit 13-15 kleinen Dornen. Rostrumformel: 4-6 (5) + 10-12 / 3-5 (4).

Färbung: Graubraun mit breiten dunklen Querstreifen am Abdomen.

Nahrung: Aufwuchs von Laub und verrottendem Material, kleinste Insektenlarven, Trockenfutter, Algen, Gemüse.

Haltung: Im Aquarium ist die Art sehr ruhig und scheint dicht bepflanzte Becken zu lieben.

Zucht: Nicht so einfach wie bei Zwerggarnelen der Gattung *Neocaridina*, möglicherweise einige planktonische Larvenstadien.

Bemerkungen: Die morphologischen Merkmale der Streifengarnele stimmen wie bei der Grünen Zwerggarnele weitgehend mit denen von *C. babaulti* Bouvier überein. Aufgrund der problematischen taxonomischen Stellung dieser Art kann aber zum jetzigen Zeitpunkt keine exakte Zuordnung gemacht werden.

Literatur: [4, 5, 12, 77]

Caridina cf. *babaulti* „braun"
Braune Babaulti

Verbreitung: Indien, exakte Herkunft unbekannt.

Größe: ♂ bis 14 mm, ♀ bis 18 mm.

Merkmale: Rostrum gerade, manchmal leicht abwärts gerichtet, bis zum Anfang oder Ende des dritten Segmentes der Antennenbasis, oberseitig durchseitig bezahnt, unten Spitze unbezahnt. Pterygostomialwinkel mit Zahn. Der Carpus des ersten Scherenpaares ist 1,6-2,4-mal so lang wie breit und distal deutlich eingekerbt. Dactyli des dritten Schreitbeinpaares mit 6-8, jene des fünften Schreitbeinpaares mit 26-34 Dornen an der Hinterkante. Uropodenfalte mit 12-15 kleinen Dornen. Rostrumformel: 4-7 (5) + 7-12 / 3-6 (4).

Weibchen der Braunen Babaulti.

Färbung: Weibchen rotbraun bis schwarzbraun mit auffallend breitem cremefarbenem Rückenstrich. Männchen transparent mit leichter barrenförmiger Querstreifung.

Nahrung: Aufwuchs von Laub und verrottendem Material, kleinste Insektenlarven, Trockenfutter, Algen, Gemüse.

Haltung: Im Aquarium ist die Art sehr ruhig, etwas höhere Wassertemperaturen und mittelhartes Wasser werden von den Tieren geschätzt.

Zucht: Bei passenden Verhältnissen einfach im Süßwasseraquarium möglich.

Bemerkungen: Die morphologischen Merkmale der Braunen Babaulti stimmen mit denen von C. *babaulti* Bouvier überein. Da die Herkunft der Tiere aber wie bei den anderen aquaristisch bedeutenden Tieren dieser Gruppe im nordöstlichen Teil von Indien vermutet wird, ist eine Zuordnung zu C. *babaulti* Bouvier, welche aus Zentralindien stammt, nur mit Vorbehalten zu machen.

Literatur: [4, 5, 12, 77]

Caridina fernandoi Arudpragasam & Costa, 1962
Fernandos Rückenstrichgarnele

Herkunft: Sri Lanka, endemisch.

Größe: Körperlänge ♂ bis 26 mm, ♀ bis 24 mm, meist mit etwa 16-20 mm kleiner.

Färbung: Grundfärbung variabel, dunkelbraun bis schwarz mit hellem Rückenstreifen, aber auch grünlich gefärbt. Die Art kann ihre Färbung dem Bodengrund anpassen. Juvenile und männliche Tiere eher farblos.

Merkmale: Das Rostrum reicht bis zum Ende des zweiten Segmentes der Antennenbasis oder leicht darüber. Von den 16-20 dorsalen Zähnen befinden sich 5-6 auf dem Carapax. Dactyli der fünften Beinpaare mit über 38 Dornen an der Hinterkante. Telson mit fünf dorsalen Dornenpaaren und 3-4 distalen Dornenpaaren am konvexen Telsonrand, das äußere Paar etwas länger. Tiere mit drei distalen Paaren tragen einen unpaaren mittleren Dorn, die Art besitzt aber generell keinen Mittelzahn auf dem Telson. Uropodenfalte mit 17-20 Dornen. Rostrumformel: 16-20 / 6. Eigröße: 0,86 x 0,52 mm.

Bemerkungen: *C. fernandoi* gilt neben *C. kunnathurensis* als die häufigste Zwerggarnele in Sri Lanka. Beide Arten besiedeln die Gewässer im Flachland und den mittleren Höhenlagen, in jüngster Zeit scheint sich *C. fernandoi* immer mehr in Richtung des Hochlandes auszubreiten und dabei die Lebensräume von *C. pristis* und ehemalige Gebiete von *Lancaris singhalensis* einzunehmen. Gefunden wurde die Art oft in vegetationslosen Bächen in Laubansammlungen, sie kommt aber auch in fast stehenden Gewässern wie etwa dem Kandy Lake vor. Gerade von den Tieren des Kandy Lake liegen ausführliche Untersuchungen von Kumari & De Silva (1989) über Entwicklung und Vermehrung vor. Die Eier sind etwas kleiner als die anderer Arten mit verkürzter Larvalentwicklung (abbreviated), aus ihnen schlüpfen Larven im Zoea-Stadium, denen anfangs feinstes Trockenfutter bzw. Mikroorganismen angeboten werden müssen. Die Embryonalentwicklung betrug unter Laborbedingungen 19 Tage bei einer Wassertemperatur von 24 °C. Aus makroskopischer Sicht ähnelt *C. fernandoi* vielen anderen Garnelen mit dorsaler Zeichnung. Bei diesen aquaristisch pauschal als „Rückenstrichgarnelen" bezeichneten Tieren handelt es sich in aller Regel um *Neocaridina davidi* oder *Caridina* cf. *babaulti*. Allerdings kann nicht ausgeschlossen werden, dass auch die in Sri Lanka endemische *C. fernandoi* bereits in nennenswerter Stückzahl eingeführt wurde.

Literatur: [2, 39, 38, 34, 36]

Caridina fernandoi vom Kuda Oya.

Caridina brevicarpalis.

Caridina brevicarpalis De Man, 1892

Herkunft: Indonesien, Sulawesi, Waigeo, Fiji, Taiwan.

Größe: Gesamtlänge bis 30 mm.

Merkmale: Langes, schlankes Rostrum, bis leicht über das dritte Segment der Antennenbasis reichend, dorsal (auf der Oberseite) eng bezahnt, im vorderen Drittel unbezahnt und ohne Zähne hinter dem Augenrand. Orbitalwinkel direkt in einen antennalen Zahn übergehend. Carpus des ersten Scherenbeines auffallend kurz und tief eingekerbt, nicht länger als breit (Artname). Dactyli der hinteren drei Peraeopodenpaare sehr kurz, Dactyli am fünften Paar mit 13-16 Dornen. Telson mit drei Paar distalen, relativ langen Dornenpaaren und auffallend starkem Mittelzahn. Uropodenfalte mit 8-12 Dornen. Rostrumformel: 11-14 / 4-7. Eigröße: ca. 0,53 mm.

Bemerkungen: Die Körperform und das lange Rostrum von *C. brevicarpalis* erinnern stark an die Tiere der *nilotica*-Artengruppe. Die Art kann aber leicht durch die extrem kurzen Carpi des ersten Scherenbeines und das Fehlen von subapikalen Zähnen am Rostrum von den Arten dieser Gruppe unterschieden werden. Im Aquarium zeigen die Tiere interessante Farbwechsel von weißlich-durchsichtigen Färbungen über Rottöne bis hin zu schwarzer Färbung. Die Tiere verhalten sich zumindest tagsüber wenig auffällig und verbringen einen Großteil der Zeit ruhend an Pflanzenstängeln. Eine Nachzucht dürfte aufgrund der geringen Eigröße vermutlich nur in Brack- oder Meerwasser möglich sein.

Literatur: [4, 17, 87]

Caridina endehensis De Man, 1892

Synonyme: *Caridina brevicarpalis endehensis* De Man, 1892.

Herkunft: Philippinen, Indonesien, Flores.

Größe: Gesamtlänge bis 25 mm.

Merkmale: Sehr langes, schlankes Rostrum, bis weit über das distale Ende der Antennenbasis, meist sogar über den Scaphozeriten reichend. Dorsal eher locker bezahnt, im vorderen Drittel unbezahnt und mit keinem bis einem Zahn hinter dem Augenrand. Antennaler Zahn am Carapaxrand etwas vom Orbitalwinkel abgesetzt. Carpus des ersten Scherenbeines kurz und tief eingekerbt, ca. anderthalb Mal so lang wie breit. Dactyli der hinteren drei Paar Peraeopoden sehr kurz, am fünften Paar mit ca. sechzehn Dornen. Dornen am distalen Ende des Telson kurz. Uropodenfalte mit 8-12 Dornen. Rostrumformel: 0-1 + 9-23 / 4-24. Eigröße: ca. 0,4 mm.

Bemerkungen: Wie *Caridina brevicarpalis* erinnert auch *C. endehensis* stark an die Tiere der *nilotica*-Artenruppe. Von *C. brevicarpalis* unterscheidet sich die Art durch ein viel längeres Rostrum, eine abweichende Rostrumformel und die etwas längeren Carpi des ersten Scherenbeines. Der antennale Zahn ist bei *C. endehensis* etwas vom Orbitalwinkel abgesetzt und die Dornen am distalen Ende des Telsons deutlich kürzer als bei *C. brevicarpalis*. Charakteristisch für *C. endehensis* scheint eine weißes bis gelbes Längsband zu sein, welches sich an der Rostrumspitze beginnend als Rückenstrich über den gesamten Körper des Tieres zieht. Dieses Längsband verleiht den sonst sehr unauffälligen Tieren eine interessante Note. Im Aquarium verbringen diese Garnelen einen Großteil der Zeit ruhend an Pflanzenstängeln. Eine Nachzucht dürfte aufgrund der geringen Eigröße nur in Brack- oder Meerwasser möglich sein.

Literatur: [4, 17]

Ein gelber Farbstrich zieht sich durch den gesamten Körper von *C. endehensis*.

Caridina multidentata Stimpson, 1860
Amanogarnele

Synonyme: *Caridina japonica* De Man, 1892.

Verbreitung: Japan und einige vorgelagerte Inseln, Taiwan, Madagaskar.

Größe: 32-33 mm.

Merkmale: Rostrum abwärts gebogen, bis zur Mitte des zweiten Segmentes der Antennenbasis, manchmal nur bis zum Ende des ersten Segmentes reichend. Keine dorsalen Zähne auf dem Carapax. Kurzer unbezahnter Bereich an der Rostrumspitze. Erstes Beinpaar mit konischem, tief eingebuchtetem Carpus, am distalen Ende fast so breit wie lang. Dactylus des dritten Beinpaares mit 4-5 Dornen, erster Dorn an der Hinterkante des Dactylus deutlich kürzer als der folgende. Dactylus des fünften Beinpaares mit 50-60 Dornen. Telson mit 6-7 dorsalen Dornenpaaren und deutlichem Mittelzahn am distalen Ende. Uropodenfalte mit 18-23 Dornen. Rostrumformel: 15-22 / 10-18 (Taiwan: 13-25 / 7-15). Eigröße: 0,36 x 0,52 mm.

Bemerkungen: Im gleichen Jahr wie seine Veröffentlichung über Garnelen aus Sulawesi beschreibt De Man in seinen „Carcinological studies in the Leyden Museum" *C. japonica* als neue Art. Die Exemplare stammten aus Kagar, Hayagana in Japan, er hatte sie von Dr. Anderson gemeinsam mit anderen Arten erhalten. Mehrmals weist er auf die große Ähnlichkeit zu der von ihm im gleichen Jahr aus Sulawesi beschriebenen *C. weberi* hin, ohne aber die von ihm der Art *C. multidentata* zugeordneten Tiere aus Sulawesi zu erwähnen. Offenbar erschienen ihm hier die Unterschiede zu groß, um die Art zum Vergleich heranzuziehen. In seiner Arbeit über Japans Atyiden beschreibt Kubo 1937 die bislang einzige Unterart *C. japonica sikokuensis*, die aber später keine Erwähnung mehr fand und letztendlich von Cai synonymisiert wurde. Als einziger Unterschied wird das extrem kurze und kleinbezahnte Rostrum angeführt. Alle Autoren machten leider keine Angaben zur Eigröße. Deren erste Erwähnung stammt erst 1993 von Hung, Chan & Yu, die über Funde *C. japonica* aus Taiwan berichteten. Das besonders Interessante an der Arbeit ist die Verbreitung der einzelnen Arten in Taiwan. Die wenigen Arten mit großen Eiern (und wenigen Larvenstadien) beschränken sich auf die westliche und nördliche Region, während die Arten mit relativ kleinen Eiern dagegen im östlichen und südlichen Bereich anzutreffen sind. *C. japonica* wurde nur in mittleren und unteren Fluss- und Bachläufen der östlichen Küstenregion vorgefunden. Sie betonen die innerhalb der Gattung außergewöhnliche Körperlänge, das größte von ihnen untersuchte Tier maß 46,2 mm, die meisten Tiere hatten eine Körperlänge zwischen 28,7 und 35,2 mm. Bereits 1965 hatte Holthuis über *C. japonica* aus Madagaskar berichtet, nach Hungs Ansicht würde es sich hier aufgrund geringer Unterschiede ggf. um eine andere Art handeln. Neuere Untersuchungen auf den Bonin-Inseln durch Y. Cai zeigen auf, dass die ursprünglich von Stimpson für *C. multidentata* angeführten knappen Merkmale auf die später von De Man beschriebene *C. japonica* zutreffen, die Tiere damit der gleichen Art angehören. Der ältere Name *C. multidentata* hat damit Vorrang vor der gebräuchlichen Bezeichnung *C. japonica*. Bei den von De Man als *C. multidentata* beschriebenen Tieren von Sulawesi handelt es sich vermutlich um eine noch unbenannte Art, welche sich vor allem durch die Eigröße von der Amanogarnele unterscheidet.

Amanogarnelen aus Taiwan.

Die Amanogarnele war eine der ersten in der Aquaristik verbreiteten Süßwassergarnelen. Bekannt wurden die Tiere nachdem der Japaner Takashi Amano diese zur Algenprophylaxe in seinen „Naturaquarien" einsetzte. Die Amanogarnele gilt bis heute als eine der robustesten Arten in der Aquaristik und ist als solche als typische Anfängergarnele zu bezeichnen. Der Umstand, dass *C. multidentata* im Süßwasser nicht nachgezogen werden kann, wird durch die hohe Lebenserwartung dieser Art von 6-10 Jahren wieder ausgeglichen. Als eine der am weitesten verbreiteten Arten überhaupt, ist auch die maßvolle Entnahme von Wildfängen dieser Art für die Aquaristik vertretbar.

Literatur: [32, 4, 84, 63, 87, 14, 47]

Foto: C. Lukhaup

Die Amanogarnele, *Caridina multidentata*.

Foto: F. Bitter

C. multidentata aus Japan.

Die Süßwassergarnelen der Zentralseen Sulawesis

Während in den Bächen entlang der Küstenregionen Sulawesis vor allem weit verbreitete Arten mit planktonischen Larvenstadien leben, konnte sich in den alten Zentralseen eine eigenständige Gruppe von Garnelenarten entwickeln, deren gemeinsames Merkmal deutlich reduzierte Epipoden an den hinteren Schreitbeinen sind. Diese endemischen Arten weisen im Gegensatz zu den flussbewohnenden Arten zum Teil prächtige Körperfarben auf. Alle diese Arten tragen große Eier, aus denen weit entwickelte Jungtiere schlüpfen. Die Vermehrung erfolgt im Süßwasser. Durch die jüngsten Untersuchungen zur biogeografischen Entwicklung der Tierwelt in den alten Zentralseen zeigt sich immer deutlicher, dass diese Seen für die Süßwassergarnelen aquaristisch vermutlich die gleiche Bedeutung erlangen werden wie der Malawi- und Tanganjikasee für die Buntbarsche. In verschiedensten Mikrohabitaten konnte sich eine einmalige Fülle von Arten entwickeln, deren plakative Muster und leuchtende Körperfarben wohl auch für die Arterkennung bzw. Aufrechterhaltung der Artgrenzen unter den Tieren eine bedeutende Rolle spielen. Die populationsgenetischen Daten der Wissenschaftler der Universität Berlin konnten zeigen, dass Hybridisierungen unter den bunt gefärbten Arten viel weniger häufig auftreten, als dies bei unauffällig gefärbten Arten in den Zentralseen der Fall ist. Gerade die farbenprächtigen Tiere unter diesen Arten haben aber gegenüber bachbewohnenden Arten einen hohen Grad der Spezialisierung erreicht. Einige Arten kommen in ihren Habitaten nur auf ganz spezifischen Untergründen vor, so dass man zwischen Arten, welche entweder Felsengrund, Schotter, Holz, Falllaubansammlungen oder das Freiwasser bewohnen, unterscheiden kann. Auf diese speziellen Ansprüche an den unmittelbaren Lebesraum ist auch bei der Haltung im Aquarium Rücksicht zu nehmen. Im Gegensatz zu diesen als „Spezialisten" bezeichneten Arten, kennt man auch eine Reihe von Arten, welche unterschiedliche Lebensräume besiedeln, meist auch in unterschiedlichen Seen und/oder Fließgewässern zu finden sind. Diese Arten sind oft durch unauffällige Körperfarben gekennzeichnet. In der Aquaristik haben diese Arten, obwohl sie um einiges leichter zu halten wären als die Spezialisten, nur wenig Bedeutung. Die ursprünglich von Woltereck beschriebenen Arten basierten auf einer Alkoholsammlung, welche keinen Rückschluss auf die ursprüngliche Färbung der Tiere zulies. Seit den Wirren des 2. Weltkrieges sind die Typusexemplare von Woltereck verschollen. Ein Vergleich von Wolterecks Messwerten mit Exemplaren von aktuellen Sammlungen legten den Schluss nahe, dass sich hinter ihren Arten zum Teil mehrere morphologisch ähnliche Arten verstecken. Die Auswahl von Neotypen und eine Revision unter Einbeziehung von genetischen und farblichen Merkmalen war deshalb notwendig geworden, deren Ergebnisse als umfangreiche Publikation von Kristina von Rintelen und Yixiong Cai seit 2009 vorliegen [135]. Mittlerweile wurden etliche der in den Seen endemischen Arten für aquaristische Zwecke nach Europa importiert und sind im spezialisierten Fachhandel erhältlich. Durch die eingeschränkten Verbreitungsgebiete der einzelnen Arten ist allerdings bei möglichen Importen sehr behutsam vorzugehen und der Schwerpunkt auf eine Erhaltungsnach-

Mitunter werden auch abweichend gefärbte Tiere im Handel angeboten. Ob es sich hier um noch unbeschriebene Arten oder einen Hybriden handelt, ist bislang unklar.

Foto: C. Lukhaup

zucht zu legen. Anders als viele ostasiatische Garnelenarten leben die Tiere auf Sulawesi bei einer deutlich höheren, im Jahres- und Tagesverlauf relativ gleichmäßig bei 27-28 °C liegenden Wassertemperatur. Das Wasser in den Zentralseen ist relativ weich, aber mit einem pH-Wert im leicht alkalischen Bereich. Zumindest die hohe Wassertemperatur hat sich als entscheidend für das Überleben der Tiere im Aquarium herausgestellt. Inwieweit andere Parameter, wie pH-Wert, das Ionenverhältnis oder auch die Intensität und Dauer der Sonneneinstrahlung (Beleuchtung), für die Haltung und die Fortpflanzung dieser Wirbellosen eine Rolle spielen, wird sich wohl erst im Laufe der Zeit erweisen. Versuche, mit speziellen Mineralsalzen Wasserverhältnisse ähnlich jenen in den Zentralseen zu erreichen erwiesen sich aber schon jetzt gegenüber einer Haltung im Leitungswasser als vielversprechender. Einzelne Arten, wie etwa die Süßwasser-Kardinalsgarnele oder die aus dem Poso See stammende Geröllgarnele, wurden bereits mehrfach erfolgreich im Aquarium nachgezogen. Es bleibt zu hoffen, dass dies auch bei anderen Arten der Fall sein wird, um den Fangdruck von den wildlebenden Populationen zu nehmen.

Auf der anderen Seite ist es wohl der Aquaristik zu verdanken, dass die Zentralseen von Sulawesi mit ihren farbenprächtigen Bewohnern in die internationalen Printmedien und damit in das öffentliche Interesse gerückt sind. Stärker als durch lokale Garnelenfänger mit ihren Handnetzen werden die Tiere in den Seen wohl durch die dort betriebenen Nickelminen und Industriebetriebe bedroht, welche mit ihren zum Teil hoch toxischen Abwässern ganze Seeabschnitte in kurzer Zeit verwüsten können. Eine ähnliche Bedrohung stellt aber auch das unbedachte Aussetzten von Buntbarschen wie Flowerhorn-Cichliden im Matanosee und anderen Fischen in den Malili Seen dar. Das internationale Interesse an den Garnelen- und Schneckenarten dieser Seen könnte so durchaus auch zu einer Sensibilisierung lokaler Verantwortungsträger und Umweltschutzeinrichtungen beitragen.

Foto: C. Lukhaup

Farbenprächtige Zwerggarnelen aus den Zentralseen von Sulawesi wie *Caridina woltereckae* zählen trotz ihrer geringen Größe zu den Juwelen der Aquaristik.

Caridina dennerli von Rintelen & Cai, 2009
Süßwasser-Kardinalgarnele

Herkunft: Sulawesi, Matano See.

Größe: Gesamtlänge bis 15 mm, Carapaxlänge bis 3,4 mm.

Merkmale: Rostrum mäßig schlank, leicht sichelförmig aufgebogen, bis etwa zum Ende des Scaphozeriten reichend, dorsal mit 15-25 Zähnen (3-7 davon am Carapax), ventral mit 5-11 Zähnen. Kieme am 2. Maxilliped stark reduziert, blattförmig, ein etwas reduziertes Epipod am ersten Schreitbeinpaar, restliche Schreitbeine ohne Epipoden. Dactylus des 3. Schreitbeines mit 2 Dornen an der Hinterkante, am 5. Schreitbein mit 25-30 Dornen. Präanale Carina mit einem Zahn, Uropodenfalte mit 12-13 Dornen. Eigröße: 1,0-1,2 x 0,8-0,9 mm.

Färbung: Die Art ist durch die markante Körperfärbung gut gekennzeichnet. Auf roter bis rotbrauner Grundfärbung zeigen die Tiere ein stark kontrastierendes weißes Punktmuster. Die Scherenbeine und Antennen sind ebenfalls leuchtend weiß gefärbt.

Nahrung: Aufwuchs und Detritus am Bodengrund. Im Aquarium auch Staub- und Granulatfutter in geringen Mengen.

Haltung: Die Kardinalgarnele ist zurzeit die am häufigsten im Aquarium gehaltene Art aus Sulawesis Zentralseen. Das mag an ihrer gefälligen Körperfärbung, aber auch an der vergleichsweise großen Toleranz bezüglich der Haltungsbedingungen liegen. Wie alle Arten aus den Zentralseen sollte diese Art aber bei einer gleichmäßigen Wassertemperatur zwischen 27 und 29 °C in relativ weichem, aber leicht alkalischem Wasser gehalten werden. Das Wasser im Matano See ist sehr nahrungs- und auch keimarm. Im Aquarium ist eine Belastung des Wassers durch Futter oder organische Abbaustoffe durch regelmäßige Wasserwechsel zu vermeiden.

Caridina dennerli ähnelt in ihrer Körperfärbung sehr stark einer Art der Gattung *Lysmata* aus dem Meer.

Foto: C. Lukhaup

Fotos: C. Lukhaup

von links:
Durch die leuchtend weißen Scherenbeine ist die Süßwasser-Kardinalgarnele bei der Nahrungsaufnahme gut zu beobachten.

Wie alle Arten aus den Zentralseen von Sulawesi trägt die Kardinalgarnele nur wenige große Eier, aus denen weit entwickelte Jungtiere schlüpfen.

Zucht: Diese Art ist im Aquarium bereits häufig nachgezogen worden und gilt als die produktivste Art der Gruppe. Aus den großen Eiern der Kardinalgarnele schlüpfen weit entwickelte Jungtiere, welche sofort im Lückensystem des Bodengrundes Schutz und Nahrung suchen.

Bemerkungen: Die Kardinalgarnele ist ein typischer Felsbewohner. Im natürlichen Habitat sitzen die Tiere in Spalten zwischen Felsen und grobem Steingrund. Die Bewegungen der leuchtend weißen Scherenbeine sind beim Abstreifen von Nahrung vom Untergrund gut zu erkennen, während die dunkelrote Körperfärbung eine gute Tarnung im Spaltengewirr des bräunlichen Gerölls am Ufer des Matano Sees darstellt.

Literatur: [135]

Caridina spinata Woltereck, 1937
Goldpunkt-Garnele, Yellow-Stripe-Garnele

Herkunft: Sulawesi, Towuti See.

Größe: Gesamtlänge bis 18 mm, Carapaxlänge bis 4 mm.

Merkmale: Rostrum sehr schlank, bis über den Scaphozeriten reichend, dorsal mit 14-24 Zähnen (3-5 davon auf dem Carapax), ventral mit 5-12 Zähnen. Dorsale Zähne im distalen Bereich mit deutlich weiteren Abständen. Kieme am 2. Maxilliped stark reduziert, blattförmig, ein Epipod am ersten Schreitbeinpaar, restliche Schreitbeine ohne Epipoden. Dactylus des 3. Schreitbeines mit 2-3 Dornen an der Hinterkante, Dactylus am 5. Schreitbein mit 25-31 Dornen. Präanale Carina mit einem Zahn, Uropodenfalte mit 12-16 Dornen. Eigröße: 1,0-1,1 x 0,6-0,7 mm.

Färbung: Die Goldpunkt- oder Yellow-Stripe-Garnele zeigt auf scharlach- bis dunkelrotem Grund drei leuchtend orange oder gelbe Querstreifen am Abdomen und einzelne Tupfen in gleicher Farbe am Körper. Die gelborangen Markierungen können aber auch nur schwach ausgeprägt sein oder fehlen.

Nahrung: Aufwuchs und Detritus am Bodengrund. Im Aquarium auch Staub- und Granulatfutter.

Goldpunktgarnele.

Caridina spinata ohne goldgelbe Markierungen.

Fotos: C. Lukhaup

Haltung: Diese Art ähnelt in ihren Ansprüchen jenen anderer Felsbewohner aus den Zentralseen wie der Kardinalgarnele. Die dort gemachten Angaben sind auch für *C. spinata* gültig.

Zucht: Die Art ist im Aquarium bereits nachgezogen worden. Aus den großen Eiern schlüpfen weit entwickelte Jungtiere, welche sofort im Lückensystem des Bodengrundes Schutz und Nahrung suchen.

Bemerkungen: *Caridina spinata* gehört zu den größeren Arten der Gattung in den Zentralseen. Die meisten dieser Arten erreichen in der Körperlänge nur etwa 1,5 cm. Die Art ist im Towuti See auf felsigem Grund weit verbreitet. Erwachsene Tiere halten sich vorwiegend in tieferen Bereichen des Sees (> 5 m Wassertiefe) auf, während Jungtiere auch in steinigen Uferbereichen anzutreffen sind.

Literatur: [119, 120, 17, 135]

Caridina loehae Woltereck, 1937

Herkunft: Sulawesi, Malili System, Matano und Towuti See, Petaea River.

Größe: Gesamtlänge bis 13 mm, Carapaxlänge bis 3 mm.

Merkmale: Rostrum kurz und schlank, bis etwa zum Ende des 2. Antennenbasissegmentes reichend, dorsal mit 14-20 Zähnen (3-5 davon auf dem Carapax), ventral mit 1-8 Zähnen. Kieme am 2. Maxilliped stark reduziert, blattförmig, Epipoden am ersten und zweiten Schreitbeinpaar, restliche Schreitbeine ohne Epipoden. Dactylus des 3. Schreitbeines mit 2-6 Dornen an der Hinterkante, jener des 5. Schreitbeines mit 12-16 Dornen. Präanale Carina ohne Zahn, Uropodenfalte mit 9-14 Dornen. Eigröße: 0,8-1,1 x 0,5-0,7 mm.

Färbung: *C. loeahe* ähnelt auf den ersten Blick der Goldpunktgarnele *C. spinata*, unterscheidet sich von dieser aber durch die weiße anstelle einer gelben Strich-Punktzeichnung.

Caridina loehae erinnert von der Färbung an die Goldpunktgarnele *Caridina spinata*, die hellen Markierungen auf dem Abdomen sind aber niemals goldgelb gefärbt. Auch morphologisch unterscheiden sich die beiden Arten. Diese Garnele lebt zwischen und unter Steinen im Uferbereich.

Foto: C. Lukhaup

Nahrung: Aufwuchs und Detritus am Bodengrund. Im Aquarium auch Staub- und Granulatfutter.

Haltung: Diese Art ähnelt in ihren Ansprüchen jenen anderer Felsbewohner aus den Zentralseen wie der Kardinalgarnele. Die dort gemachten Angaben sind auch für *C. loeahe* gültig.

Bemerkungen: *Caridina loehae* ist durch die geringere Körpergröße und die weißlichen Markierungen von der in der Lebendfärbung sonst ähnlichen *C. spinata* zu unterscheiden. Mikroskopisch ist die Art durch das kurze, fragile Rostrum von den ähnlich kleinen Arten *C. spongicola* und *C. parvula* zu unterscheiden. Von der Lebensweise ist die kleine Garnele an Hartsubstrat gebunden und lebt typischerweise unter und zwischen Gesteinsbrocken.

Literatur: [119, 120, 17, 135]

Caridina spongicola Zitzler & Cai, 2006

Verbreitung: Sulawesi, Towuti See.

Größe: Gesamtlänge bis 12 mm.

Merkmale: Rostrum mittellang und mäßig schlank, bis etwa zum Ende der Antennenbasis reichend, dorsal mit 14-25 Zähnen (3-5 davon auf dem Carapax), ventral mit 3-15 Zähnen. Dorsale Zähne im distalen Bereich mit deutlich weiteren Abständen. Kieme am 2. Maxilliped zu einer kleinen blattförmigen Lamelle reduziert, ein Epipod am ersten Schreitbeinpaar, restliche Schreitbeine ohne Epipoden. Dactylus des 3. Schreitbeines mit 1-3 Dornen an der Hinterkante, am 5. Schreitbein mit 21-31 Dornen. Präanale Carina gerundet, ohne Zahn, Uropodenfalte mit 10-12 Dornen. Eigröße: 0,8-0,9 x 0,4-0,6 mm.

Färbung: Grundfärbung weißlich-transparent mit kräftigen schwarzbraunen Längs- und Querbinden.

Bemerkungen: Die Art gehört zu den interessantesten Neuentdeckungen aus den Zentralseen Sulawesis. Die kleine Garnele lebt als Epibiont in den Öffnungen und auf der Oberfläche eines großen Süßwasserschwammes im Bereich des Auslaufes des Towuti Sees. Auf festem Bodengrund oder in Pflanzenbeständen ist die Art bisher nicht gefunden worden. Aus diesem Grund ist eine Haltung im Aquarium kaum möglich. Aufgrund des klaren, nährstoffarmen Wassers im Towuti See kann der Süßwasserschwamm nur im strömungsreichen Ausfluss des Sees leben. Allerdings lebt auf steinigem Bodengrund im Towuti See die sehr ähnlich gefärbte, doch morphologisch und genetisch unterscheidbare und größere Art *Caridina woltereckae*, welche in der Aquaristik als „Harlekingarnele" bekannt wurde.

Literatur: [127, 135]

Foto: K. Zitzler

Mit freundlicher Genehmigung des Rafflers Bulletin of Zoology.

Caridina woltereckae Cai, Wowor & Choy, 2009
Harlekingarnele

Herkunft: Sulawesi, Towuti See.

Größe: Gesamtlänge bis 17 mm.

Merkmale: Rostrum lang, schlank, über das Ende des Scaphozeriten reichend, dorsal mit 13-22 Zähnen (3-4 davon auf dem Carapax), ventral mit 3-13 Zähnen. Dorsale Zähne im distalen Bereich mit deutlich weiteren Abständen. Kieme am 2. Maxilliped zu einer kleinen blattförmigen Lamelle reduziert, ein Epipod am ersten Schreitbeinpaar, restliche Schreitbeine ohne Epipoden. Dactylus des 3. Schreitbeines mit 1-2 Dornen an der Hinterkante, jener des 5. Schreitbeines mit 13-22 Dornen. Präanale Carina gerundet, ohne Zahn, Uropodenfalte mit 11-13 Dornen. Eigröße: 0,8-1,0 x 0,5-0,6 mm.

Färbung: Grundfärbung weißlich-transparent mit kräftigen schwarzbraunen Längs- und Querbinden. Die Harlekingarnele gleicht in der Körperfärbung *Caridina spongicola*.

Nahrung: Aufwuchs und Detritus am Bodengrund. Im Aquarium auch sparsam Staub- und Granulatfutter.

Haltung: Diese Art ähnelt in ihren Ansprüchen jenen anderer Felsbewohner aus den Zentralseen wie der Kardinalgarnele. Die dort gemachten Angaben sind auch für die Harlekingarnele gültig. Im Aquarium scheint diese Art aber insgesamt höhere Ansprüche zu stellen als andere Arten.

Bemerkungen: Die Körperfärbung der Harlekingarnele gleicht verblüffend jener von *Caridina spongicola*. Beide Arten unterscheiden sich jedoch morphologisch, genetisch und in ihrer Biologie. Während *C. spongicola* als Epibiont auf bzw. in den Öffnungen eines Süßwasserschwammes lebt, findet man die im Towuti See weit verbreitete, etwas größere Harlekingarnele auf Felsengrund. In der Aquaristik dürfte bisher nur die größere Art aufgetaucht sein.

Literatur: [135]

Fotos: C. Lukhaup

Im Gegensatz zu *Caridina spongicola* lebt *Caridina woltereckae* auf felsigem Bodengrund.

Die rot-weißen Tiere kontrastieren aber auch schön auf dem Grün eines bepflanzten Aquariums.

Caridina striata VON RINTELEN & CAI, 2009
Sulawesi-Streifen-Garnele

Foto: C. Lukhaup

Auch *Caridina striata* ist in der Natur ein strikter Felsbewohner.

Herkunft: Sulawesi, Zentralseen, Malili System, Towuti und Mahalona See.

Größe: Gesamtlänge bis 14 mm.

Merkmale: Rostrum lang, bis über den Scaphozeriten reichend. Dorsal im vorderen Teil mit großen Lücken zwischen den Zähnen. Dorsal mit 3-25 Zähnen (3-5 davon am Carapax), ventral mit 4-28 Zähnen. Kieme am 2. Maxilliped zu einer blattförmigen Lamelle reduziert, ein Epipod am ersten Schreitbeinpaar, restliche Schreitbeine ohne Epipoden. Dactylus des 3. Schreitbeines mit 2-3 Dornen an der Hinterkante, am 5. Schreitbein mit 24-35 Dornen. Präanale Carina gerundet, ohne Zahn, Uropodenfalte mit 11-14 Dornen. Eigröße: 0,8-0,9 x 0,5 mm.

Färbung: Grundfärbung weißlich-transparent mit zarter roter Längsstreifung. Uropoden mit kräftig gelben Längsstreifen.

Bemerkungen: *C. striata* ist ein strikter Felsbewohner. Morphologisch und genetisch sehr ähnlich den im gleichen Habitat vorkommenden Arten *C. glaubrechti* und *C. woltereckae*. Im Aquarium und in der Natur sind diese Arten durch die Lebendfärbung aber einfach zu unterscheiden.

Literatur: [135]

Caridina glaubrechti VON RINTELEN & CAI, 2009
Sulawesi-Rote-Orchidee-Garnele

Foto: C. Lukhaup

Anders als die Aquarienaufnahme zeigt, handelt es sich bei *C. glaubrechti* um einen typischen Felsbewohner.

Herkunft: Sulawesi, Zentralseen, Malili System, westlicher Teil des Towuti Sees.

Größe: Gesamtlänge bis 14 mm.

Merkmale: Rostrum lang, bis über den Scaphozeriten reichend. Dorsal im vorderen Teil mit großen Lücken zwischen den Zähnen. Dorsal mit 11-17 Zähnen (2-5 davon am Carapax), ventral mit 5-16 Zähnen. Kieme am 2. Maxilliped zu einer blattförmigen Lamelle reduziert, ein Epipod am ersten Schreitbeinpaar reduziert oder fehlend, restliche Schreitbeine ohne Epipoden. Dactylus des 3. Schreitbeines mit 2-5 Dornen an der Hinterkante, am 5. Schreitbein mit 14-35 Dornen. Präanale Carina gerundet, ohne Zahn, Uropodenfalte mit 11-14 Dornen. Eigröße: 0,8-1,0 x 0,5-0,6 mm.

Färbung: Grundfärbung dunkelrot mit unregelmäßigen weißen Punkten und Flecken, ähnlich einer Phalaenopsis-Blüte.

Bemerkungen: *C. glaubrechti* ist ein strikter Felsbewohner. Morphologisch und genetisch sehr ähnlich den im gleichen Habitat vorkommenden Arten *C. striata* und *C. woltereckae*. Im Aquarium und in der Natur sind diese Arten durch die Lebendfärbung aber einfach zu unterscheiden.

Literatur: [135]

Caridina profundicola VON RINTELEN & CAI, 2009

Foto: C. Lukhaup

Caridina profundicola bewohnt tiefere Bereiche des Towuti Sees.

Herkunft: Sulawesi, Zentralseen, Malili System, Towuti See.

Größe: Gesamtlänge bis 16 mm.

Merkmale: Rostrum sehr lang, bis weit über den Scaphozeriten reichend. Basal auffallend keilförmig verdickt. Dorsal mit 16-25 Zähnen (2-3 davon am Carapax), ventral mit 13-24 Zähnen. Kieme am 2. Maxilliped zu einer blattförmigen Lamelle reduziert, alle Schreitbeine ohne Epipoden. Dactylus des 3. Schreitbeines mit 1-2 Dornen an der Hinterkante, am 5. Schreitbein mit 34-44 Dornen. Präanale Carina mit Zahn, Uropodenfalte mit 9-11 Dornen. Eigröße: 0,7-0,9 x 0,4-0,6 mm.

Färbung: Weitgehend transparent mit zwei kräftig orangefarbenen Querbinden im mittleren Teil des Abdomens. Die Eier trächtiger Weibchen sind leuchtend grün gefärbt.

Bemerkungen: *C. profundicola* kommt zusammen mit *C. spinata* fast ausschließlich in tieferen (unterhalb von 3 Metern Wassertiefe) Regionen des Towuti Sees vor und bewohnt dort Felsen und größere Gesteinsbrocken. Nur Jungtiere werden gelegentlich in Laubansammlungen nahe dem Ufer gefunden. Aufgrund der Lebensweise im tiefen Wasser wird die Art nur selten gefangen und kommt deshalb kaum in den Handel, obwohl die Tiere, vor allem trächtige Weibchen, eine besondere Färbung zeigen.

Literatur: [135]

Caridina masapi WOLTERECK, 1937
Sulawesi-Tiger-Garnele

Foto: C. Lukhaup

Die farblich variable, aber wenig auffällige Art *Caridina masapi* bewohnt Bäche und Seen.

Herkunft: Sulawesi, Zentralseen Towuti, Mahalona, Wawontoa, Matano, Masapi, Bäche im Malili System.

Größe: Gesamtlänge bis 24 mm.

Merkmale: Rostrum bis zum Ende des 3. Segmentes der Antennenbasis oder darüber reichend. Dorsal im vorderen Viertel unbezahnt und ohne subapikale Zähne. Dorsal mit 7-21 Zähnen (2-5 davon am Carapax), ventral mit 3-10 Zähnen. Kieme am 2. Maxilliped zu einer blattförmigen Lamelle reduziert, ein Epipod am ersten Schreitbeinpaar, restliche Schreitbeine ohne Epipoden. Dactylus des 3. Schreitbeines mit 3-7 Dornen an der Hinterkante, jener des 5. Schreitbeines mit 30-44 Dornen. Präanale Carina mit Zahn, Uropodenfalte mit 10-14 Dornen. Eigröße: 0,7-1,20 x 0,5-0,7 mm.

Literatur: [119, 120, 72, 17, 135]

Bei der dunkel gefärbten *Caridina holthuisi* handelt es sich um einen Bewohner von weichen Untergründen.

Die dunkel gefärbte – Laubansammlungen bewohnende Art – gibt es auch ohne die markanten Querstreifen.

Fotos: C. Lukhaup

Caridina holthuisi von Rintelen & Cai, 2009

Synonyme: *Caridina opaensis* Woltereck, 1937.

Herkunft: Sulawesi, Zentralseen Towuti, Mahalona, Matano, Petea River.

Größe: Gesamtlänge bis 24 mm.

Merkmale: Rostrum eher breit, bis zum Ende des Scaphozeriten oder etwas darüber reichend. Dorsal mit 14-28 Zähnen, 4-8 davon am Carapax. Ventral mit 3-7 Zähnen. Kieme am 2. Maxilliped zu einer blattförmigen Lamelle reduziert, ein Epipod am ersten und zweiten Schreitbeinpaar, restliche Schreitbeine ohne Epipoden. Dactylus des 3. Schreitbeines mit 3-6 Dornen an der Hinterkante, am 5. Schreitbein mit 27-39 Dornen. Präanale Carina mit Zahn, Uropodenfalte mit 12-13 Dornen. Eigröße: 0,8-1,0 x 0,5-0,6 mm.

Bemerkungen: *C. holthuisi* gehört zu den wenigen Weichsubstratbewohnern im Malili System. Das typische Mikrohabitat dieser Art sind Laubansammlungen an der Uferböschung der Seen und an strömungsarmen Bereichen des Petea River. Die Tiere zeigen an die Färbung des Laubes angpasste, oft lebhafte Brauntöne. Manche Tiere sind fast schwarz gefärbt, seltener mit beigen oder weißlichen Querstreifen.

Literatur: [119, 120, 72, 17, 135]

Caridina lanceolata Woltereck, 1937

Herkunft: Sulawesi, Zentralseen: Towuti, Wawotoa, Matano, Mahalona und ruhige Abschnitte der die Seen verbindenden Flüsse.

Größe: Gesamtlänge bis 33 mm.

Merkmale: Rostrum sehr lang, deutlich über den Scaphozeriten reichend, stark nach oben geschwungen, in der dorsalen vorderen Hälfte unbezahnt, aber mit 1-4 supapikalen Zähnen. Ventrale Zähne vor allem im proximalen Bereich auffallend breit. 8-19 Zähne am dorsalen Rand des Rostrums, 1-3 davon am Carapax, 4-13 Zähne ventral. Kieme am 2. Maxilliped zu einer blattförmigen Lamelle re-

Foto: C. Lukhaup

Caridina lanceolata.

duziert, Epipoden am ersten Schreitbeinpaar, restliche Schreitbeine ohne Epipoden. Dactyli des 3. Schreitbeinpaares nur mit 4-6 Dornen, jene des 5. Paares mit 28-35 Dornen. Präanale Carina mit einem Zahn. Uropodenfalte mit 7-9 Dornen. Eigröße: 0,6-0,9 x 0,4-0,6 mm.

Bemerkungen: *Caridina lanceolata* ist ein typischer Vertreter der Generalisten in den Zentralseen. Die Art kommt auf verschiedenen Untergründen in mehreren Seen und langsam fließenden Abschnitten der verbindenden Flüsse vor. Aufgrund der breiten, durch große Abstände getrennten Zähne am Unterrand des Rostrums kann die Art sehr einfach von allen anderen Arten der Zentralseen unterschieden werden.

Literatur: [119, 120, 72, 17, 135]

Caridina ensifera Schenkel, 1902

Foto: C. Lukhaup

Caridina ensifera aus dem Poso See.

Herkunft: Sulawesi, Poso See.

Größe: Gesamtlänge bis 24 mm, Carapaxlänge bis 5,3 mm.

Merkmale: Rostrum sehr schlank, bis weit über den Scaphozeriten reichend, dorsal mit 9-15 Zähnen, 1-3 davon hinter dem Augenrand, ventral mit 16-29 Zähnen. Die distalen 2/3 des Rostrums ist oberseitig unbezahnt. Epipoditen nur an den ersten beiden Schreitbeinpaaren. Dactylus am 3. Schreitbeinpaar mit 6-9 Dornen, jener des 5. Schreitbeines mit 51-57 Dornen. Telsonkante gerundet ohne Mittelzahn, mit etwa 3 distalen Dornenpaaren, das äußere Paar länger als die inneren. Endopod des ersten Schwimmbeines beim Männchen ohne Appendix interna. Uropodenfalte mit 9-11 Dornen. Rostrumformel: 1-3 + 8-13 / 16-29.

Färbung: Grundfärbung gelblich mit roten Antennen und zwei deutlichen roten Punkten am Schwanzfächer.

Nahrung: Aufwuchs und Detritus. Im Aquarium auch Staub- und Granulatfutter.

Haltung: In der Natur kommt *C. ensifera* in großen Schwärmen im Freiwasser vor, wie es auch von der Nashorngarnle *Caridina nilotica* im afrikanischen Viktoriasee beschrieben wurde. Im Aquarium sollte diesem Verhalten Rechnung getragen werden und den Tieren genügend Schwimmraum in einem größeren Becken ab 70 Litern Inhalt und wenig Strömung geboten werden.

Zucht: *Caridina ensifera* und ihre blau gefärbte Geschwisterart *C. caerulea* wurden bereits mehrfach im Aquarium nachgezogen. Dazu sollten die Tiere aber in einem größeren Becken gehalten werden.

Bemerkungen: Im Poso See kann *C. ensifera* in großen Schwärmen im Freiwasser beobachtet werden. Aber auch auf unterschiedlichen Substraten wie Sandböden, Algenteppichen, in Wasserpflanzenbeständen und auf hartem Bodengrund sind Exemplare dieser Art zu finden. Cai & Wowor beschreiben 2007 in ihrer Revisionsarbeit über die Arten aus dem Poso See die Lebendfärbung der Tiere mit einer blauen Zeichnung auf dem Schwanzfächer. Nur zwei Jahre später wurde die Art neuerlich revidiert und die blau gezeichneten Exemplare als neue Art *Caridina caerulea* beschrieben. Im Aquarium ist *Caridina ensifera* von dieser leicht durch die rote Punktzeichung am Schwanzfächer zu unterscheiden.

Literatur: [119, 120, 17, 135]

Caridina caerulea von Rintelen & Cai, 2009

Foto: C. Lukhaup

Caridina caerulea kann von *C. ensifera* einfach durch die blaue Färbung unterschieden werden.

Herkunft: Sulawesi, Poso See.

Größe: Gesamtlänge bis 22 mm, Carapaxlänge bis 4,5 mm.

Merkmale: Rostrum sehr schlank, bis weit über den Scaphozeriten reichend, dorsal mit 11-20 Zähnen, 2-4 davon hinter dem Augenrand, ventral mit 26-48 Zähnen. Die distalen 2/3 des Rostrums ist oberseitig unbezahnt. Epipoditen nur an den ersten beiden Schreitbeinpaaren. Dactylus am 3. Schreitbeinpaar mit 4-5 Dornen, jener des 5. Schreitbeines mit 27-49 Dornen. Telsonkante gerundet ohne Mittelzahn, mit etwa 3 distalen Dornenpaaren, das äußere Paar länger als die inneren. Endopod des ersten Schwimmbeines beim Männchen ohne Appendix interna. Präanale Carina mit Zahn, Uropodenfalte mit 11-14 Dornen.

Färbung: Grundfärbung gelblich mit roten Antennen. Rostrum, Schreitbeine und Schwanzfächer blau gefärbt.

Nahrung: Aufwuchs und Detritus. Im Aquarium auch Staub- und Granulatfutter.

Haltung: In der Natur kommt *C. caerulea* hauptsächlich auf Felsengrund vor, seltener auf weichem Bodengrund oder in Pflanzenbeständen. Für die Aquarienhaltung ist diese Art deshalb besser geeignet als die primär pelagische Geschwisterart *C. ensifera*.

Zucht: *C. caerulea* wurden bereits mehrfach im Aquarium nachgezogen.

Bemerkungen: Anders als *C. ensifera*, welche im Poso See in großen Schwärmen im Freiwasser beobachtet werden kann, lebt *C. caerulea* hauptsächlich auf hartem Bodengrund. Von der Geschwisterart ist *C. caerulea* im Aquarium einfach durch die blaue Färbung zu unterscheiden, bei *C. ensifera* weist der Schwanzfächer dunkelrote Augenflecken auf. Mikroskopisch kann *C. caerulea* durch die größere Anzahl von Zähnen am Rostrum, die größere Anzahl von Dornen an der Uropodenfalte (11-14 vs. 9-11 bei *C. ensifera*) und die geringere Anzahl von Dornen am Dactylus des 3. und 5. Schreitbeinpaares unterschieden werden.

Literatur: [119, 120, 17, 135]

Caridina sp. White Orchid
Rotstreifengarnele, Poso-Geröllgarnele, White-Orchid-Garnele

Foto: C. Lukhaup

Poso Geröllgarnele.

Herkunft: Sulawesi, Poso See.

Größe: Gesamtlänge bis 22 mm, Carapaxlänge bis 4,5 mm.

Färbung: Grundfärbung transparent mit feiner rot-weißer Streifenzeichnung am Schwanzfächer mit charakteristischen schwarz-weißen Augenflecken.

Nahrung: Aufwuchs und Detritus. Im Aquarium auch Staub- und Granulatfutter.

Haltung: In der Natur kommt die Geröllgarnele hauptsächlich im Geröll der Uferböschung vor, wo die Tiere bei einsetzender Dämmerung aus den Verstecken kommen. Im Aquarium sollte deshalb auch ein entsprechender Steinaufbau mit zahlreichen Spalten geboten werden.

Zucht: Die Geröllgarnele wurde bereits mehrfach im Aquarium nachgezogen.

Bemerkungen: Die Geröllgarnele ähnelt mikroskopisch *C. caerulea*, kann von dieser Art aber durch abweichende Längenverhältnisse an den Scherenbeinen unterschieden werden.

Literatur: [142]

Caridina longidigita Cai & Wowor, 2007
Poso-Fächerhandgarnele, Starry-Night-Garnele

Herkunft: Sulawesi, Poso See.

Größe: Gesamtlänge bis 22 mm, Carapaxlänge bis 4,5 mm.

Merkmale: Rostrum lang, meist über den Scaphozeriten reichend, distal aufgebogen, dorsal mit 16-21 Zähnen, 4-6 davon hinter dem Augenrand, ventral mit 13-23 Zähnen. Das distale 1-2/3 des Rostrums ist oberseitig unbezahnt. Ohne Epipoditen an den Schreitbeinpaaren. Erstes und zweites Scherenbeinpaar auffallend ähnlich, Scherenfinger deutlich länger als die Handfläche und distal mit sehr langen

Caridina longidigita fängt mit ihren Fächerhänden Nahrungspartikel aus dem Wasser.

Foto: C. Lukhaup

Borsten, die fächerartig abgespreizt werden können. Dactylus am 3. Schreitbeinpaar mit 4-5 Dornen, jener des 5. Schreitbeines mit 26-33 Dornen. Präanale Carina mit Zahn, Uropodenfalte mit 15-17 Dornen.

Färbung: Grundfärbung semitransparent mit zahlreichen rötlich-blauen und weißen Punkten. Borsten an den Scherenfingern im proximalen Bereich orange gefärbt.

Nahrung: Feine Driftnahrung, im Aquarium eventuell feines Flockenfutter.

Haltung: Aufgrund der Lebensweise als Fächergarnele ist die Haltung im Aquarium bis jetzt nur in wenigen Fällen über längere Zeit gelungen. Den Tieren müsste feinste Driftnahrung geboten werden, ohne dadurch die Wasserquelität zu belasten. Versuche der Haltung dieser Art sollten nur von Personen gemacht werden, die viel Erfahrung mit Tieren aus den Zentralseen von Sulawesi und deren Haltung haben.

Zucht: *C. longidigita* wurde bis jetzt noch nicht erfolgreich im Aquarium nachgezogen.

Bemerkungen: *C. longidigita* stellt neben den beiden Arten der Gattung *Atyella* aus dem Tanganjikasee bisher die einzige einen See bewohnende Fächergarnele dar. Gleichzeitig ist die spezialisierte Scherenform dieser Art einzigartig in der Gattung *Caridina*. Im Poso See leben die Tiere hauptsächlich im Geröll der Uferböschung und auf Felsen in größerer Tiefe. Das in den Nachmittagsstunden durch die Wellenbewegung im See bewegte Wasser erzeugt zwischen den Steinen im Uferbereich zahlreiche lokale Strömungen, durch welche Nahrungspartikel aufgewirbelt und von den Garnelen aus dem Wasser filtriert werden. Diese Bedingungen sind im Aquarium schwer nachzustellen. Die artgerechte Haltung derart spezialisierter Arten bleibt damit eine Herausforderung für die Aquaristik in der Zukunft.

Literatur: [135, 142]

Caridina pareparensis De Man, 1892

Caridina pareparensis ist eine typische bachbewohnende Art aus den Karstgebieten Südwest-Sulawesis.

Herkunft: Bäche und unterirdische Gewässer in Höhlen in Südwest-Sulawesi.

Größe: Gesamtlänge bis 18 mm.

Merkmale: Rostrum kurz, bis zum Ende des ersten oder zweiten Antennenbasissegmentes reichend, gerade oder leicht nach unten gebogen. Rostrumformel: 3-4 + 9-15 / 0-3. Kieme am 2. Maxilliped zu einer blattförmigen Lamelle mit 4-6 fingerartigen Fortsätzen distal reduziert, gut entwickelte Epipoden am ersten und zweiten Schreitbeinpaar, Epipod am 3. Schreitbeinpaar teilweise reduziert, restliche Schreitbeine ohne Epipoden. Propodus des 3. und 4. Schreitbeinpaares bei Männchen deutlich dichter bedornt als bei weiblichen Exemplaren. Präanale Carina gerundet, ohne Zahn. Appendix masculina am 2. Schwimmbeinpaar der Männchen schlank stabförmig mit zwei Reihen kräftiger kurzer Dornen. Uropodenfalte mit 18-20 Dornen. Eigröße: 0,9-1,0 x 0,6 mm.

Bemerkungen: *C. pareparensis* konnte in den letzten Jahren in der Karstregion um Maros in etlichen kleineren Gewässern nachgewiesen werden. Wie die in der Aquaristik bekanntere „Sulawesi Inlandsgarnele" zählt auch *C. pareparensis* zu den eher kleinbleibenden bachbewohnenden Arten. In der Haltung erwies sich die Art in mittelhartem bis hartem Wasser anspruchslos, vor allem bei etwas höheren Wassertemperaturen zwischen 25 °C und 30 °C kann man laufend mit Nachwuchs rechnen.

Literatur: [33, 140]

Caridina parvidentata Roux, 1904

Synonyme: *Caridina pareparensis* var. *parvidentata* Roux, 1904.

Herkunft: Bäche in Südwest-Sulawesi.

Größe: Gesamtlänge bis 18 mm.

Merkmale: Rostrum kurz, bis zum Ende des ersten Antennenbasissegmentes oder knapp darüber reichend, gerade, eher schmal. Rostrumformel: 0-1 + 4-12 / 0-4. Kieme am 2. Maxilliped dünn gefiedert, gut entwickelte Epipoden am ersten, leicht reduzierte Epipoden (ohne distale Haken) am zweiten und rudimentäre Epipoden am 3. Schreitbeinpaar, restliche Schreitbeine ohne Epipoden. Propodus des 3. und 4. Schreitbeinpaares bei Männchen deutlich dichter bedornt als bei weiblichen Exemplaren. Präanale Carina hoch gerundet, ohne Zahn. Appendix masculina am 2. Schwimmbeinpaar der Männchen schlank stabförmig mit zwei Reihen kräftiger kurzer Dornen. Uropodenfalte mit 14-21 Dornen. Eigröße: 0,9 x 0,6 mm.

Bemerkungen: *Caridina parvidentata* wurde zuerst aus einer Quelle nahe Maros, einem karstigen Gebiet in Südwest-Sulawesi beschrieben. Die genaue Lokalität ist aber heute unbekannt. In den letzten Jahren konnte diese Art in mehreren Gewässern im Gebiet um Maros, darunter viele unterirdische Bäche, nachgewiesen werden. Viele der als „Sulawesi Inlandsgarnelen" in der Aquaristik bekannten Tiere gehen auf wenige Exemplare zurück, die von Dr. R. Masche vor etlichen Jahren aus Sulawesi mitgebracht und in der Folge von Gerd Voss vermehrt und an viele Aquarianer weitergegeben wurden. Auch über kommerzielle Importe wurde diese Art bereits von mehreren Fundorten nach Deutschland gebracht. Ohne mikroskopische Untersuchung ist die Inlandsgarnele kaum von der eng verwandten *C. pareparensis* (als deren Unterart die Tiere ursprünglich beschrieben wurden) zu unterscheiden. Beide Arten sind in mittelhartem Wasser bei 25-30 °C einfach zu halten und zur Vermehrung zu bringen. Sie sind daher ein empfehlenswerter Besatz auch für kleinere Aquarien.

Literatur: [140]

Caridina parvidentata ist in der Aquaristik als „Sulawesi Inlandsgarnele" bekannt geworden.

Caridina sulawesi Cai & Ng, 2009

Caridina sulawesi, eine bachbewohnende Art aus Südwest-Sulawesi.

Herkunft: Bäche in Südwest-Sulawesi.

Größe: Gesamtlänge bis 19 mm.

Merkmale: Rostrum sehr kurz, bis zum Ende des ersten Antennenbasissegmentes reichend. Meist unbezahnt oder mit einzelnen kleinen Zähnen. Kieme am 2. Maxilliped zu einer blattförmigen Lamelle mit wenigen fingerartigen Fortsätzen distal reduziert, Epipoden am ersten und zweiten Schreitbeinpaar gut entwickelt, jene am dritten Schreitbeinpaar rudimentär, restliche Schreitbeine ohne Epipoden. Propodus des 3. und 4. Schreitbeinpaares bei Männchen deutlich dichter bedornt als bei weiblichen Exemplaren. Präanale Carina haifischflossenartig zurückgebogen, ohne Zahn, Uropodenfalte mit 16-21 Dornen. Exakte Eigröße unbekannt, aber mit großen Eiern.

Bemerkungen: *C. sulawesi* gehört mit den beiden vorangestellten Arten in eine Gruppe, welche durch das spatenförmige Endopod des ersten Schwimmbeinpaares, einen sehr schlanken Appendix masculina mit wenigen kurzen Dornen und einen Sexualdimorphismus am Propodus des 3. und 4. Schreitbeinpaares gekennzeichnet ist. Alle 3 Arten sind im Aquarium einfach zu halten.

Literatur: [140]

Caridina sp. „Sulawesi Bee"

Trotz der ähnlichen Körperfärbung ist die Sulawesi Bee nicht direkt mit *C. sulawesi* verwandt.

Herkunft: Sulawesi, Bäche in der Tomori Region.

Größe: Gesamtlänge bis 20 mm.

Merkmale: Rostrum kurz, nicht bis zum Ende des ersten Antennenbasissegmentes reichend. Unbezahnt oder mit 0-2 Zähnen dorsal und ventral. Rostrumformel: 0 + 0-2 (0-1) / 0-2 (0-1). Kieme am 2. Maxilliped zu einer blattförmigen Lamelle mit einigen fingerartigen Fortsätzen reduziert, Epipoden am ersten und zweiten Schreitbeinpaar, restliche Schreitbeine ohne Epipoden. Appendix masculina am 2. Schwimmbeinpaar der Männchen schlank sackförmig, mit etlichen langen Dornen. Präanale Carina flach gerundet, ohne Zahn, Uropodenfalte mit 15-16 Dornen. Eigröße: 0,96-1,03 x 0,68-0,74 mm.

Bemerkungen: Die als „Sulawesi Bee" bekannt gewordenen Tiere erinnern optisch an die Gruppe der Hummelgarnelen aus Südchina. Von diesen Arten kann die Art aus Sulawesi durch die schlankere Körperform, mikroskopisch durch die reduzierten Epipoden leicht unterschieden werden. Unter den aus Sulawesi bekannten Arten ähnelt sie vor allem *C. sulawesi*. Der länglich-sackförmige Appendix masculina und das Fehlen eines Sexualdimorphismus am 3. Schreitbeinpaar zeigt aber deutlich, dass die Sulawesi Bee nicht direkt mit dieser Art oder anderen aus der *C.-pareparensis*-Gruppe verwandt ist. Im Aquarium erwies sich die Sulawesi Bee als heikel. Sauberes Wasser mit geringer Keimbelastung und mittlere Wassertemperaturen um 25 °C sind notwendig, um diese Art erfolgreich zu halten.

Die *Caridina nilotica*-Artengruppe

Caridina nilotica, tragendes Tier nach dem Fang.

Äußerlich markantes deutliches Kennzeichen der in der Aquaristik meist als „Nashorngarnelen" bezeichneten Arten der „*nilotica*"-Gruppe ist das sehr lange und meist schlanke, leicht nach oben geschwungene Rostrum. Es trägt spezifische subapikale Zähne an der dorsalen Rostrumspitze. Ihre Verbreitung reicht über Afrika, den indopazifischen Raum bis nach Indonesien, China und Japan. Bereits frühzeitig wurde durch Bouvier versucht, die vielfältigen Formen innerhalb der Gattung *Caridina* zu ordnen. Einer seiner damaligen fünf „Serien" bezog sich auf die Artengruppe um *Caridina nilotica*. Als Unterscheidungskriterien zu anderen Artengruppen wählte er folgende Merkmale:

1. die Rostrumlänge im Verhältnis zur Antennenbasis (deutlich länger),
2. das Längenverhältnis der Antennenbasis zum Carapax (etwa gleich lang),
3. das Längenverhältnis des sechsten Abdomensegmentes zum Carapax (>2/3),
4. die Anzahl der Dornen an der Uropodenfalte (8-10).

„Nashorngarnele" aus der *nilotica*-Gruppe.

Foto: C. Lukhaup

Aus heutiger Sicht ist von diesen Merkmalen nur die Form und Bezahnung des Rostrums (schlankes, langes Rostrum mit einem oder mehreren subapikalen Zähne geblieben. Viele im Laufe der Zeit der *nilotica*-Gruppe zugeordnete Arten werden heute nicht mehr zu dieser Gruppe gezählt, etwa die Arten aus den Zentralseen von Sulawesi oder einige Arten mit kürzerem Rostrum aus afrikanischen Gewässern. Auch die Arten ohne Zähne am Rostrum hinter dem Augenrand wurden als *Caridina-gracilirostris*-Artengruppe von der *nilotica*-Gruppe abgetrennt. Noch immer in Diskussion ist der taxonomische Stellenwert des Appendix interna am Endopod des ersten Schwimmbeinpaares männlicher Tiere. Anhand des Vorhandenseins oder Fehlens dieses Merkmals könnte die Gruppe noch einmal aufgespalten werden. Allerdings gibt es Daten, dass dieses Merkmal bei einzelnen Arten, etwa bei *C. nilotica* sensu stricto oder bei *C. gracilipes* variabel ausgebildet sein kann, auch wenn die Tiere vom gleichen Fundort stammen und eine ähnliche Körpergröße aufweisen. Hier könnte es noch zu größeren taxonomischen Änderungen kommen.

Bis heute ist damit die gültige Zuordnung vieler Arten, insbesondere der früheren Unterarten von *C. nilotica*, sehr umstritten. Die heute noch anerkannten Unterarten von *C. nilotica* stellen fast ausschließlich vereinzelte Funde von sehr spezifischen Fangorten dar, die nur sehr schwer mit neuem Belegmaterial verifiziert werden dürften. Die Nominatform von *C. nilotica* wird aktuell nur noch für Afrika und hier dem Einzugsgebiet des Nil und die umgebenen Seen sowie gegebenenfalls den vorgelagerten Inseln als gültig angesehen. Für die Aquaristik spielen in erster Linie die in der Vergangenheit als *Caridina simoni* bezeichnete „Sri-Lanka-Zwerggarnele" *Caridina kunnathurensis* und als gelegentliche Importe *C. brachydactyla* und *C. gracilipes* eine Rolle. Von diesen Arten ist nur die Sri-Lanka-Garnele im Süßwasseraquarium vermehrbar.

Caridina brachydactyla De Man, 1908

Synonyme: *Caridina wyckii typica* De Man, 1892, *Caridina nilotica* var. *brachydactyla* De Man, 1908, *Caridina simoni* Johnson, 1963.

Verbreitung: Sulawesi, Fiji, Sunda-Inseln, Indonesien, Indien, Afrika, Madagaskar.

Größe: Gesamtlänge bis 31,5 mm.

Merkmale: Rostrum bis zum Ende des dritten Segmentes der Antennenbasis oder leicht darüber reichend. Dorsal im vorderen Bereich unbezahnt, aber mit 1-3 subapikalen Zähnen an der Rostrumspitze. Dactyli der dritten Beinpaare mit 5-7, Dactyli der fünften Beinpaare mit 40-50 Dornen an der Innenkante. Telson mit 7-9 dorsalen Dornenpaaren, ohne Mittelzahn und 4-5 distalen Dornenpaaren am Telsonrand. Präanale Carina ohne Dorn. Uropodenfalte mit 10-14 Dornen. Rostrumformel: 19-26 + 1-3 / 13-16. Eigröße: 0,39-0,44 x 0,22-0,25 mm.

Bemerkungen: Die systematische Stellung von *C. brachydactyla* wird bis heute stark diskutiert. Die ursprünglichen Exemplare stammten aus Flüssen und Bächen bei Polopo, Luwu und Maro in Sulawesi und sollen nach De Man, der 1892 zwei verschiedene Formen identifizieren konnte, dort sowie in Flores und Saleyer sehr häufig vorgekommen sein. De Man ging irrtümlich davon aus, dass es sich bei den vorgefundenen Tieren um *C. wyckii typica* und einer neuen Varietät *C. wyckii* var. *gracilipes* (*C. gracilipes*) handeln würde. Insbesondere bei letzterer stellte er bereits erstaunliche Ähnlichkeiten mit der afrikanischen *C. longirostris* fest. In Bezug auf die als *C. wyckii typica* bezeichneten Tiere erkannte er später seinen Irrtum und beschrieb sie 1908 in seinem Werk über die Unterarten von *C. nilotica* als var. *brachydactyla*. Obwohl Bouvier 1913 *C. brachydactyla* als eigenständige Art ansah, stellte er sie 1925 bereits wieder als Varietät von *C. nilotica* dar. De Man hob bei seiner Beschreibung den deutlich schlankeren Carpus der ersten Beinpaare gegenüber *C. wyckii* hervor. Als weiteres Merkmal galt für ihn neben den sehr kleinen Eiern der kräftige, kurze Dactylus am dritten Beinpaar. Die von De Man außerhalb von Sulawesi als *C. wyckii* erwähnten Exemplare wurden später von Johnson mit *C. simoni* synonymisiert. Richard & Clark (136) beschreiben *C. brachydactyla* aus Südafrika und gehen detailliert in die Taxonomie dieser Art ein. Folgt man ihren Ansichten, dürfte die Validität mancher aus Südostasien beschriebenen Arten fraglich sein. In der Aquaristik dürfte *C. brachydactyla* in letzter Zeit insbesondere aus dem indonesischen Raum verstärkt eingeführt und unter verschiedenen Trivialbezeichnungen wie etwa „weiße Nashorngarnele" angeboten worden sein. Eine erfolgreiche Vermehrung scheint aufgrund der relativ kleinen Eier derzeit nur wenig erfolgversprechend.

Literatur: [30, 33, 4, 120, 78, 72, 136]

Die Red Dragon Shrimp – die rote Farbform von *C. brachydactyla* aus Sulawesi.

Foto: C. Lukhaup

Caridinia brachydactyla.

Caridina gracilipes De Man, 1892

Synonyme: *Caridina wyckii* var. *gracilipes* De Man, 1892, *Caridina nilotica* var. *bengalensis* De Man, 1908, *Caridina nilotica* var. *gracilipes* De Man, 1908, *Caridina bengalensis* Ravindranath, 1977, *Caridina longirostris* Hung, 1993, *Caridina longirostris* Chace, 1997.

Verbreitung: Sulawesi, Taiwan, Südchina (?) Philippinen, Borneo, Neu Guinea, Indien.

Größe: Gesamtlänge ♂ bis 30 mm, ♀ bis 40 mm, Carapaxlänge bis 10 mm.

Merkmale: Sehr langes Rostrum, das bis zum Ende des Scaphozeriten oder etwas darüber reicht. An der Spitze mit 1-3 subapikalen Zähnen. Carpi des ersten Scherenpaares 2,0-2,7-mal so lang wie breit. Dactyli des dritten Beinpaares mit 8-10, des fünften Beinpaares mit 46-56 Dornen. Endopod des ersten Schwimmbeinpaares beim Männchen ohne Appendix interna, bei einzelnen Tieren aus Neuguinea aber mit diesem Anhängsel. Telson mit vier dorsalen Dornenpaaren und distalem Mittelzahn. Präanale Carina mit deutlichem Zahn. Uropodenfalte mit 10 Dornen. Rostrumformel: 1-3 + 13-23 (17-20) +1-3 / 2-22 (14-17). Eigröße: ca. 0,24-0,28 x 0,38-0,55 mm.

Bemerkungen: Die *C. nilotica*-Artengruppe, ganz speziell aber die Arten *C. longirostris*, *C. gracilipes*, *C. brachydactyla* und *C. elongapoda* sorgen seit ihrer Erstbeschreibung im 19. Jahrhundert für taxonomische Diskussionen, die bis heute unvermindert anhalten. Die Liste der Synonyme von *C. gracilipes* zeigt die wechselvolle Nomenklatur dieser Art. So beschreiben noch Hung (1993) und Chace (1997) *C. longirostris* aus dem indonesischen Bereich, während Richard (1992) und Wowor, Cai und Ng (2004) *C. gracilipes* aus dieser Region vermelden. Liang wiederum synonymisiert 2004 unter anderem die von Bouvier 1925 erwähnten *C. nilotica gracilipes* mit *C. longirostris*, führt aber gleichzeitig *C. nilotica gracilipes* als gültige Unterart mit weiter Verbreitung in China an. Auf Taiwan wurden Tiereaus Biotopen beschrieben, die keine direkte Verbindung zum Meer aufweisen, bei welchen eine erfolgreiche Entwicklung der Larven demnach auch im (möglicherweise mineralreichen) Süßwasser erfolgen kann. Populationen dieser Art aus vom Meer getrennten Gewässern und Tiere aus Flüssen mit Zugang zum Meer unterscheiden sich aber in der Eigröße. Die transparenten Tiere eignen sich im Aquarium sehr gut zur Beobachtung des Fortpflanzungszyklus, da die Entwicklung der Eier in den Ovarien des Weibchens sehr gut verfolgt werden kann.

Literatur: [33, 17, 30, 87, 13, 137]

Caridina gracilipes, Weibchen.

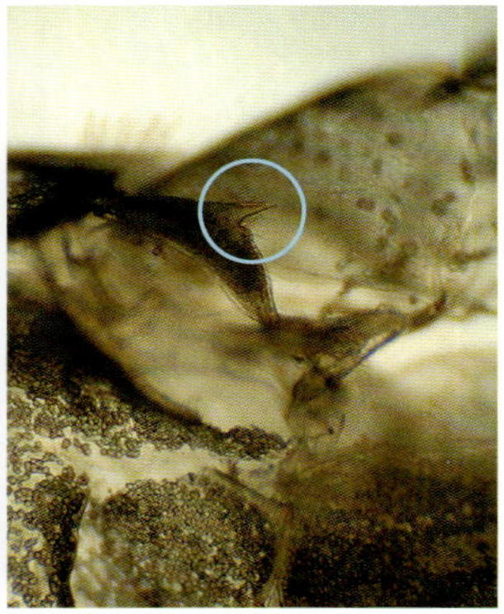

An der präanalen Carina von *C. gracilipes* ist ein deutlicher Zahn erkennbar.

Caridina nilotica nilotica (Roux, 1883)

Synonyme: *Pelias niloticus* Roux, 1883, *Caridina voeltzkowi* Lenz, 1910, *Caridina nilotica gracilipes* Lenz, 1910, *Caridina longirostris* Karge & Klotz 2008 und andere.

Verbreitung: Ägypten, Sudan, ostafrikanische Seen, Madagaskar (?).

Größe: Gesamtlänge bis 30 mm.

Färbung: Transparente Grundfärbung.

Merkmale: Rostrum sehr lang bis weit über das Ende des dritten Segmentes der Antennenbasis. Dorsal in der vorderen Hälfte unbezahnt, aber mit subapikalen Zähnen an der Rostrumspitze, sehr variabel. Dactyli der dritten Beinpaare mit 6-8, Dactyli der fünften Beinpaare mit 34-53 Dornen an der Innenkante. Telson mit 6-7 dorsalen Dornenpaaren und ohne Mittelzahn am Telsonrand. Uropodenfalte mit 10-11 Dornen. Rostrumformel: 17-23 + 1-2 / 11-20. Eigröße: 0,7-0,9 x 0,4-0,5 mm.

Bemerkungen: Die vieldiskutierte Art wurde ursprünglich von Roux aus dem Nil, später aus vielen Teilen des indopazifischen Bereichs beschrieben. Heute werden nur Tiere aus dem Einzugsgebiet des Nil und aus Ostafrika zu dieser Art gezählt. Von *C. nilotica* wurden diverse Unterarten oder Varietäten beschrieben, deren nomenklatorischer Status bis heute teilweise unklar ist. Aus aquaristischer Sicht könnte *C. nilotica* interessant sein, da sich diese Art im Süßwasseraquarium fortpflanzen kann.

Literatur: [4, 2, 72, 114, 78, 33, 30, 39, 37, 36, 17, 53, 87, 138]

C. nilotica, Exemplar aus dem Nil.

Fundort in Theben.

Caridina kunnathurensis Richard & Chandran, 1994
Sri-Lanka-Zwerggarnele

Synonyme: *Caridina simoni* Karge & Klotz, 2007.

Verbreitung: Sri Lanka.

Größe: Gesamtlänge bis 28,5 mm, meist jedoch mit cirka 20 mm deutlich kleiner.

Färbung: Transparent bis dunkelbraun.

Merkmale: Rostrum lang bis über das Ende des dritten Segmentes der Antennenbasis. Im Gegensatz zu *C. simoni* mit subapikalen Zähnen an der Rostrumspitze. Mit v-förmigen Zeichnungen am Carapax. Dactyli der dritten Beinpaare mit 6-7, der fünften Beinpaare mit 40-60 Dornen an der Innenkante. Uropodenfalte mit 10-11 Dornen. Rostrumformel: 17-24 / 10-12.

Sri-Lanka-Zwerggarnele.

Bemerkungen: Die bisher als *Caridina simoni* bezeichneten Tiere aus Sri Lanka unterscheiden sich von dieser Art deutlich in der Bezahnung der Rostrumspitze und sollten nicht mehr dieser Art zugerechnet werden. Alle mikroskopischen Merkmale der Sri-Lanka-Zwerggarnelen passen zu der aus Südindien beschriebenen Art *Caridina kunnathurensis*. Die Sri-Lanka-Zwerggarnele gehört in Sri Lanka zu den am häufigsten anzutreffenden Zwerggarnelen. Sie siedelt hier vorrangig in Pflanzenpolstern kleiner Bäche, Flüsse und Stauseen vom Tiefland bis in mittlere Höhenlagen. Von den Populationen in Sri Lanka wird vermutet, dass sich hier weitere, neue Arten verbergen. So wurden vom Autor in Bandaragama (2001, 2004) Exemplare mit subapikalen Zähnen und ohne Mittelzahn vorgefunden, die weitestgehend der für Sri Lanka nicht belegten *C. brachydactyla* entsprachen, aber sehr große Eier tragen und sich als sehr produktiv erwiesen. In der Aquaristik ist die Sri-Lanka-Zwerggarnele seit vielen Jahren trotz des eher unscheinbaren Aussehens sehr beliebt. Sie vermehrt sich äußerst willig und gilt in der Pflege als anspruchslos. In der Natur wurde die Art bei Temperaturen zwischen 25 und 31 °C vorgefunden.

Literatur: [4, 2, 72, 114, 78, 33, 30, 39, 37, 36, 17]

Caridina gracilirostris De Man, 1892
Rote Nashorngarnele

Herkunft: Madagaskar, Indien, Andamanen, Australien, Sulawesi, Sumatra, Indonesien, Malaysien, Philippinen, Sri Lanka.

Größe: Körperlänge ♀ bis 45 mm, ♂ bis 30 mm, meist ca. 25 mm.

Merkmale: Rostrum sehr schlank und lang, bis weit über das distale Ende des Scaphozeriten reichend, zweimal so lang wie der Carapax und deutlich aufwärts gebogen. An der Spitze mit einem subapikalen Zahn. Dactyli des fünften Schreitbeinpaares mit 32-36 Dornen. Telson mit fünf distalen Dornen und einem deutlichen Mittelzahn, äußere Dornen länger als die inneren. Präanale Carina mit deutlichem Zahn.

Das lange, leuchtend gefärbte Rostrum bescherte der Roten Nashorngarnele diese deutsche Bezeichnung.

Caridina gracilirostris.

Endopod des ersten Schwimmbeinpaares beim Männchen ohne Appendix interna. Uropodenfalte mit 7-10 Dornen. Rostrumformel: 0-2 (0) + 6-12 +1 / 15-34. Eigröße: ca. 0,34 x 0,56 mm.

Färbung: Körper durchsichtig. Rostrum, Antennenbasis, Unterseite des Abdomens und Telson rotbraun.

Nahrung: Aufwuchs von Laub und verrottendem Material, kleinste Insektenlarven, Trockenfutter, Algen, Gemüse.

Haltung: In leichtem Brackwasser relativ unproblematisch, eine dauerhafte Haltung im Süßwasser kaum möglich.

Zucht: Eine Zucht im Aquarium ist bisher nur selten gelungen, die Larven durchlaufen, wie bei anderen Arten dieses Entwicklungstyps, mehrere Brackwasserstadien. Für die Aquaristik werden die Tiere inzwischen aber kommerziell gezüchtet. Adulte Tiere wie Jungtiere leben in diesen Zuchtanstalten dauerhaft in Brackwasser mit 15 Promille Salzgehalt. Die Aufzucht der Larven erfolgt mit einer Mischung einzelliger Algen.

Bemerkungen: *C. gracilirostris* ist eine im indopazifischen Raum weit verbreitete Garnelenart. Die Garnelen bewohnen hauptsächlich langsam fließende und stehende Gewässer mit leichtem Brackwasser. Seltener können die Tiere auch in Brackwasser mit höherer Salinität oder in reinem Süßwasser gefunden werden. In den natürlichen Vorkommensgebieten kommt die Art stellenweise in hohen Populationsdichten vor, scheint aber eine gewisse Tendenz zu einem Wanderverhalten zu haben, wie es auch bei anderen Garnelenarten in Brackwassergebieten zu beobachten ist. An normalerweise mit dieser Art dicht besiedelten Stellen kann laut Johnson (1963) zu anderen Zeiten kein einziges Exemplar gefunden werden. Vergleicht man die Morphologie von *C. gracilirostris* mit anderen Arten, scheint sie systematisch zwischen den Arten der *nilotica*-Gruppe und *C. brevicarpalis* zu stehen. Mit ersterer Gruppe teilt die Garnele das lange schlanke Rostrum mit dem subapikalen Zahn und die schlanken Peraeopoden als gemeinsames Merkmal, mit letzterer Art hat sie die relativ kurzen Carpi des ersten Scherenbeines, die auffallend kurzen und mit wenig Dornen besetzten Dactyli der fünften Peraeopoden und die hakenartig gekrümmte präanale Carina gemeinsam. Im Aquarium sollte den Tieren ausreichend Schwimmraum (Becken mit mindestes 100 cm Länge) geboten werden, da die Tiere nur so ihr charakteristisches Schwimmverhalten beibehalten können.

Literatur: [4, 73, 72, 2, 39, 17, 11, 48, 139]

Caridina breviata Ng & Cai, 2000

Herkunft: Südchina, Provinz Guangdong, nahe der Ortschaft Zhapo auf der Insel Hailing.

Größe: Carapaxlänge: ♂ bis 3,8 mm, bis ♀ 4,6 mm, Gesamtlänge 18-21 mm.

Merkmale: Rostrum kurz, nicht über das erste Antennenbasalsegment reichend, gerade, Spitze leicht abwärts gebogen. Auffallend variabel in Form und Bezahnung. Stylozerit lang, bis zum Ende des ersten oder bis zum Anfang des zweiten Antennenbasalsegmentes reichend. Schere des ersten Schreitbeinpaares 2,3-mal so lang wie breit, Finger so lang wie die Handfläche. Endopod des ersten Schwimmbeinpaares beim Männchen distal deutlich schmäler werdend, Appendix interna bis knapp über das distale Ende des Endopods reichend. Dactyli des dritten Beinpaares mit 4, am fünften Beinpaar mit 35-40 Dornen. Uropodenfalte mit 16-20 Dornen. Rostrumformel: 0-2 + 0-8 / 0. Eigröße: 0,53-0,56 x 0,80-0,95 mm.

Nahrung: Aufwuchs von Laub und verrottendem Material, kleinste Insektenlarven, Trockenfutter, Algen, Gemüse.

Haltung: Typische südchinesische Weichwasserart. Die Wassertemperatur sollte bei etwa 24 °C liegen, 30 °C nicht überschreiten.

Zucht: Verkürzter Fortpflanzungstyp, in weichem Wasser oder auf aktiven Bodengründen unproblematisch.

Caridina breviata.

An der Typuslokalität von *Caridina breviata*.

Bemerkungen: Die früher von uns gemachte Zuordnung diverser Hummelgarnelen zu *C. breviata* muss heute revidiert werden. Bei *C. breviata* handelt es sich um eine eher unscheinbare Zwerggarnele mit leichtem rotbraunem Punkt- und Strichmuster am Körper. Am Typusfundort einem kleinen Waldbach nahe dem südchinesischen Badeort Zhapo kommen die Tiere in hoher Dichte in einem kleinen Bach vor, in dem sie sich vor allem in und auf Laubansammlungen aufhalten. Kommerziell wurde diese Art bisher mit größter Sicherheit nicht nach Europa importiert, die wenigen im Frühjahr 2012 zu Fotozwecken mitgebrachten Exemplare vermehren sich jedoch regelmäßig, so dass von einer prinzipiellen Eignung für die Aquaristik ausgegangen werden kann.

Literatur: [87, 98]

Die Hummelgarnelen

Unter dieser Bezeichnung fasst man in der Aquaristik eine Gruppe von Arten zusammen, welche eine schwarz-weiß gebänderte Körperfärbung zeigen. Noch in der 2. Auflage wurden diese Arten von uns als *Caridina breviata* bezeichnet, mit dem Hinweis, dass sich dahinter mehrere Arten verstecken könnten. Auf mehreren Reisen konnten wir inzwischen die natürlichen Biotope dieser Tiere besuchen und Material für morphologische und genetische Vergleiche sammeln. Heute ist es möglich, alle in der Aquaristik vertretenen Hummelgarneln verschiedenen Arten oder zumindest Herkunftsgewässern zuzuordnen. Neben den im Folgenden vorgestellten Arten aus der Gattung *Caridina* gehören dieser Gruppe mit *Paracaridina meridionalis* und zwei aus dem Vietnam stammenden Arten auch Vertreter der Gattung *Paracaridina* an, welche unter dieser Gattung vorgestellt werden. Auch *Caridina zebra* aus Queensland/Australien oder die „Sulawesi Bee" könnten als Hummelgarnelen bezeichnet werden. Diese Arten sind aber nicht nahe mit den aus Südchina und dem Vietnam stammenden Arten verwandt.

Kontrastreich gezeichnete Hummelgarnelen.

Fotos: C. Lukhaup

Caridina maculata Wang, Liang & Li, 2008
Wangenfleckgarnele

Herkunft: Südchina, Provinz Guangdong, mehrere Bäche und Quellgewässer nahe der Stadt Lixi.

Größe: Carapaxlänge bis 3,8 mm, Gesamtlänge 18-21 mm.

Merkmale: Rostrum kurz, bis zum Ende des ersten Antennenbasalsegmentes reichend, gerade. Stylozerit lang, bis zum Ende des ersten oder bis zum Anfang des zweiten Antennenbasalsegmentes reichend. Schere des ersten Schreitbeinpaares 2,2-mal so lang wie breit, Finger so lang wie die Handfläche. Endopod des ersten Schwimmbeinpaares beim Männchen zungenförmig, Appendix interna bis knapp über das distale Ende des Endopods reichend. Dactyli des dritten Beinpaares mit 4-5, am fünften Beinpaar mit ca. 50 Dornen. Uropodenfalte mit 22 Dornen. Rostrumformel: 1-3 + 8-11 / 2-3. Eigröße: 0,60-0,65 x 0,86-0,96 mm.

Nahrung: Aufwuchs von Laub und verrottendem Material, kleinste Insektenlarven, Trockenfutter, Algen, Gemüse.

Haltung: Typische südchinesische Weichwasserart. Die Wassertemperatur sollte bei etwa 24 °C liegen, 30 °C nicht überschreiten.

Zucht: Verkürzter Fortpflanzungstyp, bisher wurde die Art aber kaum in größerer Anzahl vermehrt.

Typisch gefärbte *Caridina maculata* von der Typuslokalität.

In mehreren Gewässern zeigt *C. maculata* jene Färbung, die für *C. tumida* beschrieben wurde.

Auch die als „Wangenfleckgarnele" bekannt gewordene Form gehört zu *C. maculata*.

Bemerkungen: Wang et al. machen in der Erstbeschreibung dieser Art genaue Angaben zur Lebendfärbung dieser Tiere und belegen diese mit einem Foto. Die Beschreibung und das Foto müssen aber vertauscht sein, sie passen exakt zu jenen Tieren die an der Typuslokalität von *Caridina tumida* gefunden werden. *Caridina maculata* von der Typuslokalität, einem inzwischen dicht verwachsenen kleinen, durch Wasserfälle unterbrochenen Bergbach, zeigen eine abweichende Körperzeichnung. Unsere eigenen Untersuchungen in etlichen Bächen der Region ergaben, dass es sich bei *C. maculata* um eine sehr variabel gefärbte Art handelt, welche in einigen Gewässern jene Färbung zeigt, welche von Wang et al. als typische Färbung von *Caridina tumida* beschrieben wurde. Exemplare an der Typuslokalität von *Caridina venusta* zeigen zum Teil ebenfalls diese Färbung oder jene wie sie als „Wangenfleckgarnele" in der Aquaristikliteratur beschrieben wurde. In der Natur bewohnt *C. maculata* schnell fließende Bergbäche und Quellgewässer, welche oft bereits nach wenigen Metern im Laub oder Moos versickern. Von den Hummelgarnelen aus Südchina dürfte sie die anpassungsfähigste und damit am leichtesten auch im Aquarium zu haltende Art darstellen.

Literatur: [131]

Die Typuslokalität von *C. maculata* ist ein kleiner Bergbach oberhalb eines Wasserfalls.

Manche Quellgewässer mit *C. maculata* versickern bereits nach wenigen Metern im Unterholz.

Die Hummelgarnelen stammen aus höher gelegenen Abschnitten der Bäche nahe der Stadt Lixi in Südchina.

Ein chinesischer Garnelenfänger bei der Arbeit.

Caridina venusta Wang, Liang & Li, 2008

Synonyme: *Caridina tumida* Wang, Liang & Li, 2008; *Caridina breviata* Karge & Klotz, 2008.

Herkunft: Südchina, Provinz Guangdong, zwei Bäche nahe der Stadt Lixi.

Größe: Carapaxlänge bis 3,8 mm, Gesamtlänge 18-21 mm.

Merkmale: Rostrum sehr kurz, bis zum Ende der Augen, manchmal bis zum Ende des ersten Antennenbasalsegmentes reichend, meist unbezahnt oder mit einzelnen Zähnen. Stylozerit lang, bis zum Ende des ersten oder bis zum Anfang des zweiten Antennenbasalsegmentes reichend. Schere des ersten Schreitbeinpaares 1,8-2,0-mal so lang wie breit, Finger kürzer als oder so lang wie die Handfläche. Endopod des ersten Schwimmbeinpaares beim Männchen zungenförmig, Appendix interna bis knapp über das distale Ende des Endopods reichend. Dactyli des dritten Beinpaares mit 6-7, am fünften Beinpaar mit ca. 50-77 Dornen. Uropodenfalte mit 21-24 Dornen. Rostrumformel: 0 / 0-2. Eigröße: 0,57-0,63 x 0,99-1,02 mm.

Nahrung: Aufwuchs von Laub und verrottendem Material, kleinste Insektenlarven, Trockenfutter, Algen, Gemüse.

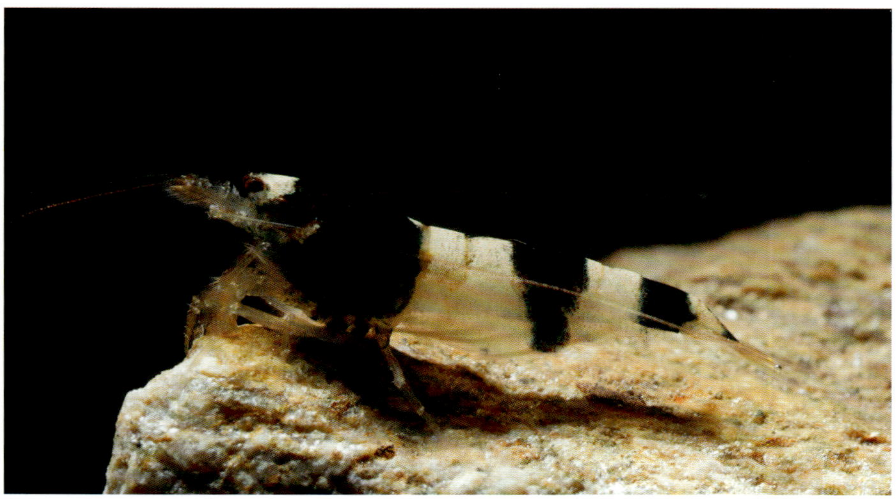

Caridina venusta von der Typuslokalität.

Haltung: Typische südchinesische Weichwasserart. Die Wassertemperatur sollte bei etwa 24 °C liegen, 30 °C nicht überschreiten.

Zucht: Verkürzter Fortpflanzungstyp, bisher wurde die Art aber kaum in größerer Anzahl vermehrt.

Bemerkungen: Wang et al. beschreiben in ihrer Arbeit über die Hummelgarnelen aus Südchina vier neue Arten, zwei davon aus benachbarten Bächen. Diese beiden Arten, *C. venusta* und *C. tumida* zeigen beide ein sehr kurzes, meist unbezahntes Rostrum und unterscheiden sich nur gering in der Ausformung der Scherenbeine. Eigene morphologische und unveröffentlichte genetische Daten belegen, dass es sich hier nur um eine Art handelt. *C. venusta* wird in der Arbeit von Wang et al. zuerst beschrieben, damit hat der Name nach den Nomenklaturregeln des ICZN Vorrang. Das in der Arbeit von Wang et al. zur Illustration der Lebendfärbung als *C. tumida* abgebildete Tier zeigt allerdings *C. maculata*, welche an der Typuslokalität von *C. venusta* ebenfalls vorkommt. Einige Monate vor dem Erscheinen der Publikation von Wang et al. beschreiben Guo & He mit *Caridina quingyuanensis* ebenfalls eine Hummelgarnele aus der Gegend südlich von Lixi Town. Nach ihren morphologischen Angaben dürfte diese Art identisch mit *C. venusta*/*C. tumida* sein und hätte damit als ältere Publikation Vorrang. Die Übereinstimmung von *C. qingyuanensis* und *C. venusta* sollte aber ebenfalls direkt überprüft werden.

Caridina venusta gilt als die schönste Art unter den Hummelgarnelen.

Literatur: [131, 141]

Hummelgarnelen im natürlichen Lebensraum, einem kleinen Bach in den Hügeln westlich der Stadt Lixi.

In den Spalten zwischen Steinen im Bach finden die Garnelen Rückzugsmöglichkeiten.

Die *Caridina serrata*-Artengruppe

In dieser Artengruppe werden einige vorwiegend südchinesische *Caridina*-Arten zusammengefasst, welche einen deutlich über das distale Ende des ersten Antennensegmentes reichenden Stylozeriten und ein Rostrum mit dorsalen Zähnen auf dem Carapax aufweisen. Weiterhin tragen männliche Tiere einen Appendix interna am Endopod des ersten Pleopodenpaares und weibliche Tiere große Eier, aus denen Larven vom verkürzten Entwicklungstyp schlüpfen. Aufgrund der kurzen Larvalentwicklung, der einfachen Vermehrbarkeit und einer irrtümlichen Zuordnung einer Art zur Gattung *Neocaridina* durch D. Dudgeon sind einige der Arten fälschlicherweise zum Synonym für die Gattung *Neocaridina* geworden. Die Artengruppe umfasste nach Cai [9] acht Arten. *Caridina trifasciata* wurde 2005 als weitere neue Art beschrieben. Allerdings werden nach Liang [87] mit *C. yulinica* und *C. mutata* zwei dieser Arten mit der weitverbreiteten Art *C. cantonensis* synonymisiert, so dass aktuell sieben Arten als gültig betrachtet werden. Neueste genetische Untersuchungen durch Yam und Dudgeon [123] zeigen einen hohen Grad an genetischer Differierung zwischen Populationen von *C. cantonensis* aus unterschiedlichen Gewässern, was die früher beschriebene morphologische Variabilität widerspiegelt. Die endgültige systematische Abklärung dieser Artengruppe bedarf sicher noch weiterer Untersuchungen. Für die Aquaristik ist diese Artengruppe deshalb von besonderer Bedeutung, da ihr mit der Bienengarnele und deren roter Farbform Crystal Red sowie der Tigergarnele zwei der beliebtesten Zwerggarnelen angehören.

Caridina cantonensis Yü, 1938
Rotschwanzgarnele, Tüpfelgarnele

Synonyme: *Neocaridina serrata* Dudgeon, 1985, 1987.

Herkunft: Südchina, Provinz Guangdong, Hongkong.

Größe: Gesamtlänge bis 26 mm.

Merkmale: Rostrum gerade, leicht nach unten gebogen. Länge zwischen der Mitte des zweiten und dem Ende des dritten Segmentes der Antennenbasis. Rostrumausbildung insgesamt sehr variabel. Stylozerit bis zur Mitte des zweiten Segmentes der Antennenbasis reichend. Endopoden der ersten männlichen Pleopoden nach hinten gefaltet. Uropodenfalte mit 15-21 Dornen. Rostrumformel: 2-7 (3-5) + 6-15 (8-12) / 2-6 (3-5). Eigröße: 0,9-1,2 x 0,6-0,8 mm.

Färbung: Transparent mit schwachen schwarzbraunen punktförmigen Flecken, einem strichförmigen Fleck im unteren Bereich des Hinter-

Caridina cantonensis.

◀ Lam Tsuen River in Hongkong.

▼ In solchen Falllaubansammlungen verstecken sich die Garnelen auf Hongkong.

randes des Carapax und gelegentlich cremefarbener Zeichnung, tragende Tiere am kräftigsten gefärbt, häufig mit cremefarbenem Rückenstrich. Insgesamt aber vermutlich aufgrund der großen Verbreitung auch in der Färbung variabel.

Bemerkungen: Sehr variables Rostrum, dessen Länge und Bezahnung zwischen einzelnen Populationen stark schwanken kann. So tragen die Tiere aus Hongkong (Kadoorie Farm) nur ein sehr kurzes Rostrum, welches bis zur Mitte des zweiten Segmentes der Antennenbasis reicht, bei Exemplaren aus Yangjiang (Provinz Guangdong) dagegen reicht es bis weit über das Ende des dritten Segmentes und ist im vorderen, dorsalen Abschnitt unbezahnt. Tiere aus Nar´ao tragen teilweise nur einen ventralen Zahn, bei den übrigen Populationen sind in der Regel meist 3-5 vorzufinden. Yü gab bei seiner Erstbeschreibung die Rostrumformel: 5-6 + 8-14 / 4-6 an. Alle späteren Sammlungen konnten eine Bezahnung in dieser Kombination jedoch nicht mehr feststellen, auch wenn sie grundsätzlich in die bekannte Bandbreite der Art fällt. Anders als viele andere Arten der Gattung, speziell der *serrata*-Gruppe, besitzt *C. cantonensis* eine recht weite Verbreitung in Südchina. Die von Dudgeon 1985 und 1987 als *Neocaridina serrata* bezeichneten Tiere vom Lam Tsuen River in den New Territories von Hongkong erwiesen sich bei einer neuerlichen Untersuchung 1999 durch Cai ebenfalls als *C. cantonensis*.

Literatur: [126, 9, 42, 41, 87, 123]

Caridina serrata Stimpson, 1860
Serrata-Zwerggarnele

Herkunft: Hongkong, Hongkong Island, Lantau Island.

Größe: Gesamtlänge bis ca. 19 mm, Carapaxlänge bis 5,7 mm.

Merkmale: Kurzes Rostrum bis maximal zum Ende des ersten Segmentes der Antennenbasis reichend. Langer Stylozerit bis zur Mitte des zweiten Antennenbasalsegmentes (u.a. Gruppenmerkmal). Endopoden der ersten männlichen Pleopoden ungefaltet. Uropodenfalte mit 18-21 Dornen. Rostrumformel: 0-5 (1-3) + 5-12 (7-9) / 0-6. Eigröße: 0,9-1,0 x 0,6-0,7 mm.

Färbung: In der Regel halbtransparent ohne Zeichnung. Stimmungsabhängige dünne schwarzbraune und cremefarbenene Zeichnung. Auf Lantau Island zeigen die Tiere eine kräftigere Fleckzeichnung. Tragende Tiere am intensivsten gezeichnet.

Nahrung: Aufgrund der an den Fundorten vorgefundenen Verhältnisse vermutlich Aufwuchs auf Laub und Steinen sowie kleinste Insektenlarven, im Aquarium auch Trockenfutter.

Caridina serrata von Hongkong Island.

Fundort von *C. serrata* in Hill above Belchers.

Haltung: Entsprechend ihrer Herkunft sind die Tiere eher kühl zu halten, eine jahreszeitliche Absenkung in den Wintermonaten auf 15-17 °C entspricht dem natürlichen Lebensraum und scheint auch Auslöser für den Vermehrungszyklus in den wärmeren Monaten März bis Oktober zu sein. Die Tiere leben an ihrem natürlichen Fundort in nährstoffarmem Quellwasser bei Leitwerten von ca. 77 µS und einem leicht sauren pH-Wert um 6,0. Die schattigen kleinen Bergbäche sind frei von Wasserpflanzen und Algenbewuchs.

Zucht: Die Nachzucht scheint aufgrund der recht weit entwickelten Larven leicht möglich. Im Aquarium ist die Art nicht sehr produktiv.

Bemerkungen: Die Art ist Namensgeber für die „*serrata*"-Gruppe, südchinesische Caridinen mit besonders langem Stylozeriten, bezahntem Rostrum und großen Eiern. Die ursprünglich von Stimpson auf Hongkong Island gefundenen Exemplare sind leider 1871 bei einem Brand in Chikago verloren gegangen. Später untersuchte Kemp (1918) Tiere vom Viktoria Peak und wies dabei auf die außergewöhnliche Länge des Stylozeriten hin. Aufgrund der mangelhaften Angaben Stimpsons wurde *C. serrata* allerdings von Bouvier 1925 zu den aus seiner Sicht eher zweifelhaften Arten gestellt. Um den Status dieser Art endgültig zu klären, wurden daher 1999 durch Cai & Ng im Rahmen einer Revision neue Typusexemplare festgelegt. Diese Exemplare wurden von Dudgeon in einem kleinen Bach in den „Hill(s) above Belchers" im Westen Hongkong Islands gefunden. In der Aquaristik wurde die bekannte Bienengarnele früher fälschlicherweise als *Neocaridina/Caridina serrata* bezeichnet, was auf der Fehlinterpretation eines Artikels von Dudgeon beruhte. Die von ihm gemeinten Tiere vom Festland Hongkongs (unter anderem Kadoorie und Lam Tsuen River) wurden von Cai später als *C. cantonensis* indentifiziert. Mit *C. serrata* sind die „Bienengarnelen" nicht identisch. Inzwischen wurde *C. serrata* auch in einigen Bächen auf Lantau Island nachgewiesen, nach genetischen Daten könnte auch *C. nanaoensis* dieser Art angehören.

Dunkle *Caridina serrata* von Lantau Island.

Literatur: [9, 63, 42, 41, 87]

Caridina cf. *cantonensis* Yü, 1938
Bienengarnele, Crystal-Red-Garnele, Red Bee

Herkunft: Hongkong, New Territories.

Größe: Gesamtlänge bis ca. 23 mm.

Merkmale: Kurzes Rostrum bis maximal zur Mitte des zweiten Segmentes der Antennenbasis reichend. Langer Stylozerit bis in das zweite Antennenbasalsegment reichend. Endopoden der ersten männlichen Pleopoden gefaltet. Uropodenfalte mit 20-23 Dornen. Rostrumformel: 4-7 (4) + 6-14 (8) / 1-3 (2). Eigröße: ca. 0,9-1,0 x 0,6-0,7 mm.

Färbung: Bienengarnele: Grundfärbung bräunlichgrau mit schwarzer und weißer Querstreifung. Tragende Tiere am intensivsten gezeichnet. Crystal Red: Durch das Fehlen von schwarzen Pigmentzellen rote Körperfärbung mit weißen Querstreifen.

Foto: C. Lukhaup

Die Bienengarnele stellt die ursprünglichste Farbform dieser beliebten Tiere dar.

Nahrung: Aufwuchs auf Laub und Steinen sowie kleinste Insektenlarven, im Aquarium auch Trockenfutter.

Haltung: Entsprechend ihrer Herkunft sind die Tiere eher kühl zu halten, eine jahreszeitliche Absenkung in den Wintermonaten auf 15-17°C entspricht dem natürlichen Lebensraum und scheint auch Auslöser für den Vermehrungszyklus in den wärmeren Monaten März bis Oktober zu sein. In den Sommermonaten sollte die Wassertemperatur 30 °C keinesfalls übersteigen. In den natürlichen Biotopen in Hongkong leben die Bienengarnelen in sehr weichem Wasser mit niedrigen Leitwerten. Vor allem bei den empfindlicheren Hochzuchtformen oder bei importierten Wildfängen ist darauf Rücksicht zu nehmen. Am erfolgreichsten werden diese Tiere in leicht aufgehärtetem Regen- oder Osmosewasser gehalten. Auch der Einsatz von aktiven Bodengründen, welche einen Teil der Wasserhärte binden, ist möglich.

Ein Blick hinüber zum Lebensraum der Bienengarnelen.

In diesem Gumpen leben Tausende von Bienengarnelen.

Zucht: Meist ohne Probleme im Süßwasseraquarium möglich. Die rote Farbform, vor allem aber Hochzuchtformen, sind deutlich anspruchsvoller.

Bemerkungen: Die Bienengarnele gehört zu den beliebtesten und schon seit langer Zeit in Aquarien gehaltenen Zwerggarnelenarten. Umso verwunderlicher, dass die Artzugehörigkeit und Systematik dieser hübschen Garnele lange nicht vollständig geklärt werden konnte. Die wichtigsten Bestimmungsmerkmale der Bienengarnele, eine dorsale Bezahnung des Carapax, der lange, bis in das zweite Antennenbasissegment reichende Stylozerit (ein dornartiger Fortsatz des ersten Basissegmentes des zweiten Fühlerpaares) und die großen Eier trächtiger Weibchen kennzeichnen die Tiere klar als Vertreter der Artengruppe um *Caridina serrata*. Vergleicht man die mikroskopischen Merkmale der Bienengarnele mit denen der wissenschaftlich beschriebenen Tiere, ist sie keiner der bekannten Arten eindeutig zuzuordnen, die größte Übereinstimmung finden wir mit der erst kürzlich beschriebenen Art *Caridina trifasciata,* von der sich die Bienengarnele aber klar durch die gefalteten Endopoden am ersten Schwimmbeinpaar der Männchen unterscheidet. Für *C. cantonensis*, der am weitesten verbreiteten Art der Artengruppe und welche der Bienengarnele genetisch sehr ähnlich ist, wurde aber ebenfalls ein hoher Grad an morphologischer wie genetischer Variabilität beschrieben. Deshalb werden die Bienengarnele und ihre rote Farbform bis zum Abschluss der taxonomischen Abklärung in die Nähe dieser Art gestellt. Die Crystal-Red-Garnele, wohl eine der schönsten Zwerggarnelenarten überhaupt, stellt eine rote Farbform der Bienengarnele dar, die 1993 von Hisayasu Suzuki, einem japanischen Garnelenzüchter aus einer Handvoll roter Tiere, die in einer großen Zucht von „wildfarbenen" Tieren auftauchten, herausgezüchtet wurde. Tiere mit bräunlichen oder gelblichen Zeichnungen werden unter der Bezeichnung „Colorbiene" im Handel angeboten. Diese Variante der Bienengarnele kommt im mittleren der bisher drei bekannten Bäche mit Bienengarnelen vor und gehört zweifelsfrei der gleichen Art an.

Literatur: [9, 63, 42, 41, 87, 124]

oben: In diesem Abschnitt des Baches sind trächtige Weibchen besonders intensiv gefärbt.

mitte und unten: In einem anderen Bach zeigen die Tiere die Lebendfärbung, die als „Colorbiene" bekannt wurde.

Farb- und Zuchtformen der Bienengarnele

Schon mit der Selektion rot gefärbter Spontanmutationen in Aquarienstämmen durch Hisayasu Suzuki, die er „Crystal Red" benannte, begann die moderne Form der Garnelenzucht. Nicht mehr ausschließlich die Vermehrung einer Art stand im Vordergrund, sondern das Ziel, möglichst attraktiv gefärbte Tiere zu erzielen. Neben der reinen Selektionszucht, bei welcher immer nur besonders schön gefärbte Tiere weiter verpaart wurden, begannen Züchter auch bald Versuche mit gezielter Verpaarung unterschiedlicher Stämme, aber auch der Hybridisierung über Artgrenzen hinweg, etwa durch Verpaarung von Bienen- und Tigergarnelen, um besondere Farbschläge zu erhalten. Internationales Aufsehen erzielten Hochzuchttiere aus japanischen Zuchtlinien, welche bis dahin unbekannt dichte Körperfarben und scharfe Grenzen zwischen den Farbzonen am Körper zeigten. Zur Abgrenzung von Suzukis Crystal-Red-Garnelen wurden diese Tiere als Red Bee gehandelt. Bis heute existieren unterschiedliche Auffassungen darüber, ob diese Tiere das Ergebnis reiner Selektionszucht oder einer Verpaarung von Crystal-Red-Garnelen mit chinesischen Tieren darstellen. Unbestritten waren diese Zuchtlinien aber das Ausgangsmaterial für weitere Versuche, besondere Farbmuster und brillante Körperfarben zu erreichen. Die Snow White genannte weiße Zuchtform ohne rote oder schwarze Banden stellt eine Extremform dieser Entwicklung dar, „Super Crystal Red" mit überwiegend oder ausschließlich roter Körperfarbe das Gegenstück. Alle diese Zuchtformen haben ihre Liebhaber gefunden. Ende 2009 erreichten neue Zuchtformen aus Taiwan mit intensiven schwarzen und roten Körperfarben Europa. Tiere mit den Namen Panda Bee, King Kong Bee oder Red Wine Bee erzielten im Handel Spitzenpreise.

Viele Garnelenaquarianer beschäftigen sich heute ausschließlich mit der Zucht und Vermehrung von Hochzuchtlinien. Auf Ausstellungen und in Championaten messen sich Züchter aus allen Ländern mit ihren besten Tieren. Es steht außer Zweifel, dass diese farbenprächtigen Hochzuchtformen der Bienengarnele, aber auch die entsprechenden Zuchtlinien der Tigergarnele und der *Neocaridina davidi* eine ähnliche Zukunft haben werden wie die Guppy- oder Diskusfischzucht in der traditionellen Fischaquaristik. Mit den Hochzuchten ist die Garnelenaquaristik ein großes Stück bunter geworden.

Foto: C. Lukhaup

Die Crystal-Red-Garnele ist eine natürliche Spontanmutation der Bienengarnele.

Eine weiße Farbform der Bienengarnele.

Foto: C. Lukhaup
Snow-White-Garnele.

Foto: C. Lukhaup
Blue-Bolt-Garnele.

Foto: C. Lukhaup
Panda Bee.

Foto: C. Lukhaup
Red-Ruby-Garnele.

Foto: C. Lukhaup
Pinto Bee.

Drei unterschiedliche japanische Zuchtformen der Red Bee.

Wildform der Bienengarnele.

Foto: C. Lukhaup

Caridina cf. *cantonensis* Yü, 1938
Tigergarnele

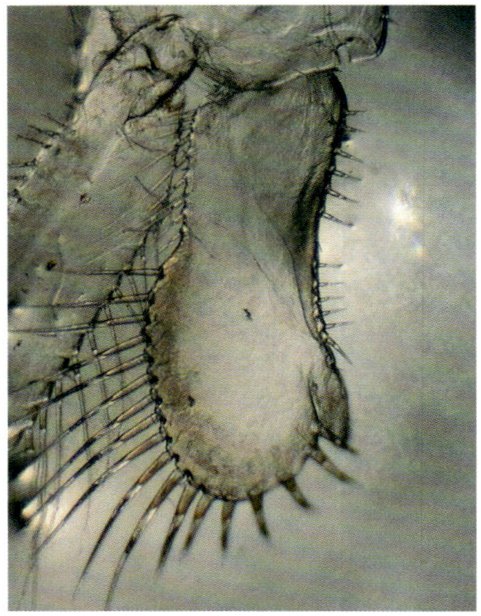

Das Endopod des ersten Schwimmbeinpaares der Tigergarnele zeigt eine auffallende distale Verbreiterung.

Herkunft: Südchina.

Größe: Gesamtlänge bis ca. 22 mm.

Merkmale: Kurzes Rostrum bis maximal zur Mitte des zweiten Segmentes der Antennenbasis reichend. Stylozerit über die Hälfte des zweiten Antennenbasalsegmentes reichend. Endopoden der ersten männlichen Pleopoden gefaltet, distal etwas verbreitert. Uropodenfalte mit 19-22 Dornen. Rostrumformel: 3-7 (4-5) + 9-11 (9) / 1-3 (2). Eigröße: ca. 0,9-1,0 x 0,6-0,7 mm.

Färbung: Auf transparentem Grund schmale bräunliche, rötliche oder bläuliche Querstreifen. Schmäler und schärfer abgegrenzt als bei der Bienengarnele.

Nahrung: Aufwuchs auf Laub und Steinen so wie kleinste Insektenlarven, im Aquarium auch Trockenfutter.

Haltung: Entsprechend ihrer Herkunft sind die Tiere eher kühl zu halten, eine jahreszeitliche Absenkung in den Wintermonaten auf 15-17 °C entspricht dem natürlichen Lebensraum und scheint auch Auslöser für den Vermehrungszyklus in den wärmeren Monaten März bis Oktober zu sein.

Zucht: Meist ohne Probleme im Süßwasseraquarium möglich. Etwas produktiver als die nahe verwandte Bienengarnele.

Bemerkungen: Wie die Bienengarnelen oder deren rote Farbform die Crystal Red ist auch die Tigergarnele in die *serrata*-Artengruppe zu stellen. In der südchinesischen Heimat werden die Garnelen als *Caridina cantonensis* bezeichnet. Allerdings zeigen die Tiere bei geschlechtsreifen männlichen Tieren eine deutliche distale Verbreiterung des Endopods des ersten Schwimmbeinpaares, welche in

Die als Supertigergarnelen bezeichneten Tiere zeichnen sich durch eine kräftigere Zeichnung und gelborangenen Kopf und Schwanzteil aus.

Die Suptertigergarnele kommt nur in einem kleinen sumpfigen Gebiet von wenigen Hundert Quadratmetern vor.

Diese chinesische Garnelenfängerin benutzt ein Küchensieb, um die Garnelen aus dem sumpfigen Wasser zu fischen.

Supertigergarnele im natürlichen Habitat.

Die rote Tigergarnele ist eine Spontanmutation der Supertiger-garnele... .

... blaue Tigergarnelen dagegen das Ergebnis züchterischer Anstrengungen.

dieser Form nicht bei *C. cantonensis* beschrieben wurde. Auch genetisch unterscheidet sich die Tigergarnele von *C. cantonensis*. In beiden bisher bekannten Gewässern, einem Bergbach nahe der südchinesischen Stadt Lixi und einem eng umgrenzten Sumpfgebiet bei Conghua kommen die Tigergarnelen zusammen mit *C. cantonensis* vor, was die Eigenständigkeit der Art beweist.

Literatur: [9, 63, 42, 41, 87]

Caridina serratirostris De Man, 1892
Ninja-Garnele

Verbreitung: Indonesien, Malaysia, weit verbreitet von Madagaskar, Seychellen, Mauritius, Nordost-Australien bis zu den Fiji-Inseln.

Größe: Körperlänge bis 20 mm.

Merkmale: Rostrum gerade, reicht vom Anfang bis zum Ende des dritten Segmentes der Antennenbasis. Dorsal gleichmäßig bezahnt, mit 5-13 Zähnen auf dem Carapax. Stylozerit lang, reicht von der Mitte bis zum letzten Drittel des zweiten Segmentes der Antennenbasis, das fast zweimal so lang wie das dritte Segment ist. Dactyli des fünften Beinpaares mit einem Fünftel der Länge des Propodus ebenfalls sehr kurz und mit 14-15 Dornen an der Innenkante. Endopoden der ersten männlichen Pleopoden ohne Appendix interna. Telsonkante gerundet mit Mittelzahn. 9-10 distale Dornen, das äußere Paar kurz und kräftig, die inneren sehr lang. Uropodenfalte mit 15-18 Dornen. Rostrumformel: 16-33 / 3-9. Eigröße: 0,28 x 0,36 mm.

Ninja-Garnele, *Caridina serratirostris*.

Bemerkungen: Bei *C. serratirostris* handelt es sich um die Art mit dem vermutlich größten Verbreitungsgebiet. Ihre Unterscheidung zu anderen Arten ist relativ einfach über den langen Stylozeriten, den sehr kurzen Dactyli der dritten und fünften Peraeopoden und den fehlenden Appendix interna möglich. *C. serratirostris* wurde von De Man aus den Sammlungen Max Webers von Sulawesi beschrieben, zeitgleich beschrieb er die Form *C. s.* var. *celebensis* aus einem anderen Gewässer, die sich in erster Linie über den etwas kürzeren Stylozeriten und die Längenproportionen zwischen zweitem und drittem Segment der Antennenbasis unterscheidet. Holthuis sah diese Varietät anfänglich zur Nominatform gehörig, stellte sie aber 1978 in den Status einer eigenen Art *C. celebensis*. Dieser Auffassung folgen auch heute viele Autoren. So wurden die von Ryukyu, Honshu und Südchina bekannten Funde letztendlich als *C. celebensis* identifiziert. In der Aquaristik ist *C. serratirostris* längst keine Unbekannte mehr und wird aufgrund ihrer teilweise prächtigen Ausfärbung immer öfter importiert. Je nach Herkunft kann die Färbung zwischen einer roten, braunen bis schwarzen Bänderzeichnung auf hellem bis weißem Grund variieren. Allerdings halten sich die Tiere im Aquarium eher versteckt. Eine erfolgreiche Nachzucht ist bislang noch nicht gelungen, die Larven durchlaufen rein marine Entwicklungsstadien, was auch die enorme Verbreitung erklärt.

Literatur: [33, 4, 17, 125, 53, 87, 13]

Caridina celebensis De Man, 1892

Synonyme: *Caridina serratirostris* var. *celebensis* De Man, 1892, *Paracaridina leptocarpa* (Liang & Zheng, 1988).

Verbreitung: Malaysia, Sulawesi, Java, Südchina, Ryukyu.

Größe: Körperlänge bis 19 mm.

Merkmale: Rostrum gerade, reicht von der Mitte des zweiten bis zur Mitte des dritten Segmentes der Antennenbasis. Dorsal gleichmäßig bezahnt. Der Stylozerit reicht nicht bis zur Mitte des zweiten Segmentes der Antennenbasis, das nur etwa eineinhalb mal so lang wie das dritte Segment ist. Erstes Schreitbeinpaar ohne Arthrobranchien. Dactyli am fünften Beinpaar mit 13-14 Dornen. Endopoden der ersten männlichen Pleopoden ohne Appendix interna. Telsonkante gerundet mit deutlichem Mittelzahn. 9-10 distale Dornen, das äußere Paar kurz und kräftig, die inneren sehr lang und fein befiedert. Uropodenfalte mit 15-16 Dornen. Rostrumformel: 7-10 (8-9) + 13-18 (15-16) / 2-8 (5). Eigröße: 0,42-0,44 x 0,22-0,24 mm.

Bemerkungen: Die Typusexemplare wurden von De Man aus Sulawesi (Luwu Distrikt bei Palopo) beschrieben. Er stellte sie zu *C. serratirostris*, grenzte sie aber aufgrund des Längenverhältnisses zwischen dem zweiten und dritten Segment der Antennenbasis sowie des etwas kürzeren Stylozeriten als eigene Variation ab. Neuere Untersuchungen zeigten, dass sich die beiden Arten auch in der Kiemenformel unterscheiden, an deren Eigenständigkeit damit keine Zweifel mehr bestehen. Die Art wurde in Wasserpflanzen im Uferbereich sowie in Laubansammlungen am Bodengrund von Bächen gefunden. *C. celebensis* wurde bereits importiert, das Gelingen der Nachzucht ist allerdings derzeit wenig erfolgversprechend. Einige Populationen scheinen ähnlich wie *C. serratirostris* prächtig gefärbt zu sein.

Foto: C. Lukhaup

Caridina celebensis aus Indonesien.

Literatur: [33, 4, 125, 13]

Caridina temasek Choy & Ng, 1991

Verbreitung: Malaysia, Singapur.

Größe: Gesamtlänge ♀ bis 20 mm, ♂ bis 17 mm.

Merkmale: Rostrumform sehr variabel und mit geschlechtsspezifischer Länge: beim ♂ kurz bis zum Anfang des zweiten Segmentes der Antennenbasis, beim ♀ länger, von der Mitte des zweiten bis zum Anfang des dritten Segmentes reichend. Jeweils mit 4-6 Zähnen auf dem Carapax. Epipoden am ersten und zweiten Schreitbeinpaar gut entwickelt, am dritten und vierten reduziert. Dactyli der dritten Beinpaare mit 6-10 Dornen an der Innenkante, der äußere bildet mit dem Enddorn eine Doppelkralle. Der Dactyli der fünften Schreitbeinpaare trägt 55-65 kleine Dornen. Telson mit 3-4 dorsalen Dornenpaaren, Telsonkante gerundet mit drei distalen Dornenpaaren, ohne Mittelzahn. Uropodenfalte mit 12-16 Dornen. Rostrumformel: 14-18 / 2-6. Eigröße: 0,44-0,50 x 0,70-0,77 mm.

Färbung: Körper grünlich gefärbt mit braunen Punkten im dorsalen Bereich und auf dem Rostrum.

▲ An der Typuslokalität von *Caridina temasek*.

▶ *Caridina temasek*, 2005 eingeführte Tiere aus Singapur.

Bemerkungen: Der Artname rührt von der alten malaysischen Bezeichung „Temasek" für Singapur her, wo sie in einem Bach nahe der Sime Road (MacRitchie catchment area) gefunden wurde. Von allen bislang zehn von der Halbinsel Malaysia und Singapur bekannten Caridinen kann sie nur mit *C. excavatoides*, *C. propinqua* und *C. tonkinensis* aufgrund der äußeren Erscheinung verwechselt werden. Interessant sind auch die geschlechtsspezifischen Unterschiede in der Rostrumlänge, was so nur von sehr wenigen Arten bekannt ist. Aus Singapur wurden 2005 Tiere für die Aquaristik nach Deutschland eingeführt. Aufgrund der eher schlichten Färbung wird sich die Art aber wohl in der Aquaristik nicht durchsetzen.

Literatur: [27, 12]

Caridina thambipillai Johnson, 1961
Orange Zwerggarnele, Orange Celebesgarnele, Mandarinengarnele

Die orange Zwerggarnele weist ein markantes, nach unten gebogenes Rostrum auf.

Synonyme: *Caridina* cf. *propinqua*.

Verbreitung: Thailand, Malaysia, möglicherweise auch aus einer Küstenregion von Sulawesi.

Größe: Carapaxlänge bis 6 mm, Körperlänge bis 25 mm.

Merkmale: Rostrum kurz, bis zur Mitte des 2. Antennenbasissegmentes reichend, nach unten gebogen. Spitze unbezahnt, distale Zähne deutlich winzig. Rostrumformel: 3 + 12-15 / 3-4. Epipoden am ersten und zweiten Schreitbeinpaar gut entwickelt, am dritten und vierten reduziert. Carpus des ersten Scherenbeines distal nur wenig eingekerbt, 2,8-3,0-mal so lang wie breit. Zweites Scherenbein auffallend schlank, Schere 3,9-5,1-mal so lang wie breit, Carpus 8,5-8,8-mal so lang wie breit. Dactylus des fünften Schreitbeines sehr schlank, 5,8-7,6-mal so lang wie breit.

Nahrung: Aufwuchs von Laub und verrottendem Material, kleinste Insektenlarven und Wirbellose, Trockenfutter.

Haltung: Über die Herkunft der Orangen Zwerggarnele in der Aquarisitik schweigen sich die Exporteure aus. Aufgrund des Handelsnamens Orange Celebesgarnele dürften die Tiere aber aus Sulawesi stammen. *C. thambipillai* kommt in zwei deutlich unterschiedlichen Färbungen in den Handel, der bekannten transparent-orangen Variante und variabel grau-bläulich bis bräunlich, wobei letztere als Malayan Multicolored Shrimp gehandelt werden. In der Natur kommt diese Art in zwei typischen Habitaten vor, in brackigen Rinnen und Bächen des Mangrovengürtels und weiter landeinwärts in Sümpfen, in welchen der pH-Wert des Wassers oft in einem sehr niedrigen Bereich zwischen 4,1 und 6,3 liegt. Es wäre möglich, dass die grau-blau bis bräunlichen Tiere in den brackigen Zonen gefangen werden, die leuchtend orangen Tiere in den Sumpfgebieten. Im Aquarium verlieren orange gefärbte Tiere häufig nach einiger Zeit die attraktive Farbe und färben in bräunliche Töne um.

Zucht: Bei den im Handel angebotenen Tieren handelt es sich fast ausschließlich um weibliche Tiere, da diese möglicherweise etwas attraktiver gefärbt sind. Die wenigen Aquarianer, die Tiere beiderlei Geschlechter erwerben konnten, berichten von vielen kleinen Eiern, aus denen planktonische Zoea-Larven schlüpfen. Eine Aufzucht im Süßwasser ist bisher nicht gelungen.

Bemerkungen: Die auffallend orange Färbung der Tiere ist nicht wie bei den meisten Zwerggarnelen an Farbzellen in der Unterhaut gebunden. Dies führte in der Vergangenheit zum Verdacht, die importierten Tiere wären gefärbt. Von der indonesischen Insel Peleng wurde von den Autoren 2008 eine neue Art *Caridina thomasi* beschrieben, die in der Körperfärbung der Orangen Zwerggarnele gleicht, mit dieser aber nicht nahe verwandt ist.

Literatur: [4, 73, 78, 128]

Orange Zwerggarnele.

Graubraun gefärbte Exemplare von *Caridina thambipillai* werden als „Malayan Multicolored Shrimp“ gehandelt.

Die *Caridina typus*-Artengruppe

In dieser Artengruppe werden heute abweichend von der ursprünglichen Definition Bouviers Arten zusammengefasst, welche als einziges gemeinsames Merkmal ein dorsal unbezahntes Rostrum aufweisen. Die Artengruppe dient hier lediglich dem Zweck, morphologisch ähnliche Arten abzugrenzen, um sie einfacher mittels eines Bestimmungsschlüssels trennen zu können, als dies in der Gesamtheit der Gattung möglich wäre. Eine direkte engere Verwandtschaft besteht zwischen diesen Arten nicht immer. Innerhalb der Gruppe finden wir sowohl Arten vom einfachen Fortpflanzungstyp mit mehreren marinen Larvenstadien wie auch Arten, die vollständig an das Leben im Süßwasser angepasst sind.

Caridina typus Milne-Edwards, 1837

Synonyme: *Caridina exilirostris* Stimpson, 1860.

Verbreitung: Madagaskar, Mauritius, Réunion, Seychellen, Sri Lanka, Japan, Ryukyu, Taiwan, Sulawesi, Polynesien, Australien.

Größe: Gesamtlänge bis 36,3 mm, meist um 19-28 mm.

Färbung: Variabel, weibliche Tiere dunkelrotbraun, tragende Tiere oft dunkelgrün, männliche und juvenile Tiere gelblich bis transparent.

Merkmale: Rostrum bis zum Ende des zweiten Segmentes der Antennenbasis oder leicht darüber reichend, etwas nach unten gebogen. Dorsal unbezahnt, ventral meist mit 1-3 relativ großen Zähnen. Dactyli der dritten Peraeopoden mit sechs Dornen an der Innenkante, der letzte bildet mit dem Enddorn des Dactylus eine Doppelkralle. Dactyli der fünften Peraeopoden mit mehr als 60 Dornen. Appendix interna der ersten männlichen Pleopoden reicht weit über das distale Ende der Endopoden. Telson mit 5-7 dorsalen Dornenpaaren, distale Bedornung am konvexen Telsonrand sehr variabel. Meist mit 7-10, aber auch mit bis zu 16-17 Dornen, die alle etwa gleich lang sind. Die äußeren Dornen sind dabei etwas kürzer, die innersten etwas länger. Uropodenfalte mit 16-22 Dornen. Rostrumformel: 0 / 0-7 (1-3). Eigröße: 0,24-0,39 x 0,39-0,48 mm.

Bemerkungen: Mit *Caridina typus* wurde die erste gültige Artbeschreibung der umfangreichen Gattung *Caridina* vorgenommen. Der genaue Fundort der in Paris hinterlegten Typusexemplare ist unbekannt, wie bereits De Man 1892 bemerkte. Die Art gehört zu den am weitesten verbreiteten Caridinen, Fundorte sind von Ostafrika bis zu den Fiji Inseln belegt. Vermutlich vermögen die aus den kleinen Eiern freigesetzten Larven längere Zeit in rein mariner Umgebung zu überleben, was die große Verbreitung erklären würde. Insgesamt ist die Art gerade in Form und Ausbildung des Rostrums und Telsons sehr variabel, sie kann aber unter anderem anhand der Proportionen der Peraeopoden und Pleopoden sicher abgegrenzt werden. Typisch für die Art ist das dorsal unbezahnte Rostrum. Trotz der bekannten Variabilität und Verbreitung sind bislang nur wenige Unterarten oder Formen bekannt geworden. Gefunden wurde *C. typus* in flachen und seichten Flussstellen sowie in Bewässerungskanälen. Sie lebt normalerweise versteckt in Pflanzenpolstern und unter Ästen, ist aber auch tolerant gegen Brackwasser. Die Vermehrung erfolgt je nach Herkunft in tropischen Gebieten ganzjährig, in eher gemäßigten Gebieten wie Japan saisonal in den wärmeren Monaten. *Caridina typus* ist auch die bisher größte bekannte Art der Gattung.

Caridina typus.

Literatur: [11, 2, 26, 39, 38, 120, 4, 63, 14]

Caridina villadolidi Blanco, 1939

Caridina villadolidi.

Synonyme: *Caridina typus* var. *longirostris* De Man, 1892.

Verbreitung: Taiwan, Philippinen, Sulawesi, Halmahera, Sri Lanka.

Größe: Gesamtlänge bis 28 mm, meist um 19-25 mm.

Färbung: Transparent bis graubraun mit feinem Punktmuster. Wie bei den Verwandten *C. multidentata* und *C. typus* ist am Enddarm häufig ein bläulicher Fleck zu erkennen.

Merkmale: Rostrum bis zum Ende der Antennenbasis reichend, gerade. Dorsal unbezahnt, ventral meist mit 1-7 relativ großen Zähnen. Pterygostomialwinkel eng gerundet.

Bemerkungen: *Caridina villadolidi* wurde gelegentlich für identisch mit *C. typus* gehalten. Die Länge des Rostrums und der eng gerundete Pterygostomialwinkel sind aber in allen untersuchten Populationen sehr konstant, weshalb die Art heute von den meisten Taxonomen als valide betrachtet wird.

Literatur: [144, 11]

Caridina williamsi Cai & Ng, 2000
Burma-Rotschwanzgarnele

Verbreitung: Myanmar.

Größe: Carapaxlänge bis 4,8 mm, ♂ etwas kleiner.

Merkmale: Das sehr lange Rostrum ist schmal und schlank, gerade oder im vorderen Drittel leicht aufwärts geschwungen. Es reicht mindestens bis zum distalen Ende des Scaphozeriten. Sehr viele, gleichmäßig verteilte dorsale Zähne. Die wenigen ventralen Zähne nur in der Mitte des Rostrums. Dactyli der dritten Peraeopoden mit 8-9 Dornen. Dactyli der fünften Peraeopoden mit 37-38 Dornen. Telson mit je vier dorsalen und distalen Dornenpaaren, ohne Mittelzahn. Uropodenfalte mit 9-10 Dornen. Rostrumformel: 2-3 + 23-30 / 4-9 (5-6). Eigröße: 0,75-0,85 x 0,45-0,6 mm.

Bemerkungen: Gefunden wurde die Art in der Ufervegetation einiger Bäche im Gebiet Yangon sowie im Inlé-See. Im Süden des Landes kommt sie im Ataran Fluss vor, der nahe der Stadt Moulmein in das Andamanische Meer mündet. Von dort wurde sie auch zu aquaristischen Zwecken nach Europa importiert. Sie ähnelt sehr der nordindischen *C. chauhani*, kann aber von dieser aufgrund der geringeren Anzahl ventraler Zähne, den größeren Eiern und dem Dactylus der dritten Peraeopoden unterschieden werden. Weiterhin weist die Art eine hohe Übereinstimmung mit den Merkmalen von *C. rajadhari* aus Pakistan auf. Von dieser Art unterscheidet sich die Garnele aus Myanmar durch eine etwas geringere Anzahl an Zähnen auf der Unterseite des Rostrums und die geringfügig größere Eigröße. Aus dem Süden Indiens wurde von Jalihal, Shenoy und Sankolli 1984 die Art *C. williamsoni* beschrieben, die sich nur in einer etwas höheren Anzahl von Dornen auf der Oberseite des Rostrums (30-50 vs. 26-32 bei *C. williamsi*), einem kleinen Mittelzahn am Telsonrand und einem etwas längeren Carpus des zweiten Scherenbeines von *C. willliamsi* unterscheidet. Cai und Ng vergleichen *C. williamsi* mit *C. chauhani*, die allerdings von Jalihal, Shenoy und Sankolli mit *C. williamsoni* synonymisiert wurde. Damit wären *C. wil-*

Foto: C. Lukhaup

Caridina williamsi zeigt eine auffallend orangerote Querstreifung.

liamsi und *C. williamsoni* aus morphologischer Sicht die nächsten Verwandten von *C. chauhani*. Durch die Ähnlichkeit der Namen besteht eine sehr verwirrende Situation, die einer weitergehenden Klärung unterzogen werden sollte. *C. williamsi* wird unter dem Handelsnamen „Rotschwanzgarnele aus Burma" im Handel angeboten. Eine nähere Verwandtschaft mit der ebenfalls als „Rotschwanzgarnele" bezeichneten Art *C. cantonensis* besteht aber nicht.

Literatur: [12]

Gattung *Caridinides* Calman, 1926

Die mit *C. wilkensi* monotypische Gattung ist nur aus Nordaustralien bekannt. Von der Gattung *Caridina* kann *Caridinides* durch die Exopoden am ersten Scherenbeinpaar unterschieden werden.

Gattung *Caridinopsis* Bouvier, 1912

Nur aus dem oberen Nigeria bekannt ist die einzige Art dieser Gattung *C. chevalieri*. Sie unterscheidet sich unter anderem in Rostrumform und Aufbau der Chelipeden von den übrigen Gattungen.

Gattung *Dugastella* Bouvier, 1912

Aufgrund der spezifischen Ausbildung und Anzahl der Kiemenhänge an den Maxillipeden und Schreitbeinpaaren stellte Bouvier die Gattung *Dugastella* auf, die er in die unmittelbare Nähe zu *Paratya* stellte. Ihm waren seinerzeit nur Exemplare aus einem Quelltopf in Marokko bekannt, als Typusart beschrieb er *Dugastella marocana*. Später wurden 1924 Funde aus Spanien als weitere Art *D. valentina* beschrieben.

Dugastella valentina (Ferrer Galiano, 1924)

Dugastella valentina.

Synonyme: *Atyaëphyra valentina* Ferrer Galiano, 1924.

Verbreitung: Spanien, Communidad Valencia, Nationalpark Pego-Oliva.

Größe: Körperlänge bis 25 mm.

Merkmale: Bezahnung des Rostrums beginnt deutlich vor dem Augenrand, Pterygostomialwinkel häufig mit Zahn, 3. und 4. Schreitbeinpaar meist mit deutlich erkennbaren Exopoden. Die meisten Tiere zeigen eine charakteristische wellenförmige Zeichnung am Carapax.

Bemerkungen: Die ursprünglich der Gattung *Atyaephyra* zugeordnete Art kommt nur in küstennahen Bereichen der Provinz Valencia an Spaniens Mittelmeerküste vor. Als einzige bekannte Art unter den Süßwassergarnelen betreibt *D. valentina* Brutpflege. Die Larven schlüpfen im Zoea-Stadium und bleiben noch für zwei Häutungen in der aus den Pleurasegmenten und Pleopoden des Weibchens gebildeten Brutkammer. Die nur in einigen „Ullals" genannten Quelltöpfen und in sauberen Bergbächen vorkommende Art steht heute unter besonderem Schutz.

Literatur: [4, 45]

Gattung *Edoneus* Holthuis, 1978

Gattung mit bis heute vier bekannten höhlenbewohnenden Arten von den Philippinen. Die Gattung steht der ebenfalls häufig höhlenbewohnenden Gattung *Parisia* morphologisch nahe.

Gattung *Gallocaris* Sket & Zakšek, 2009

Erst 2009 beschriebene Gattung mit einer höhlenbewohnenden Art *Gallocaris inermis* (Fage, 1937) aus Südeuropa, welche bis dahin zur Gattung *Troglocaris* gezählt wurde.

Gattung *Halocaridina* Holthuis, 1963

Halocaridina bewohnen anchialine Gewässer, das sind unterirdische Gewässer mit Verbindung zum Meer auf Hawaii. Neben der bekannten *H. rubra* wurde 1986 eine zweite Art *H. palahemo* aus einem Lavaschacht auf Hawaii beschrieben.

Halocaridina rubra Holthuis, 1963
Hawaii-Brackwassergarnele, Opa'e ula

Foto: M. Uzozler

Halocaridina rubra.

Verbreitung: Hawaii, endemisch.

Größe: Gesamtlänge bis maximal 15 mm, meist kleiner.

Merkmale: Rostrum kurz bis zum Ende des ersten Segmentes der Antennenbasis und unbezahnt. Relativ langer Stylozerit, etwa so lang wie das Rostrum. Augen leicht reduziert, aber pigmentiert. Telson mit zwei dorsalen Dornenpaaren, gerundeter Kante und 6-7 distalen Dornen. Uropodenfalte mit zwei langen Dornen an der Außenkante.

Färbung: Kräftig zinnober- bis erdbeerrot. Bei Unwohlsein nur blass rötlich.

Bemerkungen: Die Art wurde 1906 von Rathbun erstmals erwähnt und irrtümlich *Caridina brevirostris* zugeordnet. Aufgrund ihrer Körpermerkmale, speziell der Anzahl der Branchiopoden, stellte Holthuis später die neue Gattung *Halocaridina* auf. Er hob dabei bereits die nahe Verwandtschaft zu den Gattungen *Limnocaridina*, *Limnocaridella*, *Atyella* und *Caridella* hervor. Als weitere Art wurde erst 1986 *H. palahemo* von Kensley & Williams beschrieben. *Halocaridina rubra* lebt in küstennahen anchialinen Brackwassertümpeln, deren Wasserstand gezeitenabhängig schwanken kann. Durch das poröse Lavagestein besteht eine Verbindung zum Meer, auch direkte unterirdische Höhlengänge sind nicht auszuschließen. Fallen die von den Gezeiten abhängigen Wasserlöcher trocken, verkriechen sich die Tiere in tiefergelegende Gesteinsschichten, um bei Flut wieder zu erscheinen. Die Tiere ernähren sich von aufsitzenden Bakterien, Algenaufwuchs und Detritus. Auch wenn sie in weiten Bereichen tolerant gegen die Wassersalinität sind, sollen sie nach Edmondson (1935) reines Meer- oder Süßwasser über längere Zeit nicht vertragen. Eine Nachzucht der sehr attraktiven und scheinbar auch robusten Art ist möglich und im Brackwasseraquarium bei 15-20 g/l bereits gelungen. Die pelagischen Larven besitzen einen Dottersack und nehmen daher anfangs keine Nahrung zu sich. Im Aquarium kann sich *Halocaridina* bis zu viermal im Jahr vermehren und dabei 12-22 Eier ansetzen. Beobachtungen an natürlichen Fundorten sprechen dagegen nur von einer Vermehrungsphase pro Jahr mit nur 6-10 Eiern. Unter optimalen Pflegebedingungen kann *Halocaridina rubra* bis zu fünf Jahre alt werden.

Literatur: [54, 29]

Gattung *Halocaridinides* Fujino & Shokita, 1975

Ursprünglich wurde *Halocaridinides* als Untergattung von *Halocaridina* beschrieben. Die Typusart *H. trigonophtalma* unterscheidet sich dabei in erster Linie durch die Ausbildung der Uropoden und deren Bedornung von *Halocaridina*. Später wurde mit *H. fowleri* eine weitere, bislang zur Gattung *Parisia* gehörende Art zu *Halocaridinides* gestellt. Mit Sansibar und Okinawa besitzt *Halocaridinides* ein ausgefallenes Verbreitungsgebiet. Über eine weitere, noch unbestimmte Art wurde 2003 von Guam berichtet. Alle bekannten Vertreter leben unterirdisch.

Gattung *Jolivetya* Cals, 1986

Über die monotypische Gattung *Jolivetya* ist nur recht wenig bekannt. Die einzige Art *J. foresti* scheint verwandtschaftlich *Paracaridina* nahezustehen und ist vermutlich unterirdisch lebend.

Gattung *Jonga* Hart, 1961

Von dieser Gattung ist momentan nur eine einzige Art bekannt, *Jonga serrei* mit Verbreitung auf den Inseln der Großen und Kleinen Antillen. Möglicherweise ist die Art auch in Costa Rica verbreitet, zumindest wurde bereits von Funden in Tortuguero an der Ostküste berichtet. Ursprünglich von Bouvier zur Gattung *Ortmannia* gerechnet, stellte sie Holthuis 1954 zur neuen Gattung *Potimirim* mit amerikanischen Caridinen. Aufgrund des von den übrigen *Potimirim*-Arten stark abweichenden Appendix masculina an den zweiten Pleopoden männlicher Tiere wurde dann 1961 durch Hart die Gattung *Jonga* aufgestellt. Von allen amerikanischen Atyiden steht *Jonga* der in allen wärmeren Zonen der übrigen Welt weit verbreiteten Gattung *Caridina* am nächsten.

Jonga serrei (Bouvier, 1909)

Synonyme: *Ortmannia serrei, Potimirim serrei.*

Verbreitung: Westindische Inseln: Kuba, Jamaika, Puerto Rico, Dominica, Barbados und Hispaniola; Costa Rica (?).

Größe: Gesamtlänge bis cirka 17 mm, Carapax bis 5 mm.

Merkmale: Rostrum bis zum Ende des dritten Segmentes der Antennenbasis reichend, ohne dorsale Zähne. Abdomensegmente ohne Randbedornung. Appendix masculina der zweiten männlichen Pleopoden lang und schlank mit scharfer Spitze.

Jonga serrei, ein Weibchen mit einem deutlich erkennbaren Rückenstrich.

Jonga serrai lebt in Pflanzenpolstern und verkrauteten Uferzonen küstennaher Flüsse und kommt gemeinsam mit *Xiphocaris* vor.

Färbung: ♂ transparent mit rötlichen und weißen Pigmenten, generell ohne dorsale Zeichnung. ♀ dagegen sehr variabel, Grundfärbung dunkelblau, dunkelrot, orange bis transparent. Dunkler gefärbte Tiere mit deutlichem cremefarbigem Rückenstrich, hellere Tiere dagegen oft mit auf die Körperseiten heruntergezogenem dorsalem Muster.

Bemerkungen: Die Art findet sich vorzugsweise im Bereich von Flussmündungen und siedelt hier zwischen den schützenden Wurzeln der Ufervegetation oder in Wasserpflanzenpolstern. An der Nordküste Hispaniolas wurde *Jonga serrei* im stark brackigen, unmittelbaren Mündungsbereich des Rio Yassica zwischen den Wurzeln von Wasserhyazinthen gefunden. Die Aufzucht der in sehr hoher Zahl freigesetzten pelagischen Larven ist noch nicht gelungen.

Literatur: [4, 57, 21]

Gattung *Lancaris* Cai & Bahir, 2005

Die Garnelenwelt Sri Lankas mit ihrer Vielzahl endemischer Arten der Gattung *Caridina* gilt seit vielen Jahren als recht gut erforscht. Trotzdem wurde erst in jüngerer Zeit eine neue Art im Hochland gefunden und als *Caridina kumariae* bekannt. Neueste Überprüfungen von Y. Cai und M. M. Bahir ergaben, dass diese Art sowie die gleichfalls im Hochland beheimatete und seit vielen Jahren bekannte *C. singhalensis* aufgrund des Aufbaues der Endopoden der ersten männlichen Pleopoden (Schwimmfüße), der Podobranchien an den zweiten Maxillipeden, des äußeren Zahnes der Uropodenfalte sowie der Ausbildung des hinteren Telsonrandes einer eigenen Gattung zuzuordnen sind.

Lancaris kumariae (De Silva, 1990)

Synonyme: *Caridina kumariae* De Silva, 1990.

Verbreitung: Endemisch in Sri Lanka, Hochland, Bergbach nahe Hatton.

Größe: Gesamtlänge bis cirka 18 mm, Carapax bis 6 mm, ♂ geringfügig kleiner.

Lancaris kumariae.

Merkmale: Rostrum kurz, bis zum Ende des ersten Segmentes der Antennenbasis. Uropodenfalte mit 31-38 unregelmäßig großen Dornen. Telsonrand mit relativ langen Dornen besetzt, das äußere Paar dabei deutlich kürzer. Kein distaler Mitteldorn auf dem gerundeten Telsonrand. Grundfärbung transparent mit braunrötlichen Pigmenten. Rostrumformel: 1-2 + 3-5 / 0. Eigröße: 1,56 x 1,05 mm.

Bemerkungen: Trotz intensiver Suche konnte die Art nur in einem Bachabschnitt im Hochland in Höhen zwischen 1.150 und 1.375 m nahe der Bahnstation Rozella bei Hatton nachgewiesen werden. Die untere natürliche Begrenzung dieses Abschnittes bildet dabei ein Wasserfall, der sich in einen der Zuflüsse des Maskeliya Oya ergießt. Die Wassertemperatur betrug im Juli 21 °C, der pH-Wert 5,7 bei einem Leitwert von 21 µS. Der relativ schnellfließende Bach ist frei von Wasserpflanzen, die Tiere siedeln insbesondere in den Pflanzenwurzeln des Uferbereiches, sind an ruhigeren Stellen aber auch am Bodengrund zwischen Zweigen und Laub zu finden. Obwohl der Bachabschnitt beiderseits von Teeplantagen und einzelnen Ansiedlungen gesäumt ist, konnten bislang keine negativen Auswirkungen durch Abwasser, Dünger oder Pestizide festgestellt werden. Vom Autor wurde der Fundort bereits mehrfach besucht. Leider war im Sommer 2004 eine beachtliche Population von ausgewilderten Guppys festzustellen, die sich vorzugsweise im Uferbereich aufhielten und im Vorjahr noch nicht vorhanden waren. Die Alttiere wurden vermutlich von Anwohnern in den Bach „entsorgt" und stellen inzwischen eine ernsthafte Gefahr für den Nachwuchs der Garnelen dar. Insgesamt ist die Art aufgrund des äußerst beschränkten Vorkommens und der genannten Randbedingungen in ihrem natürlichen Fortbestand als extrem gefährdet anzusehen. Haltungs- und Zuchtversuche im Aquarium schlugen bislang fehl, als Ursache wird hier primär eine Empfindlichkeit dieser Art gegenüber Wassertemperaturen über 20 °C vermutet. Bislang galt *Lancaris kumariae* als entwicklungsgeschichtliches Bindeglied zwischen der ebenfalls endemischen *Caridina pristis* und *Lancaris singhalensis*, mit denen sie jeweils gemeinsame morphologische Merkmale besitzt. Alle drei Arten siedeln in unterschiedlichen Höhenlagen. Nach bisheriger Theorie wurde Sri Lanka in zwei verschiedenen erdgeschichtlichen Phasen von Atyiden besiedelt, die Gattung *Lancaris* stellt offenbar die ältere Linie dar, die eine eigenständige Entwicklung genommen hat.

Literatur: [35, 7]

Wasserfall als natürliche Begrenzung.

Lancaris singhalensis (Ortmann, 1894)

Tragende *Lancaris singhalensis* direkt nach dem Fang.

Synonyme: *Caridina singhalensis* Ortmann, 1894.

Verbreitung: Endemisch in Sri Lanka, Hochland, Horton Plains und Nuwara Eliya.

Größe: Gesamtlänge bis cirka 20 mm, Carapax bis 6 mm, geringfügig kleiner.

Merkmale: Rostrum extrem kurz und unbezahnt, erreicht nicht die vordere Augenkante. Telson mit 6-7 dorsalen Dornenpaaren. Distaler Telsonrand mit sechs sehr langen Dornenpaaren, das äußere Paar kräftiger und deutlich kürzer. Uropodenfalte mit 25 Dornen. Grundfärbung je nach Stimmung hellbraun bis tief rotbraun. Eigröße: 1,80 x 1,30 mm.

Bemerkungen: Die bereits seit vielen Jahren bekannte Art hatte ehemals eine weite Verbreitung in den Hochebenen Sri Lankas. Durch intensive Ausweitung des Gemüseanbaus wurde die Art spätestens seit etwa 1970 stark verdrängt. Die früher als Elk Plains und Moon Plains bekannten Ebenen existieren beispielsweise nicht mehr in ihrer ursprünglichen Form. Aktuell ist die Art nur noch vom geschützten Bereich des Nationalparks Horton Plains in 2.100 m Höhe sowie aus einem kleinen Bach nahe Nuwara Eliya in cirka 1.900 m Höhe belegt. Zumindest der Fundort bei Nuwara Eliya ist massiv gefährdet, bei einem Besuch 2003 waren neue Gemüsefelder bereits bis

Lancaris singhalensis.

auf 100 m an die Fundstelle herangeführt. Die Tiere fanden sich hier in noch überraschend hoher Anzahl zwischen Wasserpflanzen und der Ufervegetation des kleinen Baches. Im Juli betrug die Wassertemperatur 17,4 °C bei einem Leitwert von 21 µS und einem pH-Wert von 5,3. Im Bereich der Horton Plains wurden zur gleichen Zeit 15 °C bei identischem Leitwert und pH-Wert ermittelt. Auch *Lancaris singhalensis* gilt in der Pflege als sehr heikel und konnte in Gefangenschaft leider noch nicht dauerhaft erhalten oder gar nachgezüchtet werden, hier gelten die bereits zur Schwesternart dargelegten vermuteten Gründe. Bleibt zu hoffen, dass die sehr gefährdete Art wenigstens im Bereich des Nationalparks Horton Plains auf Dauer ein letztes geschütztes Verbreitungsbebiet findet.

Literatur: [4, 7]

Gattung *Limnocaridella* Bouvier, 1914

Eine afrikanische Gattung mit der einzigen Art *L. alberti*, die ursprünglich *Limnocaridina* zugeordnet wurde und nur aus dem Albert-See im Grenzgebiet zwischen Kongo und Uganda belegt ist.

Gattung *Limnocaridina* Calman, 1899

Mit sieben bekannten Arten die umfangreichste Gattung der Unterfamilie. Alle Arten kommen nur im Tanganjikasee vor, sind aber zum Teil hoch spezialisierte Tiere. Anders als die in diesem See lebenden Buntbarsche haben die Garnelen bisher nicht in die Aquaristik gefunden.

Gattung *Mancicaris* Liang, Guo & Tang, 1999

Die Gattung *Mancicaris* wurde 1999 für die bisher einzige Art der Gattung *M. sinensis*, einer blinden, höhlenbewohenden Art, errichtet. In der Kiemenformel entspricht *Mancicaris* den Tieren der Gattung *Paracaridina*, unterschiedet sich von diesen aber durch das Fehlen des verlängerten Fortsatzes am Exopod des ersten Maxillipeds.

Gattung *Marosina* Cai & Ng, 2005

Die noch junge Gattung *Marosina* enthält derzeit die beiden Arten *M. brevirostris* und *M. longirostris* aus dem namensgebenden Höhlensystem im Karstgebiet von Maros im südlichen Sulawesi. Das Höhlensystem wurde erst im August 1936 entdeckt und bei späteren Untersuchungen wurden mehrere endemische Krabben und Garnelen vorgefunden.

Gattung *Monsamnis* Richard, De Grave & Clark, 2012

Mit *Monsamnis longicarpus* wurde vor Kurzem auf Madagaskar eine Zwerggarnele entdeckt, für welche eine neue Gattung errichtet wurde. Die Tiere tragen kurze Epipoden an allen Schreitbeinen und ein sehr kurzes, unbezahntes und nach unten gebogenes Rostrum.

Gattung *Neocaridina* Kubo, 1938

Die Gattung *Neocaridina* wurde 1938 vom Japaner Ituo Kubo errichtet, um Arten, die sich durch den Bau der äußeren Geschlechtsorgane männlicher Tiere von anderen *Caridina*-Arten unterscheiden, abzutrennen. Männchen der Gattung *Neocaridina* tragen distal verbreiterte, birnenförmige Endopoden am ersten Schwimmbeinpaar. Der Appendix interna, soweit vorhanden, entspringt im basalen Teil des Endopods. Bei *Caridina*-Arten sind die Endopoden in der Regel blattförmig und verschmälern sich zum distalen Ende hin. Der Appendix interna sitzt nahe dem distalen Ende des Endopods.

Entgegen einer weit verbreiteten Meinung hat die Eigröße keinen Einfluss auf die Zugehörigkeit zu den Gattungen *Caridina* oder *Neocaridina*. Nach heutigem Wissensstand gehören aber alle *Neocaridina*-Arten dem spezialisierten Fortpflanzungstyp an.

Die Abspaltung der Gattung war unter Systematikern lange Zeit umstritten, *Neocaridina* wurde aber von Y. Cai anlässlich einer Revision 1996 als eigenständige Gattung bestätigt und ist heute allgemein anerkannt. Im Vergleich zur Artenfülle der Gattung *Caridina* ist die Gattung *Neocaridina* relativ überschaubar. Nach De Grave & Fransen 2011 werden heute 26 Arten bzw. Unterarten als gültig betrachtet, wobei der Status von einigen Arten als fraglich angesehen wird.

Das Endopod von *Caridina*-Arten ist distal nicht verbreitert.

links oben: Weibchen der Gattung *Neocaridina* tragen große Eier.

rechts oben: Männchen von *Neocaridina davidi* sind in der Regel viel blasser gefärbt als weibliche Tiere.

links unten: *Neocaridina davidi*-Weibchen.

rechts unten: *Neocaridina*-Arten zeigen oft eine attraktive Blaufärbung, die ihnen die englische Bezeichnung „Taiwan Blue Shrimp" eingebracht hat.

Neocaridina davidi (Bouvier, 1904)
Algengarnele, Turniergarnele, Invasionsgarnele, Guppygarnele, Rückenstrichgarnele

Synonyme: *Caridina denticulata sinensis* Englund & Cai, 1999, *Caridina davidi* Bouvier, 1904, *Neocaridina heteropoda* Karge & Klotz, 2008.

Verbreitung: China, Taiwan, Hawaii, Japan, Deutschland.

Größe: Körperlänge bis 28,5 mm, Carapaxlänge bis 6,5 mm.

Merkmale: Rostrum reicht nicht über das Ende der Antennenbasis, die Spitze ist unbezahnt. Pterygostomialwinkel mit Zahn. Verhältnis Länge/Breite der Endopoden am ersten Schwimmbeinpaar der Männchen beträgt ca. 1,2. Appendix interna am zweiten Schwimmbeinpaar erreicht bis Dreiviertel der Länge des Appendix masculina. Uropodenfalte mit 10-21 Dornen. Rostrumformel: 2-3 + 7-19 (14-16) / 1-9. Eigröße: 0,55-0,58 x 0,85-1,00 mm.

Färbung: Äußerst variable Art, schwarz, braun, dunkel rot, dunkelgrün bis weißlich oder transparent. Mit und ohne Zeichnung.

Nahrung: Aufwuchs von Laub und verrottendem Material sowie kleinste Insektenlarven und Wirbellose, Trockenfutter, Algen, Gemüse (Paprika).

Haltung: Entsprechend ihrer Herkunft und Verbreitung sind die Tiere eher kühl zu halten, eine jahreszeitliche Absenkung in den Wintermonaten auf 15-17 °C entspricht dem natürlichen Lebensraum und ist vermutlich auch Auslöser für den Vermehrungszyklus in den wärmeren Monaten. Die Tiere leben in China verbreitet in Seen sowie kleineren und mittleren Fließgewässern.

Zucht: Die Nachzucht ist völlig unproblematisch und sehr produktiv. Für Anfänger sehr zu empfehlende Art.

Bemerkungen: Bei *N. davidi* handelt es sich um eine sehr anpassungsfähige Art, die sich ursprünglich ausgehend von Ostchina rasch über weite Flächen Chinas, Japan, Taiwan bis nach Hawaii ausbreiten konnte. In China gelangte die Art mit Besatzfischen aus dem Taihu Lake in die chinesischen Binnenseen, in Hawaii erfolgte die Auswilderung durch freigelassene Garnelen, die als Lebendfutter für Zierfische angeboten wurden. Auch in Taiwan wird *N. davidi* in großen Mengen als Fischfutter gezüchtet. In Europa gehört diese Art und ihre rote Farbform *N. davidi* var. Red zu den verbreitetsten Garnelen der Aquaristik. Aufgrund der hohen Anpassungsfähigkeit, insbesondere bei niedrigen Wassertemperaturen, ist mit einem Auftauchen dieser Art auch in heimischen Gewässern zu rechnen. Aktuell wurde diese Garnele bereits in einem thermisch beeinflussten Gewässer in Mitteldeutschland nachgewiesen (W. Klotz, in Vorbereitung). Unter der Bezeichnung „Rückenstrichgarnele" sind mehrere *Neocaridina*- und *Caridina*-Arten im Handel zu finden. Neben *N. davidi* sind das insbesondere *C. fernandoi*, *C. babaulti* und *C. multidentata*. Ein dorsaler Längsstrich am Abdomen ist allerdings bei sehr vielen Süßwassergarnelen, vor allem bei ausgewachsenen weiblichen Tieren zu finden und stellt kein zuverlässiges Bestimmungsmerkmal

Neocaridina davidi, das Endopod des ersten Schwimmbeinpaares des Männchens.

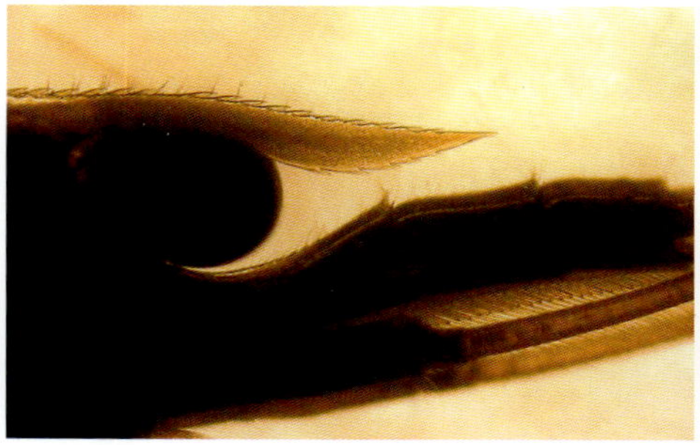

Neocaridina davidi, Rostrum.

Der Appendix interna reicht bei *Neocaridina davidi* nur bis maximal ¾ der Länge des Appendix masculina.

dar. Bereits frühere Autoren wie Bouvier erwähnten einen ausgeprägten Geschlechtsdimorphismus am dritten Schreitbeinpaar bei Exemplaren von *N. davidi* und speziell der von Kemp beschriebenen Unterart *N. d. sinensis*. Liang trennte die Tiere mit Sexualdimorphismus unter dem Namen *N. heteropoda* von *N. denticulata* ab und stellte Kemps Unterart zur Nominatform. Diese nomenklatorische Änderung wurde vor Kurzem von Y. Cai kritisiert, so dass sich die Nomenklatur dieser Tiere noch ändern und der alte Name *Neocaridina denticulata sinensis* in der wissenschaftlichen Literatur einstweilen noch in Gebrauch bleiben dürfte. Die in der Aquaristik verbreiteten Tiere unterscheiden sich nach eigenen Vergleichen nicht vom Typusmaterial von *N. davidi* Bouvier, 1904 und werden daher dieser Art zugeordnet.

Literatur: [8, 84, 6, 43, 88, 87]

Typische Rückenstrichgarnele als Algengarnele bezeichnet.

Farb- und Zuchtformen von *Neocaridina davidi*
Red-Cherry-Garnele, Red-Fire-Garnele, Sakura-Garnele, Rili-Garnele

Die farblich variable Wildform von *N. davidi* stellt ein ausgezeichnetes Ausgangsmaterial für Farbzuchten dar. Die Red-Cherry-Garnele, ursprünglich eine rote Farbform Wildform von *Neocaridina davidi*, war die erste Farbform, welche in der Aquaristik aufgetaucht ist. Die Tiere stammen ursprünglich aus Taiwan, werden heute aber weltweit nachgezüchtet. Heute sind reine Farblinien in kirschroter, zitronengelber, oranger und schwarzer Körperfarbe am Markt. Tiere mit teils transparenten

Yellow-Fire-Garnele.

Orange-Sakura-Garnele.

Foto: C. Lukhaup

Fotos: C. Lukhaup

Sakura (japanisch für Kirschblüte) Garnele.

Tiere mit unterbrochener Körperfärbung nennt man Rili-Garnele.

Stellen am Körper werden als Rili-Garnelen bezeichnet. Auch diese Sonderform ist heute in mehreren Farben erhältlich. Eine Vergesellschaftung der Farbzuchten mit normalfarbigen Tieren dieser Art oder mit anderen Farbformen wird nicht empfohlen, um blassfarbene Nachkommen zu vermeiden. Die Nachzucht selbst ist unproblematisch.

Neocaridina palmata Shen, 1948
Marmorgarnele, Nektarinengarnele, Rotrückengarnele

Verbreitung: China, Provinzen Longlin, Guangxi, autonome Region Zhuang sowie Provinz Guangdong, Meizhou; Nord Vietnam.

Größe: Körperlänge bis 28 mm.

Merkmale: Rostrumlänge beim Männchen bis zur Mitte des ersten oder zweiten Antennebasissegmentes, beim Weibchen bis zum distalen Ende des ersten oder zweiten Antennebasissegmentes. Pterygostomialwinkel mit winzigem Zahn. Endopod des ersten

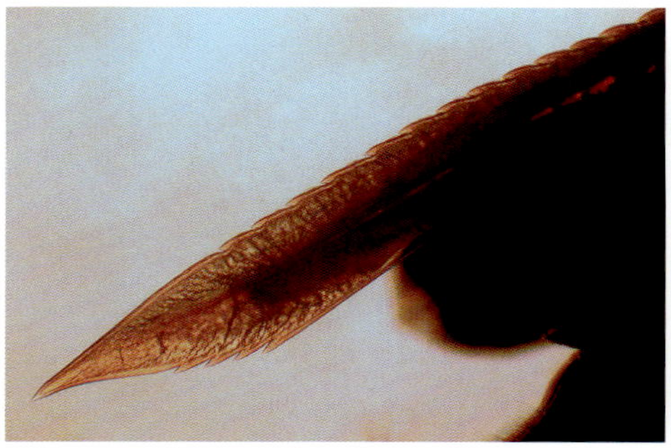

Rostrum.

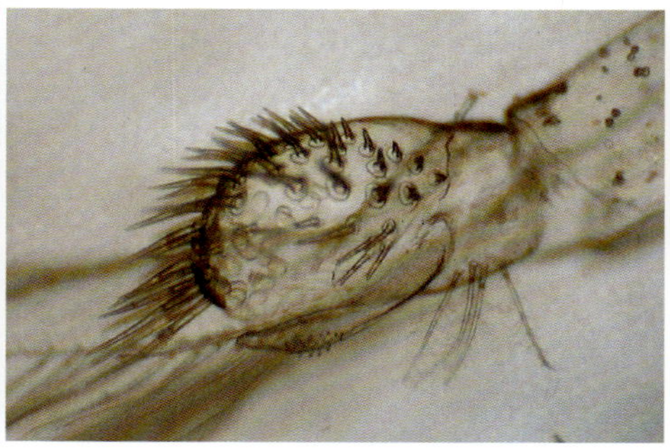

Appendix masculina mit langem Appendix interna.

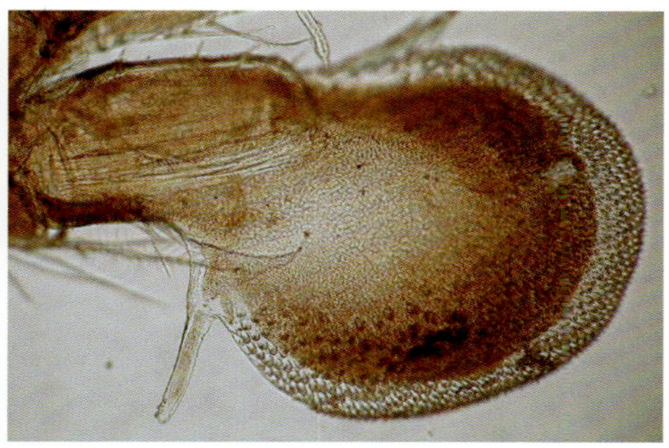

Endopod des zweiten Schwimmbeinpaares mit verdicktem basalem Teil.

Schwimmbeinpaares beim Männchen 1,5- bis 2,1-mal so lang wie breit, mit langem basalem Teil. Appendix interna basal und keilförmig. Appendix masculina dick und stark bedornt, Appendix interna am zweiten Schwimmbeinpaar dick und bis fast zum distalen Ende des Appendix masculina reichend. Uropodenfalte mit 12-16 Dornen. Rostrumformel: 2-5 + 8-16 / 2-8.

Nahrung: Aufwuchs von Laub und verrottendem Material, kleinste Insektenlarven, Trockenfutter, Algen, Gemüse.

Haltung: Wie andere *Neocaridina*-Arten unproblematisch, auch im Kaltwasser.

Zucht: Verkürzter Fortpflanzungstyp, problemlos.

Bemerkungen: *Neocaridina palmata* ist von der makroskopisch sehr ähnlichen *Neocaridina davidi* ohne mikroskopische Untersuchung kaum zu unterscheiden. Unter dem Mikroskop sind die Form des Innenastes des ersten Schwimmbeinpaares und der starke Appendix interna am Appendix masculina allerdings ein deutliches Unterscheidungsmerkmal. Beide Arten gehören im Aquarium zu den anspruchslosesten und vermehrungsfreudigsten Zwerggarnelenarten. Neben der eher schlichter gefärbten normalen „Marmorgarnele" existiert eine weitere, aquaristisch sehr bekannte und beliebte Form von *N. palmata*. Die als „Nektarinen- oder Rotrückengarnelen" bezeichneten Tiere stammen aus der Gegend um Meizhou, Provinz Guangdong. Als kennzeichnendes Merkmal tragen sie im Körperinneren deutliche ovale orange Einlagerungen. Diese länglichovalen Einschlüsse wurden ursprünglich für eine durch besondere Nahrung hervorgerufene Färbung der Eingeweide gehalten. Uns ist es aber gelungen nachzuweisen, dass es sich bei den orangen Einschlüssen um Zysten eines parasitären Saugwurmes aus der Familie der Kratzer (Acanthocephala) handelt. Die Infektion mit diesem Parasiten wird auf Seite 40-41 näher beschrieben. Da im Aquarium der Endwirt der Parasiten fehlt, können die Würmer ihren Entwicklungskreislauf nicht vollenden, die Nachzuchten der Garnelen werden nicht mehr infiziert und zeigen sich in der Färbung wie von der Marmorgarnele bekannt.

Literatur: [75, 6, 87]

Marmorgarnele, *Neocaridina palmata*.

Typisches Habitat von *N. palmata* im Bergland von Südchina.

In diesem Gewässer teilen sich die Garnelen ihren Lebensraum mit einer kleinen Schmerlenart.

Neocaridina palmata Shen, 1948
„White Pearl"-Garnele, Weißeigarnele

Synonyme: *Neocaridina* cf. *zhangjiajiensis* Karge & Klotz, 2008.

Herkunft: Unbekannt.

Größe: Körperlänge bis 25 mm, Carapaxlänge bis 7 mm.

Merkmale: Rostrum nicht über das Ende der Antennenbasis reichend, an der Spitze unbezahnt. Pterygostomialwinkel mit Zahn. Endopod des ersten Schwimmbeinpaares beim Männchen lang und basal mit dickem, keilförmigem Appendix interna. Appendix interna stark, bis zum distalen Ende des Appendix masculina oder knapp davor reichend. Eier trächtiger Weibchen leuchtend weiß. Rostrumformel: 2-3 + 10-13 / 3-4.

Nahrung: Aufwuchs von Laub und verrottendem Material, Insektenlarven, Trockenfutter, Algen, Gemüse.

Haltung und Zucht: Unproblematisch, wie andere *Neocaridina*-Arten, verkürzter Fortpflanzungstyp.

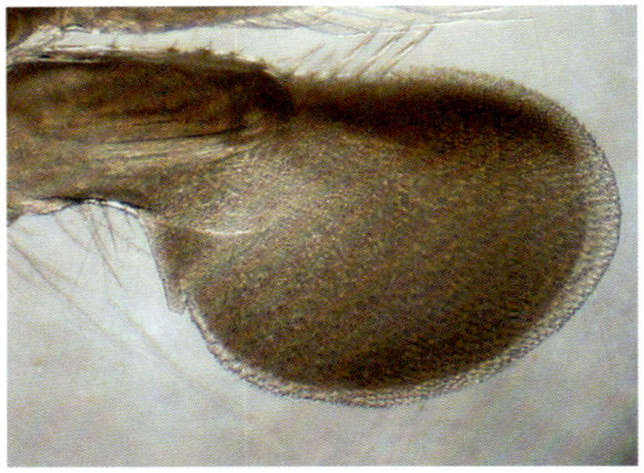

Das Endopod des ersten Schwimmbeinpaares der „White Pearl"-Garnele zeigt bei manchen Exemplaren einen keilförmigen Appendix interna und einen schwachen Auswuchs am basalen Teil, wie von Cai bei *Neocaridina zhangjiajiensis* beschrieben.

Bemerkungen: Bei der „White Pearl"-Garnele handelt es sich um die weiße Zuchtform von *Neocaridina palmata*, die vom deutschen Aquarianer Ulf Gottschalk aus einer Population von Tieren mit graublauer Körperfärbung herausgezüchtet wurde. Die durchscheinend weißlichen Garnelen ähneln anderen *Neocaridina*-Arten. Durch die weißen Eier trächtiger Weibchen, welche wie winzige Südseeperlen durch die Pleurasegmente schimmern, können die Tiere aber makroskopisch leicht unterschieden werden. In den ersten beiden Auflagen dieses Buches wurde diese Farbform noch als *Neocaridina* cf. *zhangjiajiensis* bezeichnet. *N. zhangjiajiensis* wurde von Y. Cai 1996 anhand eines einzelnen Exemplars aus dem Zhangjiajie National Forest Park in Dayong, Hunan erstmals beschrieben. Die mikroskopischen Merkmale der „White Pearl"-Garnele, insbesondere die Ausformung der Endopoden des ersten Schwimmbeinpaares und des Rostrums, passen sehr gut zu den beschriebenen Merkmalen, so dass die Tiere dieser Art zugeordnet worden waren. Allerdings variieren die Tiere in der Ausformung des Endopods des ersten Schwimmbeinpaares männlicher Tiere deutlich, so dass die Tiere heute zur in Südchina weit verbreiteten Art *N. palmata* gezählt werden. Noch unveröffentlichte phylogenetische Daten bestätigen die Identität der „White Pearl"-Garnele mit *N. palmata*.

Literatur: [84, 6]

Foto: C. Lukhaup

Wie kleine Südseeperlen schimmern die Eier der „White Pearl"-Garnele an den Pleopoden des eiertragenden Weibchens.

Neocaridina cf. *denticulata* var. „White"
Super White Tiger, Ogayama-Shrimp

Verbreitung: Japan, Okayama.

Merkmale: Rostrum schlank, reicht bis zum Anfang des 3. Antennenbasissegmentes. Pterygostomialwinkel mit Zahn. Verhältnis Länge/Breite der Endopoden am ersten männlichen Schwimbeinpaar 1,8. Appendix interna des zweiten Schwimmbeinpaares erreicht 0,78 der Länge des Appendix masculina. Uropodenfalte mit 11 Dornen. Rostrumformel: 2 + 15 / 5.

Färbung: Weibliche Tiere eher unscheinbar und transparent. Ausgewachsene männliche Tiere im gesamten Körper weiß gefärbt. Die auffallende Färbung wird nicht über Farbzellen in der Unterhaut hervorgerufen.

Bemerkungen: Bei diesen 2006 gefundenen Tieren handelt es sich um eine Art, die sowohl Merkmale von *Neocaridina denticulata* als auch *N. heteropoda koreana* besitzt. Auch wenn die Ausbildung der männlichen Anhänge an den ersten Schwimmbeinfüßen etwas abweicht, ist sie vorläufig *N. denticulata* zuzuordnen. Die geschlechtsspezifische Ausfärbung ist in dieser Ausprägung von keiner weiteren Zwerggarnele bekannt. Interessanterweise wird die Färbung männlicher Tiere im Körperinneren hervorgerufen, eine derartige Verfärbung ist sonst nur von geschwächten bzw. erkrankten Tieren bekannt. Haltung und Nachzucht wie bei vielen *Neocaridina*-Arten unproblematisch.

Literatur: [6, 84, 87]

Männliche *Neocaridina* var. „White" ▲ ▶

▲ Weibliche Tiere von *Neocaridina* var. „White" besitzen nur eine bräunlich-transparente Färbung.

Gattung *Palaemonias* Hay, 1901

Die bereits relativ frühzeitig aufgestellte nordamerikanische Gattung *Palaemonias* scheint insgesamt *Syncaris* recht nahezustehen. Neben den für die Unterfamilie typischen Merkmalen wie dem Dorn am Supraorbitalwinkel des Carapax, den Exopoden an den ersten beiden Schreitbeinpaaren und den geringen Dornen an der Uropodenfalte, zeichnet *Palaemonias*, *Syncaris* und *Dugastella* insbesondere der vorhandene Dorn am Pterygostomialwinkel aus. Bis heute sind nur die beiden Arten *Palaemonias alabamae* Smalley, 1961 aus Alabama, Madison Country und *Palaemonias ganteri* Hay, 1901 aus Kentucky, Nationalpark Mammoth-Cave bekannt. Die Pigmentierung der Augen ist wie bei vielen troglophilen Arten zurückgebildet, der äußere Hautpanzer nur dünn. Auch dieses Merkmal gilt für viele unterirdisch lebende Garnelen als typisch.

Foto: J. MacGregor

Palaemonias ganteri.

Gattung *Paracaridina* LIANG, GUO & TANG, 1999

Die fünf bisher beschriebenen Arten der Gattung unterscheiden sich von der Gattung *Caridina* nur durch das Fehlen eines Kiemenbüschels am ersten Schreitbeinpaar. Aufgrund dieses Merkmals wurden sie früher in die heute nicht mehr anerkannte Unterfamilie Caridellinae gestellt. Als Typusart wurde die erst 1992 beschriebene *Caridina longispina* in die neue Gattung gestellt, später wurden mit *C. guizhouensis* und *C. leptocarpa* weitere *Caridina*-Arten der neuen Gattung zugeordnet. Aktuelle phylogenetische Arbeiten lassen die systematische Gültigkeit der Gattung allerdings zweifelhaft erscheinen, da einzelne Arten dieser Gattung jeweils näher mit Arten der Gattung *Caridina* verwandt sind, als erstere untereinander. In der Aquaristik sind mit der Hummelgarnele, *Paracaridina meridionalis*, sowie der Blue oder Schoko Bee aus Südchina, der Prinzess Bee und drei weiteren Arten aus dem Vietnam sechs weitere, zum Teil noch unbeschriebene Arten aufgetaucht, die der Gattung *Paracaridina* zugeordnet werden müssten. Eine Revision der Gattung auf Basis der phylogenetischen Daten ist abzusehen bis dahin wird *Paracaridina* hier als (morphologisch) valide Gattung geführt.

Paracaridina meridionalis WANG, LIANG & LI, 2008
Hummelgarnele

Synonyme: *Caridina meridionalis* Wang, Liang & Li, 2008.

Herkunft: Südchina, Provinz Guangdong, kleine Bergbäche um den Xinfengjiang Stausee bei Heyun.

Größe: Carapaxlänge: ♂ bis 3,8 mm, ♀ bis 4,6 mm, Gesamtlänge 18-21 mm.

Merkmale: Rostrum kurz, bis zum Ende der Augen oder bis zum Ende des ersten Antennenbasissegmentes reichend, leicht abwärts gebogen. Stylozerit nicht ganz bis zum Ende des ersten Antennenbasalsegmentes reichend. Schere des ersten Schreitbeinpaares 1,9-mal so lang wie breit, Finger 0,7-mal so lang wie die Handfläche. Endopod des ersten Schwimmbeinpaares beim Männchen distal leicht schmäler werdend, Appendix interna bis über das distale Ende des Endopods reichend. Dactyli des dritten Beinpaares mit 5-6, am fünften Beinpaar mit 53-58 Dornen. Uropodenfalte mit 18-19 Dornen. Rostrumformel: 3–8 + 2–3 / 1–2.

Paracaridina meridionalis aus der Umgebung von Heyun in Südchina.

Nahrung: Aufwuchs von Laub und verrottendem Material, kleinste Insektenlarven, Trockenfutter, Algen, Gemüse.

Haltung: Typische südchinesische Weichwasserart. Die Wassertemperatur sollte bei etwa 24 °C liegen, 30 °C nicht überschreiten.

Zucht: Verkürzter Fortpflanzungstyp, in weichem Wasser oder auf aktiven Bodengründen möglich.

Bemerkungen: *Paracaridina meridionalis* wurde von Wang et al. als Art der Gattung *Caridina* beschrieben. Eigene Untersuchungen an Tieren von

Die Hummelgarnelen leben in kleinen Quellbächen.

Paracaridina meridionalis im natürlichen Habitat.

zwei Gewässern aus dem in der Erstbeschreibung als Typuslokalität genannten Gebiet zeigen aber, dass die Tiere keine Arthrobranchien am ersten Schreitbeinpaar tragen und damit in die Gattung *Paracaridina* zu stellen sind. Innerhalb dieser Gattung fällt die große Ähnlichkeit mit der ebenfalls aus dieser Gegend beschriebenen Art *Paracaridina zijinica* Liang, 2002 auf. Diese Art unterscheidet sich nach den Abbildungen in der Erstbeschreibung nur durch einen etwas längeren Stylozeriten (bis zum Ende des ersten Segmentes der Antennenbasis reichend) von *P. meridionalis*. Es bleibt daher durch einen direkten Vergleich der Typusserien abzuklären, ob es sich hier nicht um dieselbe Art handet und *P. meridionalis* als jüngeres Synonym von *P. zijinica* zu betrachten wäre. Von anderen Hummelgarnelen lässt sich *P. meridionalis* relativ leicht durch den Omega-förmigen weißen Fleck auf der Oberseite des ansonsten schwarzen Carapax unterscheiden.

Literatur: [87, 88]

Paracaridina sp. Blue Bee
Blue Bee, Schoko Bee

Herkunft: Südchina, Provinz Guangdong, vermutlich aus der Umgebung von Guangzhou.

Größe: Carapaxlänge: ♂ bis 4 mm, ♀ bis 4,8 mm, Gesamtlänge 18-23 mm.

Merkmale: Rostrum gerade, bis zum Anfang oder Ende des zweiten Antennenbasissegmentes reichend. Stylozerit nicht ganz bis zum Ende des ersten Antennenbasalsegmentes reichend. Schere des ersten Schreitbeinpaares 2,1-2,3-mal so lang wie breit, Finger gleich lang wie oder minimal länger als die Handfläche. Endo-

Foto: C. Lukhaup

Die als „Blue Bee" oder „Schoko Bee" bekannten Tiere sind aufgrund ihrer Kiemenformel vorläufig in die Gattung *Paracaridina* zu stellen.

pod des ersten Schwimmbeinpaares beim Männchen distal mit kräftigem Appendix interna. Dactyli des dritten Beinpaares mit 5, am fünften Beinpaar mit 40-50 Dornen. Uropodenfalte mit 16-21 Dornen. Rostrumformel: 5-6 + 8-10 / 0-2.

Nahrung: Aufwuchs von Laub und verrottendem Material, kleinste Insektenlarven, Trockenfutter, Algen, Gemüse.

Haltung: Typische südchinesische Weichwasserart. Die Wassertemperatur sollte knapp 30 °C nicht überschreiten.

Zucht: Verkürzter Fortpflanzungstyp, in weichem Wasser oder auf aktiven Bodengründen relativ problemlos.

Bemerkungen: Die Blue-Bee-Garnele war die erste Art der Gattung *Paracaridina,* welche in der Aquaristik aufgetaucht ist. Bis heute ist die genaue Herkunft der Tiere nicht bekannt, nach Angaben der chinesischen Händler stammen die Tiere aus der Umgebung der Millionenstadt Guangzhou. Durch die relativ charakteristische Lebendfärbung, die entfernt an die Ninjagarnele *Caridina serratirostris* erinnert, kann die Blue Bee relativ einfach erkannt werden.

Paracaridina sp. Prinzess Bee

Herkunft: Zentral Vietnam, Bergbäche am Hai Van Pass bei Da Nang.

Größe: Gesamtlänge 18-21 mm.

Merkmale: Rostrum kurz, bis zum Ende des ersten Antennenbasissegmentes reichend, meist unbezahnt oder mit wenigen dorsalen Zähnen. Stylozerit fast bis zum Ende des ersten Antennenbasalsegmentes. Erstes Schreitbeinpaar ohne Arthrobranchien. Schere am ersten Schreitbeinpaar doppelt so lang wie breit, Finger gleich lang oder minimal länger als die Handfläche. Dactyli des dritten Beinpaares mit 2-6, am fünften Beinpaar mit 34-45 Dornen. Uropodenfalte mit 15-24 Dornen. Rostrumformel: 0-1 + 0-5 / 0. Eigröße: 0,67-0,76 x 1,12-1,18 mm.

Foto: C. Lukhaup

Die Prinzess Bee bewohnt Gewässer am Hai Van Pass in Vietnam.

Haltung: Typische Weichwasserart mit etwas höherem Temperaturbedarf als viele südchinesische Garnelenarten.

Zucht: Verkürzter Fortpflanzungstyp, in weichem Wasser oder auf aktiven Bodengründen möglich.

Bemerkungen: Die Prinzess Bee ähnelt in der Körperfarbe der Bienengarnele aus Hongkong oder der Hummelgarnele *Paracaridina meridionalis* aus Südchina. Mit letzterer haben die Tiere aus dem Vietnam auch das Fehlen eines Kiemenbüschels am ersten Schreitbeinpaar gemeinsam. Die Art wurde vom Erstautor 2009 zum ersten Mal aus Vietnam nach Deutschland mitgebracht. Bald wurde die Prinzess Bee auch kommerziell importiert. Durch rücksichtsloses Absammeln am natürlichen Lebensraum der Tiere sind die Populationen dort inzwischen stark zurückgegangen. Die Art lässt sich im Aquarium aber relativ problemlos zur Vermehrung bringen. Es bleibt zu hoffen, dass der Bedarf in der Aquaristik in Zukunft primär aus Nachzuchten gedeckt werden kann.

Paracaridina sp. Blue Da Nang

Herkunft: Zentral Vietnam, Bergbäche am Hai Van Pass bei Da Nang.

Größe: Gesamtlänge 14-17 mm.

Merkmale: Rostrum bis zum Ende des ersten Antennenbasissegmentes reichend, meist unbezahnt oder mit vereinzelten dorsalen Zähnen. Stylozerit fast bis zum Ende des ersten Antennenbasalsegmentes. Dactyli des dritten Beinpaares mit 4, am fünften Beinpaar mit 33-38 Dornen. Uropodenfalte mit 19 Dornen. Rostrumformel: 0 + 0–3 / 0.

Haltung: Typische Weichwasserart.

Bemerkungen: Die noch unbeschriebene Art wurde im gleichen Berggebiet wie die Princess Bee gefunden, jedoch in einem anderen Tal. Hier kommt sie gemeinsam mit der transparenten *Caridina vietriensis* vor. Möglichlicherweise ist sie identisch mit den als „Super Blue Saigon" bezeichneten Tieren.

Paracaridina sp. Black and White Saigon, Vietnam-Hummelgarnele

Hummelgarnele aus dem Vietnam.

Herkunft: Vietnam.

Größe: Gesamtlänge 18-21 mm.

Merkmale: Rostrum kurz, unbezahnt oder mit einzelnen Zähnen. Erstes Schreitbeinpaar ohne Arthrobranchien.

Haltung: Typische Weichwasserart.

Zucht: Verkürzter Fortpflanzungstyp, in weichem Wasser oder auf aktiven Bodengründen möglich.

Bemerkungen: Die erstmals Ende 2011 im internationalen Garnelenhandel unter der Handelsbezeichnung Black & White Saigon aufgetauchten Tiere sind morphologisch und von der Körperfärbung der ebenfalls aus dem Vietnam stammenden Prinzess Bee sehr ähnlich, unterscheiden sich aber genetisch deutlich von dieser Art. Im Aquarium wurden die Hummelgarnelen aus dem Vietnam, deren exakte Herkunft noch unbekannt ist, bereits erfolgreich nachgezogen.

Paracaridina sp. Super Blue Saigon

Herkunft: Vietnam.

Größe: Gesamtlänge 18-21 mm.

Merkmale: Rostrum kurz, unbezahnt oder mit einzelnen Zähnen. Erstes Schreitbeinpaar ohne Arthrobranchien.

Haltung: Typische Weichwasserart. Die Wassertemperatur sollte auch im Sommer knapp 30 °C nicht überschreiten.

Zucht: Verkürzter Fortpflanzungstyp, in weichem Wasser oder auf aktiven Bodengründen möglich.

Bemerkungen: Die von der Lebendfärbung wenig attraktiven Tiere kamen zeitgleich mit den als Black & White Saigon bezeichneten Tieren in den Handel. Anders als der Handelsname suggerieren könnte, zeigen nur wenige Tiere eine deutliche Blaufärbung.

Selten zeigen Tiere ein ansprechendes Blau in der Körperfärbung.

Gattung *Paratya* Miers, 1882

Im Vergleich mit ihren Verwandten stellt *Paratya* mit 19 derzeit beschriebenen Arten und Unterarten die stärkste Gruppe innerhalb der ehemaligen Unterfamilie Paratyinae. Die ersten Arten wurden anfangs den marinen Gattungen *Ephyra* und *Miersia* (*Syncaris*) zugeordnet, später der amerika-

Foto: F. Bitter

Die Arten der Gattung *Paratya* ...

... sind oft recht zierlich gebaut.

nischen *Xiphocaris*. Kennzeichnendes Merkmal der Gattung sind die vorhandenen Exopoditen an allen fünf Schreitbeinpaaren. Setobranchien sind ebenfalls an allen Beinpaaren vorhanden, Epipoditen fehlen dagegen am fünften Schreitbeinpaar. Ihre Verbreitung erstreckt sich von Korea, Japan über südpazifische Inseln bis hin zum östlichen Australien, Neuseeland und Tasmanien. Eine Art wurde aus Vietnam beschrieben, auch Berichte über Funde in Indien wurden bereits publiziert. Einige Arten sind dabei nur vom Fundort der Typusexemplare bekannt.

Paratya compressa (De Haan, 1849)
Nuka ebi, Nuka shrimp

Synonyme: *Ephyra compressa* Heller, 1850, *Miersia compressa* Kingsley, 1879, *Atyaëphyra compressa* Miers, 1882, *Xiphocaris compressa* Ortmann, 1894, *Xiphocaridina compressa* Bouvier, 1909.

Verbreitung: Japan.

Größe: ♂ 26 mm, ♀ 37 mm.

Merkmale: Rostrum gerade, reicht bis zum Ende oder über die Segmente der Antennenbasis. Mit 2-3 dorsalen Zähnen auf dem Carapax oder in Höhe der Augenhöhle. Dactylus des dritten Beinpaares kurz und mit 5-7 Dornen an der Hinterkante. Dactylus des fünften Beinpaares mit ca. 61 Dornen. Rostrumformel: 2-3 + 14-22 / 1-6. Eigröße: 0,35-0,45 x 0,24-0,30 mm.

Foto: F. Bitter

Paratya compressa.

Bemerkungen: Die früher von Kemp, 1917 aus Japan beschriebenen Tiere gehören laut Cai & Shokita nicht dieser Art an. Die ursprünglich als Unterart *P. compressa improvisa* Kemp, 1917 beschriebenen Tiere unterscheiden sich deutlich durch das Fehlen von postorbitalen Zähnen am Rostrum und durch einen ausgeprägten Sexualdimorphismus am 3. Schreitbeinpaar mit deutlich stärker bedornten Dactyli und werden heute als eigenständige Art angesehen. Von *P. compressa* wurde gelegentlich über einen Befall mit *Caridinicola* berichtet, einem parasitären Saugwurm, der an den Kiemenanhängen von Garnelen haftet. Ungeachtet dessen erwähnt Holthuis die Art in seiner Übersicht über Garnelen mit gewisser ernährungswirtschaftlicher Bedeutung. Innerhalb der Gattung gehört *P. compressa* gemeinsam mit *P. curvirostris* zu den Arten mit zahlreichen kleinen Eiern und vielen Larvenstadien. Die Nachzucht dürfte sich daher als schwierig gestalten. *Paratya compressa* wurde bereits vereinzelt eingeführt und hat zumindest in Japan eine gewisse aquaristische Verbreitung gefunden.

Literatur: [4, 80, 67, 16, 13]

Gattung *Parisia* Holthuis, 1956

Aufgrund der fehlenden Arthrobranchien an den ersten Peraeopoden (Schreitbeinpaaren) begründete Holthuis die Aufstellung der Gattung *Parisia* und löste die von Fage 1946 als *Caridina microphthalma* aus Madagaskar beschriebene Art aus dieser Gattung. Gleichzeitig beschrieb Holthuis zwei weitere madagassische Arten, später wurde die Gattung durch Arten aus Australien und den Philippinen erweitert. Damit besitzt auch *Parisia* ein sehr seltsames Verbreitungsgebiet. Bis vor Kurzem waren die wenigen Arten dieser Gattung nur aus Höhlen bekannt. Im Jahr 2010 wurde von Yixiong Cai aber mit *Parisia holthuisi* erstmals eine einen Gebirgsbach bewohnende Art dieser Gattung mit voll ausgebildeten Augen beschrieben. Aus dem Süden von Neuguinea wurde von H. G. Evers vor Kurzem eine leuchtend rot gefärbte, wissenschaftlich noch unbeschriebene Art ebenfalls mit funktionellen Augen gesammelt. Die 2008 von uns von einer kleinen Insel vor Sulawesi beschriebene *Caridina thomasi* wäre aufgrund der reduzierten Kiemenformel ebenfalls in die Gattung *Farisia* zu stellen. Damit kann man bei *Parisia* nicht mehr von einer rein in unterirdischen Gewässern lebenden Gattung ausgehen. Wie bei der Gattung *Paracaridina* zeigen auch bei *Parisia* genetische Daten, dass die Arten dieser Gattung nicht auf einen gemeinsamen Vorfahren zurückgehen, sondern mit Tieren anderer Gattungen verwandt sind. Auch hier ist eine Revision dieser Gattung notwendig. *Parisia* trägt nur sehr wenige, bezogen auf die Körpergröße aber sehr große Eier.

Foto: H. G. Evers

Parisia sp. aus der Gegend um Timika, Neuguinea.

Gattung *Potimirim* Holthuis, 1954

Mit *Potimirim* stellte Holthuis 1954 die amerikanischen Vertreter der Gattungen *Ortmannia* und *Atyoida* in eine eigenständige Gattung. Er war richtigerweise der Auffassung, dass *Ortmannia* ein jüngeres Synonym für *Atya* oder *Caridina* darstellt. Allerdings war für Holthuis auch die indopazifische *Atyoida* nur ein jüngeres Synonym für *Atya*, was sich später allerdings nicht bestätigte. Als Referenzart zur Gattung wählte er *Potimirim glabra*, bis dahin als *Atyoida glabra* bekannt. Den Gattungsnamen leitete er aus der brasilianischen Bezeichnung für die Tiere ab, die von Müller 1881 ursprünglich als *Atyoida potimirim* beschrieben wurden und die er gleichzeitig *Potimirim* (*Caridina*) *mexicana* zuordnete, einer Art, die von De Saussure schon 1857 beschrieben wurde. Bereits Bouvier hatte in der Vergangenheit *Atyoida potimirim* zu *Ortmannia (Caridina) mexicana* gestellt. Villalobos stellte später aber die Gültigkeit von *Potimirim potimirim* als eigenständige Art fest.

Die zurzeit bekannten fünf Arten der Gattung sind im Körperaufbau sehr ähnlich. Ihre Unterscheidung kann in aller Regel nur über die Ausbildung der Appendix masculina an den zweiten männlichen Pleopoden erfolgen. Als weiteres Unterscheidungsmerkmal gelten die Epipoden an den vier Peraeopoden. Nach Villalobos besitzen *P. mexicana* und *P. potimirim* im Gegensatz zu *P. glabra* und *P. brasiliana* keine Anhänge am vierten Schreitbeinpaar. Die Chelipeden der ersten beiden Beinpaare sind schlank entwickelt und mit relativ langen Borsten besetzt, aber kaum zum Filtrieren geeignet. In erster Linie werden Oberflächen auf der Suche nach Nahrung abgestreift. Ihre Verbreitung beschränkt sich artspezifisch auf Mittel- und Südamerika sowie die westindischen Inseln. Alle Arten entwickeln eine Vielzahl von pelagischen Larven, deren Aufzucht sich entsprechend schwierig gestalten dürfte.

Urwaldbach nahe der karibischen Küste von Panama, Lebensraum von *Potimirim potimirim*.

Potimirim americana (Guérin-Méneville, 1857)

Synonyme: *Caridina americana*, *Ortmannia americana* (Bouvier, 1904).

Verbreitung: Große und Kleine Antillen: Kuba, Jamaika, Trinidad.

Größe: Gesamtlänge bis etwa 20 mm, Carapax bis 5 mm.

Merkmale: Rostrum nur wenig länger als das erste Segment der Antennenbasis, ohne dorsale Zähne, 1-4 ventrale Zähne. Appendix masculina der zweiten männlichen Pleopoden scheibenförmig rund, Breite etwa Dreiviertel der Länge.

Färbung: Variabel von transparent bis schwarzbraun, gelegentlich mit dorsaler heller Zeichnung. Insbesondere tragende Tiere können sehr dunkel gefärbt sein.

Bemerkungen: Die Art wurde in jüngster Zeit vereinzelt eingeführt. Eine anfängliche Scheu legt sich bald, allerdings bevorzugen die Tiere eine eher versteckte Lebensweise am Boden zwischen Laub oder Wurzeln.

Literatur: [4, 57, 21, 116]

Männliche Tiere von *Potimirim americana* sind oft transparenter.

Weibliche *Potimirim americana* aus Kuba.

Foto: C. Lukhaup

Potimirim potimirim (Müller, 1881)
Mini-Fächergarnele

Synonyme: *Atyoida potimirim* (Müller), *Ortmannia potimirim* (Rathbun, 1901), *Ortmannia mexicana* (Bouvier, 1925), *Potimirim mexicana* (Holthuis, 1952).

Verbreitung: Brasilien: Rio Itahai (Estado de Santa Catarina), Rio Gurjau (Recife).

Größe: Gesamtlänge bis cirka 23 mm.

Merkmale: Rostrum bis zum Ende des zweiten Segmentes der Antennenbasis, ohne dorsale Zähne, 2-3 ventrale Zähne. Appendix masculina der zweiten männlichen Pleopoden lang mit zwei schwach sinusförmigen Einbuchtungen, die hintere mit Bedornung. Insgesamt *P. mexicana* sehr ähnlich, Abgrenzung u.a. über die Proportionen des etwas schlankeren Appendix masculina möglich.

Färbung: Transparent bis rötlichbraun, teilweise mit heller Rückenstrichzeichnung.

Bemerkungen: Die Art wurde 2004 erstmalig eingeführt und scheint seitdem gelegentlich in geringer Anzahl importiert zu werden. Auch wenn der deutsche Trivialname darauf hindeutet, bevorzugt diese Art eher den Bodenbereich, um hier die Oberflächen nach Nahrung abzusuchen. Ein aktives Filtrieren konnte noch nicht beobachtet werden.

Literatur: [4, 57, 21, 116]

Potimirim potimirim.

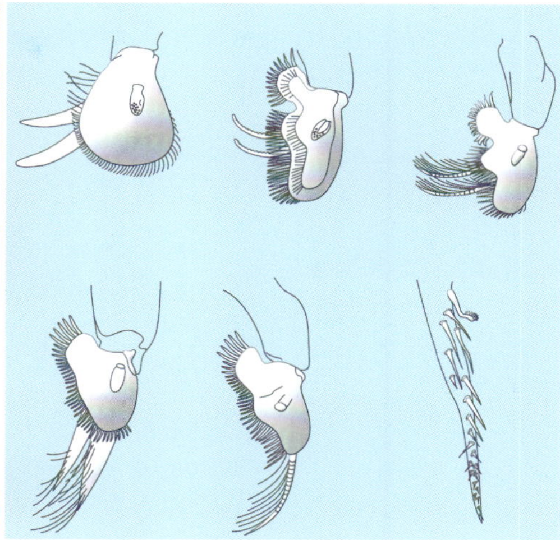

Appendix masculina der zweiten männlichen Pleopoden von *Potimirim* und *Jonga*.

Gattung *Puteonator* Gurney, 1987

Nur wenige Garnelen sind aus dem Irak bekannt. Mit der monotypischen *Puteonator iraqiensis* haben wir es mit Tieren aus einem recht merkwürdigen Lebensumfeld zu tun. Die bislang einzige Art wurde 1985 mit vier Exemplaren in einem „anchialinen Habitat" in 160 m Tiefe gefunden. Unter anchialin werden Höhlen mit Verbindung zum Meer und Zugang vom Land bezeichnet. In diesen Höhlen wird das tiefere Meerwasser durch Brack- und Süßwasser überlagert.

Gattung *Pycneus* Holthuis, 1986

Die einzige Art *P. morsitans* ist nur aus der Munjingerra Cave im Gibson Desert in Westaustralien bekannt. Der Zugang zur seit Langem bekannten Höhle erfolgt ebenerdig, nach schweren Regenfällen in den Jahren 2000 und 2001 in der steppen- und wüstenartigen Gegend ist sie aber weitgehend eingestürzt. Über die näheren Lebensumstände der Art ist nichts bekannt.

Zugang zur Munjingerra Cave.

Gattung *Pycnisia* Bruce, 1992

Die beiden Arten *P. bunyip* und *P. raptor* siedeln ausschließlich in Höhlengewässern Australiens. Der Gattungsname ist eine Kombination aus den ebenfalls unterirdisch lebenden australischen Gattungen *Pycneus* und *Parisia* und soll die Nähe zu den Gattungen verdeutlichen, insbesondere was die Anordnung der Branchiopoden betrifft. Die Gattung ist aber von allen anderen der Familie sehr einfach durch die ungewöhnlich kräftigen Peraeopoden zu unterscheiden, die auf eine grundsätzlich räuberische Lebensweise deuten.

Gattung *Sinodina* Liang & Cai, 1999

Die Gattung *Sinodina* wurde aufgrund einiger Körpermerkmale, wie der Ausbildung der Kiemenorgane und einem deutlichen Sexualdimorphismus am 3. Schreitbeinpaar, gebildet, die sie deutlich von übrigen Caridinen unterscheiden. Als Typusart dienten Liang & Cai dabei Exemplare der bis dahin als *Caridina gregoriana* Kemp, 1923 bekannten, sehr variablen Art. Später wurden ihr sechs weitere *Caridina*-Arten zugeordnet. Äußerlich den Arten der Gattungen *Caridina* und *Neocaridina* sehr ähnlich, scheint *Sinodina* auch anderen Gattungen, wie *Halocaridines* oder der irakischen *Puteonator*, verwandtschaftlich nahezustehen. Die Verbreitung der Gattung mit ihren aktuell 12 Arten ist derzeit ausschließlich über Fundorte Südwestchinas in den Provinzen Yunnan, Sichuan und Guizhou belegt. Sie kommt hier in Seen und Bergbächen in Höhen zwischen 1.300 und 3.000 m vor.

Gattung *Stygiocaris* Holthuis, 1960

Mit *Stygiocaris* wurden 1957-1959 die ersten unterirdisch lebenden und blinden Garnelen des australischen Kontinents bekannt. Die Gattung mit den beiden bekannten Arten *Stygiocaris lancifera* Holtuis, 1960 und *Stygiocaris stylifera* Holtuis, 1960 wurde in zwei verschiedenen Brunnen an der westaustralischen Küste im Gebiet des heutigen Cape- Range-Nationalparks gefunden. Die Brunnen waren in das koralline Kalkgestein gebohrt worden und enthalten Süßwasser mit Temperaturen von 27-30 °C. Insgesamt steht die Gattung *Stygiocaris* trotz der geografischen Entfernung der monotypischen *Typhlopatsa* aus Madagaskar am nächsten.

Gattung *Syncaris* Holmes, 1900

Mit ihren beiden 30-50 mm großen Arten stellt die Gattung *Syncaris* einen ursprünglichen Zweig nordamerikanischer Garnelen dar. Die Verbreitung beschränkt sich für *Syncaris pacifica* (Holmes, 1895) auf Nordkalifornien, *Syncaris pasadenae* (Kingsley, 1887) siedelt von Nordmexiko bis Südkalifornien. Beide Arten besitzen einen kräftigen supraorbitalen Dorn am Carapax, einen kräftigen Dorn am Pterygostomialwinkel und deutliche Exopoditen an den ersten vier Schreitbeinpaaren. Epipoditen sind eben-

Syncaris spec.

falls an den ersten vier Schreitbeinpaaren vorhanden. Das Telson trägt jeweils nur zwei dorsale Dornenpaare. An der Uropodenfalte befindet sich nur ein deutlicher Dorn. Beide Arten unterscheiden sich in erster Linie durch die Ausbildung der Mundwerkzeuge (Mandibeln), können aber auch makroskopisch durch die Rostrumbezahnung relativ einfach unterschieden werden, da *S. pasadenae* im Gegensatz zur Schwesternart dorsal unbezahnt ist.

Gattung *Troglocaris* Dormitzer, 1853

Die derzeit bekannten 13 Arten der Gattung *Troglocaris* sind ausschließlich aus einigen Höhlen des europäischen Mittelmeerraumes und des Kaukasus belegt. Aus morphologischer Sicht besitzt die Gattung eine relativ hohe Ähnlichkeit mit der asiatischen *Paratya*, in einigen Merkmalen auch mit der amerikanischen *Palaemonias*. Auch *Troglocaris* besitzt Epipoditen an den ersten vier Schreitbeinpaaren, im Gegensatz zu *Paratya* jedoch keine Exopoditen am fünften Schreitbeinpaar. Weitere Unterschiede bestehen unter anderem in der Ausformung der Maxillipeden. Die Gattung wurde 1853 von Dormitzer mit *Troglocaris schmidtii* aufgestellt. Allerdings berichtete bereits 1848 Kollar kurz über eine unterirdisch lebende Garnele aus der Region Krain im heutigen Slowenien (Dürrenkrain, Strug), die er als *Palaemon anophthalmus* bezeichnete. Heute wird *Troglocaris schmidtii* als Synonym von *T. anophthalmus* betrachtet. Daher ist zwar der Gattungsname zwar noch gültig, Dormitzers Typusart jedoch genauso wie die ursprüngliche Bezeichnung von Kollar dagegen synonymisiert. Das seltsame Verbreitungsgebiet deutet auf das hohe Alter der Gattung hin, die offenbar bereits frühzeitig von ihren Verwandten isoliert wurde und ökologische Nischen besetzte. Die Schlüpfzeit der unterirdisch lebenden Arten fällt oft mit dem Beginn höherer Wasserstände zusammen. Untersuchungen in Höhlen der Karstgebiete der Balkanländer haben gezeigt, dass hier nur einmal im Jahr während der Schneeschmelze Laub und organisches Material in die unterirdischen Gewässersysteme gespült wird. Dieses bildet dann für ein ganzes Jahr die Nahrungsgrundlage. Junggarnelen wie erwachsene Tiere der Art *Troglocaris anophthalmus* fressen sich dann in kurzer Zeit einen Energievorrat an, der in Form von ölgefüllten Kammern im Hepatopankreas, den sogenannten Oelospheren, gespeichert wird. In Laborversuchen konnte gezeigt werden, dass ein solcher Energievorrat den Garnelen ein Überleben von bis zu zwei Jahren gewährleistet, ohne dass zwischenzeitlich Nahrung aufgenommen werden muss. Die Ausbildung dieser Oelospheren ist eine Anpassung dieser Art an die extreme Nahrungsknappheit in solchen unterirdischen Lebensräumen.

Literatur: [56, 40, 4, 120, 70, 83, 95, 117]

Troglocaris anophthalmus.

Foto: B. Sket

Typhlatya illifei von Bermuda wird etwa 6,5 cm groß.

Typhlatya pearsei aus Mexiko, Yucatan ist mit 17 mm Körperlänge eine kleiner bleibende Art.

Gattung *Typhlatya* Creaser, 1936

Nachdem viele Jahre nur vier bis fünf Arten dieser Gattung bekannt waren, wurden in jüngster Zeit mehrere Arten beschrieben, deren Vorkommen sich fast immer auf einzelne unterirdische anchialine Fundorte beschränkt. Aktuell umfasst die Gattung 19 Arten. Sehr interessant ist die für Bewohner unterirdischer Lebensräume weite Verbreitung dieser Gattung. Die Arten sind sowohl im mittel- bzw. zentralamerikanischen Raum mit den Antillen, im Pazifik auf Galapagos sowie in Europa in Spanien, Frankreich, dem Balkan und Georgien bekannt.

Gattung *Typhlocaridina* Liang & Yan, 1981

Auch in dieser Gattung finden sich ausschließlich unterirdisch in Höhlen lebende Arten. Das Verbreitungsgebiet beschränkt sich auf Höhlen in der südchinesischen Provinz Guangxi. Bislang sind drei Arten *T. lanceifrons*, *T. liui* und *T. semityphlata* bekannt.

Gattung *Typhlopatsa* Holthuis, 1956

Die monotypische Gattung ist mit *T. pauliani* aus einer Höhle im Nordosten Madagaskars in der Nähe des Tsimanampetsotsa-Sees bekannt. Sie ist nach Holthuis sehr eng mit der australischen Gattung *Stygiocaris* verwandt.

Überfamilie Palaemonoidea Großarmgarnelen

Die Garnelenarten der Überfamilie Palaemonoidea, die sogenannten Großarmgarnelen, unterscheiden sich durch ein charakteristisches Merkmal von den vorangegangenen Arten der Überfamilie Atyoidea – das zweite Scherenbeinpaar ist im Vergleich zum ersten Beinpaar deutlich vergrößert und dient bei vielen Arten nicht nur mehr primär der Nahrungsaufnahme, sondern erfüllt zusätzlich Verteidigungs- und Imponierfunktionen. Besonders bei männlichen Tieren der Gattung *Macrobrachium* kann die Länge der Scherenbeine die Körperlänge übertreffen und die mächtigen Scheren mancher Arten erinnern eher an einen Vertreter der Flusskrebse (Astacidea) als an eine Garnele. Dieses imposante Aussehen, oft in Verbindung mit leuchtenden Körperfarben, macht viele Arten zu begehrten Pfleglingen in der Aquaristik. Andererseits haben viele Arten der Familie durch ihre Körpergröße auch Bedeutung als Nahrungslieferant. Aus den natürlichen Gewässern durch einheimische Fischer gefangen, in vermehrtem Maße aber auch als Zuchttier in der Aquakultur erlangten vor allem große Arten der Gattung *Macrobrachium* wirtschaftliche Bedeutung.

Großarmgarnelen wie *Macrobrachium rosenbergii* werden kommerziell zu Speisezwecken gezüchtet.

Verbreitung

Am Beispiel einer adulten *Macrobrachium americanum* wird der Begriff „Großarmgarnele" deutlich.

Anders als die Überfamilie der Atyoidea, deren Vertreter fast ausschließlich in Süßwasserbiotopen Verbreitung finden, bewohnen die einzelnen Vertreter der Überfamilie Palaemonoidea die unterschiedlichsten Biotope. Wir finden Garnelen dieser Überfamilie in hunderten Metern Meerestiefe,

in vielen Arten der Gattung *Palaemon* finden wir Bewohner der flachen Küstengebiete der Meere. Die Brackwassergebiete an den Mündungen der Flüsse und Ströme vieler tropischer und subtropischer Gebiete sind Lebensraum vieler Arten z. B. der Gattung *Macrobrachium*, welche ihre Fortpflanzungsbiologie ganz an die Verhältnisse in solchen Biotopen angepasst haben. Manche Arten leben als adulte Tiere in höher gelegenen Flussabschnitten in reinem Süßwasser, nur trächtige Weibchen unternehmen Laichwanderungen in die Brackwasserregion, um dort ihre Larven zu entlassen. Nach einigen planktonischen Stadien beginnen die Junggarnelen mit der Wanderung aufwärts in die Lebensräume der erwachsenen Tiere. Bei Tieren der Gattung *Palaemonetes* wiederum wurde eine umgekehrte Form der Wanderung beschrieben. *Palaemonetes antennarius* bewohnt zum Beispiel in Mittelitalien in der Laguna di Lesina ein typisches Brackwassergebiet. Adulte Tiere sind in allen Teilen der Lagune zu finden. Im Frühjahr halten sich trächtige Weibchen aber vermehrt in den Bereichen nahe der in die Lagune mündenden Bäche mit geringem Salzgehalt auf. Auch in völlig vom Meer abgeschnittenen Süßwasserbiotopen wie hochgelegenen Bächen oder Binnenseen finden wir Palaemoniden, selbst in extremen Biotopen wie den absoluten Weichwassergebieten des Amazonastieflandes. Sogar in Thermalquellen mit schwefelhaltigem Wasser können manche Arten überleben und einzelne Arten bewohnen ausschließlich unterirdische Gewässer in völliger Dunkelheit. Die Anpassung an unterschiedlichste Lebensräume bringt auch eine Spezialisierung in Körperbau und Lebensweise mit sich. Unterirdisch lebende Arten sind durch reduzierte Augen und fehlende Körperfarben (Pigmentierung) von oberirdisch lebenden Arten zu unterscheiden. Eine besondere Art der Anpassung an unterschiedliche Lebensräume zeigt sich aber bei der Larvalentwicklung. In nahrungsreichen, meist langsam fließenden Gewässern der

Niederungen finden die winzigen, planktonischen Larven der dort lebenden Arten eine Fülle von Nahrung in Form von ein- und mehrzelligen Algen, tierischen Einzellern und winzigen Wirbellosen unzähliger Arten. Ganz anders in nahrungsarmen Gewässern wie Quellbächen, schnell fließenden Oberläufen oder Weichwasserbiotopen wie den Schwarzwasserregionen des Amazonas. In solchen Gewässern findet sich kaum jene Mikroflora und -fauna, welche die Lebensgrundlage für planktonisch lebende Larven bilden könnte. Aus den Eiern von in solchen Gewässern lebender Arten schlüpfen fast fertig entwickelte Junggarnelen, deren Körperbau bereits für eine benthische, also dem Bodengrund angepasste Lebensweise ausgerichtet ist. Funktionelle Schreitbeine und entsprechende Körpergröße erlauben es den frisch geschlüpften Larven, bereits Nahrung vom Gewässergrund aufzunehmen und aktiv Jagd auf andere Wirbellose wie Insektenlarven oder kleine Wurmarten zu machen.

Systematische Übersicht

Trotz ihrer wirtschaftlichen Bedeutung ist die Systematik der Familie Palaemonidae auch heute noch unklar und häufigen Veränderungen unterworfen. Selbst auf Familienebene scheint sie bislang nicht endgültig gefestigt. Nach Balss (1927) gliedert sich die Familie Palaemonidae in vier Unterfamilien: Typhlocaridinae, Desmocaridinae, Palaemoninae und Pontoniinae.

L.B. Holthuis fasst in seiner großen Revision von 1950 die Unterfamilien Desmocaridinae und Palaemoninae zusammen, gliedert aber die Gattung *Euryrhynchus* von der Unterfamilie Palaemoninae aus und errichtet dafür die Unterfamilie Euryrhynchinae.

Nach neueren Revisoren sind die Unterschiede zwischen *Desmocaris* und den anderen Arten der Unterfamilie Palaemoninae groß genug, um eine Abtrennung als eigene Unterfamilie rechtzufertigen. 1993 beschreibt Bruce eine neue Gattung *Kakaducaris*, die aufgrund des Baues der Mundwerkzeuge und der Kiemenformel nicht in die bestehenden Familien einzuordnen ist, und errichtet dafür die neue Familie Kakaducarididae. Die ehemalige Unterfamilie Euryrhynchinae wird heute ebenfalls als eigenständige Familie Euryrhynchidae angesehen. Jayachandran führt in seiner Palaemoniden-Monografie 2001 noch die Familie Campylonotidae Sollaud, 1913 unter dieser Überfamilie an, bemerkt aber, dass die Stellung dieser Familie einer neuen Revision bedürfte.

Nach De Grave et al. (2009) werden nun in der Überfamilie Palaemonoidea Rafinesque, 1815 folgende Familien zusammengefasst:

Anchistioididae Borradaile, 1915
Desmocarididae Borradaile, 1915
Euryrhynchinae Holthuis, 1950
Gnathophyllidae Dana, 1852
Hymenoceridae Ortmann,1890
Kakaducarididae Bruce, 1993
Palaemonidae Rafinesque, 1815
mit den Unterfamilien
Palaemoninae Rafinesque, 1815
Pontoniinae Kingsley, 1878
Typhlocarididae Annandale & Kemp, 1913

Viele Arten dieser Familien sind Bewohner mariner Gebiete und werden im vorliegenden Buch, das sich schwerpunktmäßig mit den Garnelenarten des Süßwassers beschäftigt, nicht weiter behandelt. Von den das Süßwasser bewohnenden Familien haben neben den weit verbreiteten Palaemonidae mit Desmocarididae und Typhlocarididae zwei weitere nur lokale Bedeutung.

Familie Desmocarididae Borradaile, 1915

Zur Familie Desmocarididae gehört nur die Gattung *Desmocaris* Sollaud, 1911, die nur die beiden Arten, *Desmocaris trispinosa* Aurivillius, 1898 und *D. bislineata* Powell, 1977 umfasst. *Desmocaris trispinosa* bewohnt Süßwassergebiete West- und Zentralafrikas und kann anhand des supraorbitalen Zahnes am Carapax und dem Fehlen von Dornen an der dorsalen Oberfläche des Telsons leicht von ähnlichen Arten der Unterfamilie Palaemoninae unterschieden werden. Taxonomisch wird sie von den anderen Familien der Überfamilie anhand der Ausbildung der Mandibeln und der ersten beiden Maxillipeden abgetrennt.

Gattung *Desmocaris* Sollaud, 1911

Desmocaris trispinosa Aurivillius, 1898
Nigerianische Schwebegarnele

Verbreitung: Westafrika.

Größe: Carapaxlänge bis 8 mm, Körperlänge bis 45 mm.

Merkmale: Rostrum ähnlich den *Palaemonetes*-Arten, Carapax mit supraorbitalem und branchiostegalem Zahn, Telson dorsal ohne Dornen, Pleopoden ohne Appendix interna.

Nahrung: Detritus, Algen, kleine Wirbellose wie Insektenlarven und Ähnliches.

Haltung: Süßwasser, friedlich gegenüber Artgenossen und anderen Beckenbewohnern.

Zucht: Aufgrund der großen Eier und weit entwickelten Larven im Süßwasseraquarium leicht möglich, aber wenig produktiv.

Bemerkungen: Aufgrund der ungewöhnlichen Merkmale wurde die systematische Stellung dieser Art seit der Erstbeschreibung im Jahr 1898 mehrfach geändert. Durch den bei Palaemoniden ungewöhnlichen supraorbitalen Zahn und die unbedornte dorsale Telsonoberfläche ist diese Garnele leicht von anderen Arten zu unterscheiden. Ihre ungewöhnlich langen Pleopoden (Schwimmbeine) erlauben es diesen Garnelen, ausdauernd im Freiwasser zu schwimmen, was diese Art zu einem interessanten Beobachtungsobjekt im fischlosen Garnelenbecken macht und zur aquaristischen Bezeichnung „Schwebegarnele" geführt hat.

Literatur: [60, 18, 71, 103]

Desmocaris trispinosa.

Foto: C. Lukhaup

Familie Euryrhynchidae, Holthuis, 1950

Die Familie Euryrhynchidae enthielt ursprünglich nur die Gattung *Euryrhynchus*. Vor einigen Jahren wurden dann von Powell zwei neue monospezifische Gattungen in Westafrika beschrieben, welche die Arten *Euryrhynchoides holthuisi* Powell, 1976 und *Euryrhynchina edingtonae* Powell, 1976 beinhalten. Für die Aquaristik sind diese Arten aber bisher nicht importiert worden.

Gattung *Euryrhynchus* Miers, 1877

Bis vor Kurzem waren aus dieser Gattung nur die drei Arten *Euryrhynchus wrzesniowskii* Miers, 1877, *E. burchelli* Calman, 1907 und *E. amazoniensis* Tiefenbacher, 1978 mit einem Verbreitungsgebiet im Tiefland des Amazonas bekannt. Aus dem benachbarten Einzugsgebiet des Orinoko wurde 1985 von G. Pereira eine vierte Art, *E. pemoni*, 2007, aus frz. Guyana von De Grave *E. tomasi* beschrieben. Die mit einer Körperlänge von knapp 2 cm klein bleibenden Garnelenarten bewohnen typischerweise die Schwarz- und Klarwasser führenden Weichwasserbäche des Amazonasgebietes, in denen die Tiere bei pH-Werten zwischen 4,0 und 6,5 sowie Temperaturen zwischen 25 und 31 °C leben. Die Tiere halten sich in Laub- und Totholzansammlungen oder in Wasserpflanzenpolstern der sogenannten „schwimmenden Wiesen" auf und führen ein recht verstecktes Dasein. Bestens an das Leben in nahrungsarmen Gewässern angepasst, durchlaufen die frisch geschlüpften Garnelen nur ein einziges Larvenstadium bis zur Metamorphose zum juvenilen Tier. Die vier südamerikanischen Arten ähneln sich im Körperbau sehr stark, für die Bestimmung brauchbare Unterschiede im Körperbau finden sich nur am Appendix masculina männlicher Tiere und an der Bezahnung von Carpus und Merus des zweiten Scherenpaares. Eine Unterscheidung ist damit nur durch eine mikroskopische Untersuchung möglich.

Euryrhynchus amazoniensis Tiefenbacher, 1978
Amazonas-Laubgarnele

Verbreitung: Amazonasgebiet, Brasilien, Guyana, Französisch Guyana.

Größe: Körperlänge bis 20 mm, 17,5 mm.

Merkmale: Die Tiere tragen ein sehr kurzes, nur bis zum Vorderrand des Auges reichendes, unbezahntes Rostrum. Das zweite Scherenbeinpaar ist ähnlich wie bei größeren *Macrobrachium*-Arten sehr gut entwickelt, die Scherenfinger tragen proximal 1-2 große Zähne. Die Falte der Uropoden trägt etwa elf Dornen.

Nahrung: Kleine Wirbellose wie Würmer, Insektenlarven, Wasserschnecken und pflanzliches Material (Algen, abgestorbene Pflanzenteile).

Haltung: In weichem Wasser bei pH-Werten zwischen 4,0 und 6,5 und einer Temperatur zwischen 25 und 31 °C. Dichte Laubansammlungen

Euryrhynchus amazoniensis, trächtiges Weibchen.

werden als Versteck gerne angenommen. Durch die geringe Körpergröße eignen sich die Tiere nur für eine Vergesellschaftung mit friedlichen Weichwasserfischen.

Zucht: Aufgrund der großen Eigröße (1,68 x 1,03 mm) und der daraus schlüpfenden weit entwickelten Larven, kann die Art im Süßwasser vermehrt werden. Die Zucht ist vereinzelt auch bereits gelungen. Im Laborversuch fraßen die Junggarnelen nach der ersten Häutung Pilzfäden an Futterresten im Becken.

Bemerkungen: Die Tiere der Gattung *Euryrhynchus* können durch die geringe Körpergröße, das kurze, unbezahnte Rostrum und die hohe Anzahl an Dornen an der Uropodenfalte mit freiem Auge oder einer Lupe leicht von der Gattung *Macrobrachium* unterschieden werden. Insgesamt erscheint der Körperbau dieser Garnelen ähnlich der eines winzigen Flusskrebses. Durch den im Querschnitt höheren Hinterleib und dadurch, dass bei diesen Tieren im Gegensatz zu den Krebsen das zweite Scherenpaar vergrößert ist, können diese Tiergruppen aber leicht unterschieden werden.

Literatur: [109, 81, 91]

Familie Palaemonidae Rafinesque, 1815

Unterfamilie Palaemoninae Rafinesque, 1815

Die artenreichste und für Aquaristik und Speisegarnelenzucht wichtigste Artengruppe innerhalb der Überfamilie Palaemonoidea stellt die Familie Palaemonidae und hier die Unterfamilie Palaemoninae dar. Die Abtrennung der einzelnen Gattungen erfolgt auf Basis der Ausbildung der Antennen, der Kiemen und der Mundwerkzeuge und ist bis heute von Veränderungen betroffen. Selbst die Abtrennung der beiden wichtigsten Gattungen *Palaemon* Weber, 1795 und *Macrobrachium* Bate, 1868 wurde erst im Jahre 2004 von Short revidiert, so dass auch hier in Zukunft noch Veränderungen in der Systematik zu erwarten sind. Auch in dieser Unterfamilie sind einige Gattungen eingeschlossen, deren Verbreitung sich auf marine Gebiete beschränkt und die in diesem Buch nicht besprochen werden können.

Gattung *Arachnochium* Wowor & Ng, 2010

Arachnochium kulsiense (Jayachandran, Lal Mohan & Raji, 2007) Schneeflöckchengarnele

Synonyme: *Macrobrachium* cf. *mirabile*, *Macrobrachium kulsiense* Jayachandran, Lal Mohan & Raji, 2007.

Verbreitung: Nordostindien, Nebenfluss des Brahmaputra.

Größe: Körperlänge ♂ bis 40 mm, ♀ bis 60 mm.

Merkmale: Rostrum basal mit deutlicher Aufwölbung, distal in eine schlanke Spitze auslaufend, bis zum Ende der Antennenbasis oder darüber reichend. Zweites Scherenpaar sehr schlank, wenig entwickelt. Rostrumformel: 1-3 + 5-9 / 1. Eigröße: 1,54 x 1,08 mm.

Nahrung: Kleine Wirbellose wie Insektenlarven, pflanzliches Material (Algen, abgestorbene Pflanzenteile). Im Aquarium auch Flocken- und Pelletfutter.

Haltung: Unproblematische, gesellige aber etwas scheue Art. Reagiert empfindlich auf zu weiches Wasser.

Zucht: Im Süßwasser möglich. Aufzucht der Larven mit frisch geschlüpften *Artemia*-Larven.

Foto: C. Lukhaup

Die Schneeflöckchengarnele *A. kulsiense* ist am stark aufgewölbten Rostrum gut zu erkennen.

Bemerkungen: Die Schneeflöckchengarnele gleicht in den meisten Merkmalen außer der Eigröße *A. mirabile*. In der Aquaristik gehören die zierlichen Großarmgarnelen mit ihrem attraktiven Punktmuster schon lange zu den beliebtesten Pfleglingen. Die Tiere zeigen im Aquarium kaum Territorialverhalten und durch die geringe Größe und die schwach entwickelten Scheren können sie auch anderen Beckenbewohnern wie kleinen Fischarten nicht gefährlich werden. Ähnlich wie die Glasgarnele *M. lanchesteri* reagieren die Tiere ebenfalls empfindlich auf zu weiches Wasser. In mittelhartem bis hartem Wasser können die Tiere aber sogar im Aquarium nachgezüchtet werden. Die beiden bisher bekannten Arten der Gattung *Arachnochium* wurden erst 2010 aus der Gattung *Macrobrachium* herausgelöst, von deren typischen Vertretern sich die beiden Arten in mehreren Merkmalen, wie das wenig entwickelte 2. Scherenbeinpaar, das lange 5. Schreitbeinpaar, einen zweilappigen Hinterrand des 5. Pleurasegmentes und der Bedornung des Telsons, unterscheiden.

Literatur: [79, 146]

Gattung *Coutierella* Sollaud, 1914

Die Gattung *Coutierella* Sollaud, 1914 mit der einzigen Art *Coutierella tonkinensis* wurde von einigen Autoren zur Gattung *Palaemonetes* gezählt, unterscheidet sich von den Arten dieser Gattung aber im Bau der Mundwerkzeuge und durch drei oder mehrere Paare starker Dornen am Hinterrand des Telsons. Aktuelle genetische Analysen lassen die Abtrennung von *Coutierella* aber auch die Abtrennung von *Palaemonetes* von *Palaemon* fragwürdig erscheinen. Die das Süßwasser bewohnenden Tiere wurden von Hongkong und aus Vietnam beschrieben.

Coutierella tonkinensis Sollaud, 1914
Chinesische Schwebegarnele

Synonyme: *Palaemonetes tonkinensis* Holthuis, 1950.

Verbreitung: Tonkin, Mündungsgebiet des Red River, Vietnam, Hongkong.

Größe: Körperlänge bis 45 mm.

Merkmale: Rostrum ähnlich den *Palaemonetes*-Arten, bis über die Antennenbasis reichend. Mundwerkzeuge gattungscharakteristisch, Mandibeln ohne Taster, zweites Scherenpaar mit löffelartig verbreiterten Scherenfingern. Telson am Hinterrand breit gerundet mit 3-6 Dornenpaaren. Rostrumformel: 1 + 5-6 / 1-3.

Foto: C. Lukhaup

Coutierella tonkinensis.

Nahrung: Detritus, Algen, kleine Wirbellose wie Insektenlarven und Ähnliches.

Haltung: Primäre Brackwasserart, im Verbreitungsgebiet z.T. auch in reinem Süßwasser, auf Hongkong auch in Meerwasser mit voller Salinität zu finden.

Zucht: Im Aquarium noch nicht beschrieben.

Bemerkungen: Die Gattung *Coutierella* wurde von Sollaud 1914 errichtet und nach dem französischen Crustaceen-Spezialisten Henri Coutiers (1864-1952) benannt. Kemp synonymisierte diese 1925 aber mit der Gattung *Palaemonetes*, die dieser Gattung sehr nahe steht. Nachfolgende Autoren folgten Kemp, bis Bruce 1989 in einer umfangreichen Arbeit über die Gattung den unter den *Palaemon*iden einzigartigen Bau der Mundwerkzeuge und die charakteristische Bedornung am Hinterende des Telsons herausstrich und *Coutierella* wieder zur eigenständigen Gattung erhob. Aktuelle genetische Analysen zeigen aber auf, dass die Stellung der Gattung wie auch die Abtrennung von *Palaemonetes* von *Palaemon* einer Revision bedarf. Die Gattung ist monospezifisch, enthält also bis heute nur die Art *C. tonkinensis*. In den natürlichen Biotopen dieser Art wurden Salinitäten zwischen 1 und 23 ‰ und Temperaturverläufe zwischen 10 °C im Winter und 35 °C im Sommer gemessen.

Literatur: [106, 60, 18, 71, 86]

Gattung *Cryphiops* Dana, 1852

Diese monotypische Gattung bewohnt die Gewässer der westlichen Länder Südamerikas, Peru und Chile. Morphologisch der Gattung *Macrobrachium* sehr ähnlich, unterscheidet sich *Cryphiops caementarius* Molina, 1782 nur durch das Fehlen des Zahnes an der hepatischen Region des Carapax von den meisten Tieren der Gattung *Macrobrachium*. Sollten die neuen Diagnosekriterien der Gattung *Macrobrachium* von Short 2004 bestätigt werden, müsste diese Art in Zukunft in diese Gattung inkludiert werden. Die Abtrennung der Gattung *Cryphiops* wäre demnach nicht mehr gültig. Da der Gattungsname *Cryphiops* Dana, 1852 als älterer jedoch Vorrang vor dem Gattungsnamen *Macrobrachium* Bate, 1868 hätte, würde eine Synonymisierung aber zu nomenklatorischer Verwirrung führen.

Cryphiops caementarius (Molina, 1782)

Synonyme: *Cancer caementarius* Molina, 1782, *Cryphiops spoinulosomanus* Dana, 1852.

Verbreitung: Peru und Chile.

Größe: ♂ bis 185 mm, ♀ bis 102 mm.

Merkmale (voll entwickelte Männchen): Rostrum gerade, sehr kurz, nur bis etwa zum Ende des ersten Antennenbasissegmentes reichend. Carapax ohne Zahn in der hepatischen Region. Zweites Scherenpaar stark, ungleich in Größe und Form. Beim größeren Scherenbein ist der Dactylus kürzer als die Handfläche, leicht klaffend, mit 6-7 Zähnen an der Schneide. Die Handfläche ist etwas zusammengedrückt, etwa 2-mal so lang wie breit und wie die Finger mit starken Dornen besetzt. Eine dichte pelzartige Behaarung fehlt. Carpus halb so lang wie die Handfläche, Merus länger als der Carpus. Rostrumformel: 1-2 + 5-7 / 0-4. Eigröße: 0,43-0,57 mm.

Bemerkungen: Dana beschrieb 1852 die neue Gattung anhand eines Exemplares, dessen Augen unter dem Carapax verborgen waren. Wie Holthuis später zeigen konnte, ist dieses Merkmal auf eine Beschädigung des Holotypen zurückzuführen, dessen Kopf durch Fremdeinwirkung zurück unter den Carapax geschoben wurde. Der Gattungsname *Cryphiops* kennzeichnet demnach ein Merkmal, das bei unbeschädigten, lebenden Tieren nicht zu finden ist. Der Artname *caementarius* ist gleichfalls auf einen Irrtum zurückzuführen. Molina war bei seiner Erstbeschreibung der Meinung, die Art würde, wie manche Krebsarten, unterirdische Gänge mit aufgeworfenen Eingängen, sogenannte „chimneys" bauen, was aber nicht den Tatsachen entspricht und möglicherweise auf eine Verwechslung mit einer grabenden Krebsart zurückzuführen ist. Unberührt dieser Tatsachen ist der Name *Cryphiops caementarius* die aktuell gültige Artbezeichnung. Nachdem in den von Short [105] 2004 vorgeschlagenen neuen Diagnosekriterien der Gattung *Macrobrachium* das Vorhandensein eines Zahnes in der hepatischen Region des Carapax nicht mehr vorkommt, ist auch die Abtrennung der Gattung *Cryphiops* in Frage zu stellen. Da *C. caementarius* in allen anderen Kriterien der Gattung *Macrobrachium* entspricht, würde die Art in Zukunft die Bezeichnung *Macrobrachium caementarius* tragen müssen. Im Aquarium sollte *C. caementarius* wie ähnlich große Tiere der Gattung *Macrobrachium* als Einzeltier oder Pärchen in einem Artbecken gehalten werden.

Foto: C. Lukhaup

Der Rückenpanzer von *Cryphiops caementarius* trägt keinen Dorn in der hepatischen Region.

Literatur: [58, 71, 105]

Palaemon sp. aus der deutschen Ostsee.

Gattung *Palaemon* Weber, 1795

Die Arten dieser Gattung wurden von Holthuis 1950 in vier weitere Untergattungen gegliedert:

***Exopalaemon* Holthuis, 1950**
***Nematopalaemon* Holthuis, 1950**
***Palaemon* Weber, 1795**
***Paleander* Holthuis, 1950**

In der Aquaristik sind bislang nur Tiere der Untergattung *Palaemon* in Erscheinung getreten.

Untergattung *Palaemon* Weber, 1795

Hunderte „Shrimp"- oder „Prawn"-Arten wurden früher der Gattung *Palaemon* zugeordnet. Heute beschränkt sich die Gattung auf nur mehr etwa 34 Arten, die in tropischen und gemäßigten Küstengebieten in brackigen Gewässern und im Meer zu finden sind. Nur wenige Arten davon bewohnen dauerhaft Süßwassergebiete. Die meisten der ursprünglich der Gattung zugeordneten Arten werden heute in die Gattung *Macrobrachium* Bate, 1868 gestellt. Aufgrund der Ausbildung der Taster auf den Mandibeln wurden einige der ursprünglich als *Palaemon* beschriebenen Arten jetzt auch der Gattung *Palaemonetes* zugeordnet. Charakteristischerweise bewohnen diese Arten Süß- oder Brackwasserbiotope. In marinen Gebieten ist nur eine einzige Art zu finden. Diese charakteristische Verteilung der Gattungen auf unterschiedliche Lebensräume ist auch in der Fortpflanzungsbiologie der einzelnen Arten wiederzuerkennen. Alle *Palaemon*-Arten gehören dem „extended" Entwicklungstyp nach Sollaud, 1923 an. Allerdings deuten neue phylogenetische Arbeiten darauf hin, dass die Abtrennung von *Palaemonetes* von *Palaemon* nicht den tatsächlichen Verwandtschaftsverhältnissen entspricht.

Palaemon concinnus-Männchen.

Foto: C. Lukhaup

Palaemon concinnus Dana, 1852

Synonyme: *Palaemon exilimanus* Dana, 1852.

Verbreitung: Indo-West-Pazifik, Ostafrika über Malaysia bis Hongkong; Meerwasser, aber auch im Brack- und Süßwasser.

Größe: ♀ bis 70 mm, ♂ etwas kleiner.

Merkmale: Rostrum schlank, meist etwas über das Ende des Scaphozeriten, bei jüngeren Exemplaren manchmal nur bis zu dessen Ende reichend, distal leicht aufgebogen, mit einem subapikalen Zahn. Carapax glatt mit je einem Zahn an der antennalen und branchiostegalen Region. Mandibeln mit Taster. Zweites Scherenpaar glatt und schlank. Endopod des ersten Schwimmbeinpaares mit rudimentärem, aber deutlich mit Wiederhäkchen bewehrtem Appendix interna. Rostrumformel: 1-2 + 4-6 / 5-7. Eigröße: 0,5-0,7 mm.

Bemerkungen: *P. concinnus* zeigt eine erstaunliche Anpassungsfähigkeit an die Salinität des Wassers. Die Art kann in reinem Süßwasser, in Brackwasser und in flachen Meeresgebieten gefunden werden. Diese Anpassungsfähigkeit dürfte einer der Gründe für die weite Verbreitung der Art im gesamten indopazifischen Raum sein. Die zierlichen Großarmgarnelen fallen durch ihre leuchtend weißen Scherenfinger und durch einen schwarzen Punkt im sechsten Abdominalsegment am Darmausgang auf. Durch ihre wenig versteckte Lebensweise sind die Tiere interessante Bewohner für ein Garnelenbecken.

Literatur: [71, 60]

Gattung *Palaemonetes* Heller, 1869

Die Tiere der Gattung *Palaemonetes* unterscheiden sich morphologisch von jenen der Gattung *Palaemon* nur durch das Fehlen der Taster auf den Mandibeln. Die Eigenständigkeit der beiden Gattungen ist deshalb heute wieder umstritten, vor allem phylogenetische Untersuchungen sprechen gegen die Trennung dieser beiden Gattungen. Interessanterweise ist aber in der Verbreitung der Gattungen ein Unterschied zu erkennen. Während die meisten Arten der Gattung *Palaemonetes* Süßwasserbiotope bewohnen, bei einigen Arten die Larven sogar ausgesprochen empfindlich auf selbst niedere Salzkonzentrationen reagieren, findet man die Gattung *Palaemon* überwiegend in Meer- und Brackwasser. Die Gattung *Palaemonetes* ist (mit Ausnahme der Antarktis) über alle Kontinente verbreitet, die höchste Artendichte findet man aber im nord- und mittelamerikanischen Raum. Weltweit finden sich etwa 26 Arten, die zu dieser Gattung gezählt werden.

Palaemonetes antennarius (H. Milne-Edwards, 1837)
Europäische Süßwassergarnele

Synonyme: *Palaemon antennarius* H. Milne-Edwards, 1837.

Verbreitung: Süß- und Brackwassergebiete des Mittelmeerraumes: Kroatien, Griechenland, Türkei, Ägäische Inseln, häufig in italienischen Seen (Trasimeno-, Bolsena-, Bracciano-, Montepulciano- und Gardasee).

Größe: Körperlänge bis 44 mm.

Merkmale: Rostrum ventral mit zwei großen Zähnen; Carapax mit je einem Dorn in der Antennal- und Branchiostegal-Region, kein Dorn in der hepatischen Region, Mandibeln ohne Taster. Rostrumformel: 1 + 5-6 / 2. Eigröße: 1,3-1,5 x 1,7-2,0 mm.

Nahrung: Algen, kleine Wirbellose wie Insektenlarven, Schnecken, Wasserasseln, Würmer, Trockenfutter.

Haltung: In Süßwasser oder leichtem Brackwasser (bis 5 ‰) möglich, Temperatur 10-27 °C, hoher pH-Wert (über 8,0). Aufgrund der schlechten Anpassung der Art an das Leben im Süßwasser, benötigen die Tiere Wasser mit höheren Konzentrationen an Natrium und Kalziumionen (0,125-0,183 mM Na^+/l bei 0,8 mM Ca^{++}/l).

Der Hafen von Pacengo und der Fluss Mincio, Lebensraum von *P. antennarius*.

Zucht: In Süßwasser möglich, drei Zoea- und zwei Postlarvalstadien. *P. antennarius* benötigt zur Fortpflanzung eine Wassertemperatur von mindestens 18-20 °C über einen Zeitraum von drei bis vier Monaten. Paarungszeit im späten Frühjahr bei Erreichen der entsprechenden Wassertemperatur.

Palaemonetes antennarius.

Bemerkungen: *P. antennarius* bewohnt ruhig fließende Abschnitte von Flüssen und Bächen sowie Seen des Mittelmeergebietes. In den Hafenbecken des Gardasees sind die Tiere in hohen Populationsdichten von bis zu 700 Tieren pro Quadratmeter in den aus Vallisnerien und Wasserpest bestehenden dichten Wasserpflanzenbeständen zu finden. Allerdings sind die Bestandsdichten dort in den letzten Jahren zum Teil deutlich zurückgegangen, möglicherweise aufgrund der erfolgten Einschleppung der räuberisch lebenden Flohkrebsart *Dikerogammarus villosus,* die heute im südlichen Teil des Sees in Massen auftritt. Im flacheren, südlichen Teil des Gardasees findet *P. antennarius* ihre nördlichste Verbreitung. Im nördlichen Teil des Sees bleibt die Wassertemperatur auch im Sommer zu kalt, um den Tieren ein dauerhaftes Überleben zu ermöglichen. Die Lebenserwartung der Tiere beträgt 1,5 bis 2 Jahre.

Literatur: [52, 100, 44]

Palaemonetes argentinus Nobili, 1901
Argentinische Grasgarnele

Verbreitung: Brack- und Süßwassergebiete Südamerikas von Südbrasilien bis Zentralargentinien.

Größe: Carapaxlänge bis 8 mm, Körperlänge ♂ bis 25 mm, ♀ bis 40 mm.

Merkmale: Rostrum relativ hoch, bis etwas über den Scaphozeriten reichend, Carapax ohne Zahn in der hepatischen Region, mit branchiostegalem Zahn direkt an der Vorderkante des Carapax entspringend. Mandibeln ohne Taster. Rostrumformel: 1 + 5-9 / 2-3. Eigröße: 0,6-1,0 mm.

Foto: C. Lukhaup

Palaemonetes argentinus.

Nahrung: Detritus, Algen, kleine Wirbellose wie Insektenlarven, Schnecken, Würmer.

Haltung: In Süßwasser und Brackwasser bis zu einem Salzgehalt von 18 ‰ möglich. Kaltwasserart. An einem Herkunftsgewässer der Art wurde ein Temperaturverlauf von 4 °C im Juli bis 28 °C im Dezember gemessen. Im Aquarium ist die Haltung in einem unbeheizten Becken bei ca. 20 °C Wassertemperatur möglich. Wie andere *Palaemonetes*-Arten wenig aggressiv gegenüber Artgenossen und anderen Beckenbewohnern.

Zucht: Bisher ist keine Nachzucht im Aquarium bekannt, die Art dürfte aber wie andere *Palaemonetes*-Arten nachzuzüchten sein. Die Larven können mit frisch geschlüpften *Artemia*-Nauplien und einzelligen Algenarten aufgezogen werden.

Bemerkungen: *P. argentinus* ist von anderen amerikanischen *Palaemonetes*-Arten schwierig zu unterscheiden, durch den direkt am Vorderrand des Carapax entspringenden branchiostegalen Zahn und die Herkunft aus dem südlichen Teil Südamerikas kann die Art in der Regel beim Import gut zugeordnet werden.

Literatur: [58, 108, 97]

Palaemonetes ivonicus Holthus, 1950
Amazonas-Grasgarnele

Foto: C. Lukhaup

Palaemonetes ivonicus.

Verbreitung: Amazonasgebiet von Nordbolivien über Brasilien bis Peru.

Größe: Körperlänge bis 30 mm.

Merkmale: Rostrum gerade, über dem Auge leicht konvex, relativ hoch, bis über das distale Ende der Antennenbasis, aber nicht über den Scaphozeriten reichend, Carapax ohne Zahn in der hepatischen Region, mit branchiostegalem Zahn etwas hinter der Vorderkante des Carapax entspringend, auch mit der Spitze diesen nicht überragend. Fusionierter Teil der oberen Antennengeiseln deutlich kürzer als der freie Teil. Mandibeln ohne Taster. Rostrumformel: 1 + 5-9 / 2-3. Eigröße: 1,0-1,5 mm.

Nahrung: Detritus, Algen, kleine Wirbellose wie Insektenlarven, Schnecken, Würmer.

Haltung: Reine Süßwasserart. Wie andere *Palaemonetes*-Arten wenig aggressiv gegenüber Artgenossen und anderen Beckenbewohnern und deshalb gut für die Vergesellschaftung mit friedlichen Fischen aus dem Amazonasgebiet geeignet.

Zucht: Bisher ist keine Nachzucht im Aquarium bekannt, die Art dürfte aber aufgrund der großen Eigröße leichter als andere *Palaemonetes*-Arten nachzuzüchten sein. Die Larven können mit frisch geschlüpften *Artemia*-Nauplien und feinem Trockenfutter aufgezogen werden.

Bemerkungen: *P. ivonicus* ähnelt in ihren Körpermerkmalen sehr der etwas südlicher vorkommenden Art *P. argentinus*, unterscheidet sich aber durch den deutlich hinter dem Vorderrand des Carapax entspringenden branchiostegalen Zahn, die Eigröße und die Herkunft.

Literatur: [58, 60]

Palaemonetes paludosus (Gibbes, 1850)
Grasgarnele

Foto: C. Lukhaup

Palaemonetes paludosus.

Synonyme: *Hippolyte paludosa* Gibbes, 1850.

Verbreitung: Östliche und zentrale USA bis Mexiko.

Größe: Carapaxlänge bis 9 mm, Körperlänge bis 47 mm.

Merkmale: Rostrum bis etwas über den Scaphozeriten reichend, fusionierter Teil der beiden oberen Antennen kürzer als der freie Teil, Mandibeln ohne Taster, Carapax ohne hepatischen, aber mit branchiostegalem Zahn. Rostrumformel: 1-2 + 5-7 / 1-4. Eigröße: 0,9-1,4 mm.

Nahrung: Detritus, Algen, kleine Wirbellose wie Insektenlarven, Schnecken, Würmer.

Haltung: In Süßwasser oder leichtem Brackwasser möglich, Temperatur 10-27 °C.

Zucht: In Süßwasser möglich, pflanzt sich im beheizten Aquarium während des ganzen Jahres fort.

Bemerkungen: Aus den südlichen Teilen der USA sind mehrere, zum Teil schwer unterscheidbare *Palaemonetes*-Arten bekannt, die dort allgemein als „Grass Shrimp" bezeichnet werden. Eine sichere Unterscheidung ist nur anhand des Baues der Antennen und der Bedornung des Appendix masculina möglich.

Literatur: [58, 108, 1]

Gattung *Macrobrachium* Bate, 1868

Zur Gattung *Macrobrachium* werden heute 247 Garnelenarten gezählt. Viele dieser Arten sind neben der Morphologie durch eine charakteristisch territoriale Lebensweise gekennzeichnet. Taxonomisch gilt die Gattung bis heute als sehr schwierig. Die Hauptmerkmale zur Unterscheidung der einzelnen Arten findet man in der Länge, Form und Bezahnung des Rostrums und der Ausformung der großen Scherenbeine. Gerade diese Merkmale verändern sich während der Entwicklung der Tiere deutlich. Besonders männliche Exemplare zeigen mit fortschreitendem Alter bei vielen Arten auffallende Veränderungen. Einzelne Segmente des zweiten Scherenpaares beginnen schneller zu wachsen und bekommen eine stärkere Bedornung. An den Schneiden der Scherenfinger entwickeln sich deutlichere Zähne und bei einigen Arten sind Teile der Schere mit einem dichten Pelz aus Haaren überzogen. Bei einigen Artengruppen, etwa bei der in Südostasien verbreiteten Gruppe um *M. pilimanus* oder der Artengruppe um *M. olfersii* in Mittelamerika, ist eine Seite des Scherenpaares stärker von diesen Veränderungen betroffen. Diese Tiere zeigen eine sehr große und eine kleine Schere am zweiten Beinpaar. Die morphologischen Unterschiede zwischen subadulten Männchen oder Weibchen und voll entwickelten Tieren sind vielfach größer als zwischen Männchen von verwandten Arten. Taxonomische Arbeiten sind deshalb nur auf der Basis von voll entwickelten männlichen Tieren möglich. Einzelne weibliche Exemplare sind vielfach nicht zuzuordnen. Die auffallenden Körpermerkmale der Männchen dienen in erster Linie der Aufrechterhaltung einer „sozialen" Hierarchie innerhalb einer räumlich begrenzten Population dieser territorial lebenden Arten. Ein Männchen mit besonders großen Scheren, meist aber nicht immer das größte und älteste Tier, steht an der Spitze der Hierarchie. Untergeordnete Tiere werden offensichtlich in ihrer körperlichen Entwicklung gehindert. In einem begrenzten Gewässerabschnitt leben so meist einzelne voll entwickelte Männchen in einer Gruppe von untergeordneten Männchen und Weibchen. Erst wenn das dominante Männchen verstirbt oder in einem Revierkampf unterliegt (und dabei meist eine oder beide Scherenarme einbüßt), entwickelt sich ein anderes Tier nach der nächsten Häutung zum neuen Alphatier. Die Abtrennung der Gattung *Macrobrachium*

Macrobrachium johnsoni.

von den eng verwandten Gattungen wie *Palaemon* oder *Cryphiops* durch das Vorhandensein eines Dornes in der hepatischen Region des Carapax wurde mehrfach von Taxonomen und Systematikern diskutiert. Da bei einigen Arten der Gattung *Macrobrachium* (*M. hendersoni* De Man, 1906, *M. hildebrandti* Hilgendorf, 1893, *M. pilimanus* De Man, 1892 und *M. koombooloomba* Short, 2004) aber ebenfalls eine Tendenz zum Fehlen dieses Dornes auf einer oder beiden Seiten des Carapax beobachtet werden kann, wurde das Vorhandensein eines solchen Dornes nicht mehr in die von Short 2004 vorgeschlagenen Diagnosekriterien der Gattung *Macrobrachium* aufgenommen. An dessen Stelle stellt Short die Ausprägung eines Sexualdimorphismus bei ausgewachsenen Tieren, eine Bedornung des zweiten Scherenbeines und die Ausbildung einer deutlichen Bezahnung an den Schneiden der Scherenfinger voll entwickelter männlicher Tiere. Eine ganze Reihe bisher der Gattung *Macrobrachium* zugeordneten Arten erfüllen aber eines oder mehrere dieser Kriterien nicht und wären deshalb der Gattung fälschlich zugeordnet. In den nächsten Jahren ist deshalb noch mit viel Bewegung in der Systematik um die Gattung *Macrobrachium* zu rechnen.

Macrobrachium australe (Guérin-Méneville, 1838)

Synonyme: *Palaemon australis* Guérin-Méneville, 1838.

Verbreitung: Seychellen, Mauritius, Reunion, Madagaskar, Andamanen, Nikobaren, Indonesien, Neuguinea, Sri Lanka.

Größe: Körperlänge ♂ bis 105 mm, ♀ bis 77 mm.

Merkmale (voll entwickelte Männchen): Rostrum bis knapp über das distale Ende der Antennenbasis reichend, leicht sigmoidal. Zweites Scherenpaar ungleich, größere Schere dicht mit Dornen besetzt, Carpus doppelt so lang wie der Merus. Kleinere Schere charakteristischerweise mit dicht behaarter Handfläche. Finger mit ca. 20 kleinen Zähnchen an der Schneide. Zähne im proximalen Teil der Finger deutlich größer, distal oft nur als Wellen in den Scherenschneiden zu erkennen. Rostrumformel: 2-4 + 7-10 / 2-8. Eigröße: ca. 0,4-0,5 mm.

Foto: K.A. Quante

Macrobrachium australe.

Nahrung: Kleine Wirbellose wie Würmer, Wasserschnecken, tote oder erkrankte kleinere Fische und pflanzliches Material (Algen, abgestorbene Pflanzenteile). Im Aquarium auch Flocken- und Pelletfutter.

Haltung: Mittelgroße bis große *Macrobrachium*-Art mit teilweise ausgeprägtem Territorialverhalten. Vorwiegend für die Haltung im Artbecken zu empfehlen.

Zucht: Weibchen mit kleinen Eiern, die Larven durchlaufen mehrere Zoea-Stadien bis zur Metamorphose zum juvenilen Tier.

Bemerkungen: *M. australe* ist eine im indopazifischen Raum weit verbreitete Brack- und Süßwassergarnele. Die Art zeichnet sich durch einen interessanten Entwicklungsdimorphismus aus, das heißt, die Jungtiere unterscheiden sich im Körperbau deutlich von ausgewachsenen Tieren. Jungtiere von *M. australe* tragen ein viel längeres, spitzes, aufwärts gebogenes Rostrum mit einem deutlichen subapikalen Zahn, das sich stark vom wesentlich kürzeren Rostrum der erwachsenen Tiere unterscheidet. Der Carapax von Jungtieren bis zu einer Körperlänge von 20 mm trägt den hepatischen Zahn direkt an der Vorderkante des Carapax, an jener Stelle, an der ein branchiostegaler Zahn zu erwarten wäre. Bei Tieren zwischen einer Körperlänge von 20-30 mm wandert der Zahn deutlich nach hinten, ab einer Körperlänge von ca. 30 mm sitzt der Zahn in der hepatischen Region des Carapax, wie bei anderen *Macrobrachium*-Arten. Jungtiere bis zu einer Körperlänge von 20 mm tragen außerdem an den hinteren drei Schreitbeinpaaren Dactyli, die in zwei Krallen enden. Ein Merkmal, das ebenfalls in dieser Gattung äußerst selten zu finden ist. Ein sehr charakteristisches Merkmal dieser Art ist die, auf das kleinere der beiden zweiten Scherenbeine beschränkte, pelzartige Behaarung der Handfläche und des basalen Teils der Finger. Auf der größeren Schere ist dagegen keine dichte Behaarung zu finden. Anders als der Name erwarten lassen würde, ist *M. australe* auf dem australischen Kontinent nicht zu finden.

Literatur: [71, 28, 60]

Macrobrachium brasiliense (Heller, 1862)

Synonyme: *Palaemon brasiliensis* Heller, 1862.

Verbreitung: Amazonasbecken, Ost-Kolumbien, Peru, Brasilien, Französisch- und Holländisch Guyana.

Größe: Körperlänge ♂ bis 85mm, ♀ bis 50 mm.

Merkmale (voll entwickelte Männchen): Rostrum gerade und hoch, bis knapp über das distale Ende der Antennenbasis reichend, leicht sinoid. Carapax, Abdomen und Telson rau, mit feinen Dornen. Zweites Scherenpaar ungleich in der Länge, aber von gleicher Form. Finger der größeren Schere etwas länger als die Hälfte der Handfläche, Carpus 2/3 der Länge der Handfläche, 4/3 der Länge des Merus. Längenverhältnisse des Scherenbeines beim Weibchen ähnlich des Männchens. Rostrumformel: 2 + 6-9 / 2-3. Eigröße: ca. 1,8 x 2,2 mm.

Nahrung: Kleine Wirbellose wie Würmer, Wasserschnecken und pflanzliches Material (Detritus, abgestorbene Pflanzenteile). Im Aquarium auch Flocken- und Pelletfutter.

Haltung: Wie andere mittelgroße *Macrobrachium*-Arten, Weichwasserart.

Zucht: Weibchen mit wenigen, großen Eiern, die Larven durchlaufen drei Stadien bis zur Metamorphose zum juvenilen Tier. Die Art dürfte bei passenden Verhältnissen nicht allzu schwer im Aquarium nachzuziehen sein.

Bemerkungen: *M. brasiliense* ist eine der wenigen mittel- und südamerikanischen *Macrobrachium*-Arten, welche im Süßwasser nachgezogen werden können. In den natürlichen Biotopen halten sich die Tiere in Laubansammlungen und zwischen Wurzeln von im Wasser stehenden Landpflanzen auf. Aufgrund der Anpassung an Weichwasserverhältnisse mit niedrigen pH-Werten, für die Vergesellschaftung mit nicht bodenlebenden Fischen im Amazonasbecken geeignet.

Macrobrachium brasiliense, Jungtier.

Foto: C. Lukhaup

Literatur: [58, 92]

Foto: C. Lukhaup

Macrobrachium carcinus zählt zu den größten Süßwassergarnelenarten Amerikas.

Macrobrachium carcinus (Linnaeus, 1758) Giganten-Flussgarnele

Synonyme: *Cancer carcinus* Linnaeus, 1758, *Astacus carcinus* Fabricius, 1775, *Cancer (Astacus) jamaicensis* Herbst, 1792.

Herkunft: Mittel- und Südamerika, von Florida und Texas in den USA bis S. Catarina in Brasilien; Westindische Inseln (Kuba, Jamaika, Hispaniola, Puerto Rico u.a.).

Größe: Körperlänge ♂ bis 230 mm, ♀ bis 170 mm.

Merkmale (voll entwickelte Männchen): Rostrum sinoid, Spitze aufwärts gerichtet, Zähne dorsal mit gleichmäßigem Abstand. Beide Scheren des zweiten Scherenpaares adulter Männchen sind stark, gleich lang und gleich geformt. Die Finger der Scherenhände sind nur wenig kürzer als der Propodus. Alle Segmente des zweiten Scherenpaares mit starken Dornen. Das Abdomen zeigt eine breite hell/dunkle Längsstreifung. Rostrumformel: 4-6 + 7-10 / 3-4.

Nahrung: Kleine Wirbellose wie Würmer, Insektenlarven, Wasserschnecken und tote Fische. Im Aquarium auch Muschelfleisch und Pelletfutter.

Haltung: Für ausreichend Versteckmöglichkeiten sorgen, nur für sehr große Aquarien geeignet, Männchen untereinander unverträglich.

Zucht: Bisher im Aquarium nicht nachgezüchtet, Larven mit Brackwasserstadien.

Bemerkungen: *M. carcinus* ist die größte Süßwassergarnele des amerikanischen Kontinents. Von der ähnlich großen Art *M. rosenbergii* ist *M. carcinus* leicht durch die kräftigeren Scheren und das Fehlen der für *M. rosenbergii* typischen Behaarung auf dem beweglichen Scherenfinger zu unterscheiden. Durch die Größe ist *M. carcinus* als Nahrungslieferant der einheimischen Bevölkerung von Süd- und Mittelamerika von Bedeutung. Die große Garnele bewohnt rasch fließende Bäche und zeigt ein ausgeprägtes Territorialverhalten.

Literatur: [58, 21, 23]

Macrobrachium americanum Bate, 1868

Verbreitung: Westliches Mittel- und Südamerika von der Baja California bis Nord Peru, Cocos Inseln, Galapagos.

Größe: bis 250 mm.

Merkmale (voll entwickelte Männchen): Sehr ähnlich *M. carcinus*. Unterschiede finden sich nur bei voll entwickelten Männchen in wenigen Details wie der Länge des Rostrums oder etwas kürzeren Scherenbeinen. Holthuis schlug in seiner Revisionsarbeit 1952 vor, *M. americanum* als Unterart von *M. carcinus* zu führen.

Haltung: Wie bei der atlantischen Geschwisterart *M. carcinus* für ausreichend Versteckmöglichkeiten sorgen, nur für sehr große Aquarien geeignet, Männchen untereinander unverträglich.

Zucht: Bisher im Aquarium nicht nachgezüchtet, Larven mit Brackwasserstadien.

Voll entwickeltes Männchen von *M. americanum* im Habitat.

Das Weibchen von *M. americanum* trägt deutlich kleinere Scheren.

In Gumpen unterhalb kleiner Wasserfälle leben große *M. americanum*.

Auf der Suche nach *M. americanum* im Bergland von Panama.

Bemerkungen: *M. americanum* ist die Typusspezies der Gattung *Macrobrachium*. In Panama, wohl auch in anderen Gebieten Mittel- und Südamerikas, wird die Art von Einheimischen zu Speisezwecken gefangen. Die Garnelen kommen selbst in kleinsten Bachläufen höher gelegener Regionen in stattlichen Exemplaren vor.

Literatur: [71, 60, 62, 57, 58].

Macrobrachium vollenhovenii (Herklots, 1857) Afrikanische Flussgarnele

Portrait einer Afrikanischen Flussgarnele.

Foto: C. Lukhaup

Synonyme: *Palaemon Vollenhoveni* Herklots, 1857.

Verbreitung: Westafrika von Senegal bis Angola; Cap Verden.

Größe: Körperlänge bis 182 mm.

Merkmale (voll entwickelte Männchen): Rostrum sinoid, bis zum Ende der Antennenbasis oder etwas darüber, bei manchen Tieren bis zum Ende des Scaphozeriten reichend.

Foto: C. Lukhaup

Voll entwickeltes Männchen von *M. vollenhovenii*.

Foto: C. Lukhaup

Weibliche *M. vollenhovenii*.

Zweites Scherenpaar sehr stark, ungleich in der Länge, ähnlich in der Form. Die Finger sind etwas kürzer als die Handfläche und mit je einem sehr großen Zahn bewehrt. Proximal des großen Zahnes sitzen am Dactylus drei kleine Zähne, am fixen Finger einer. Das ganze Scherenbein ist mit kleinen Dornen besetzt. Die proximalen Segmente des großen Scherenpaares sind fleischfarben, die Finger von tiefblauer Farbe. Rostrumformel: 3-5 + 8-15 / 4-6.

Nahrung: Kleine Wirbellose wie Würmer, Insektenlarven, Wasserschnecken und tote Fische. Im Aquarium auch Muschelfleisch und Pelletfutter.

Haltung: Nur für sehr große Aquarien geeignet, erwachsene Männchen untereinander unverträglich.

Zucht: Bisher im Aquarium nicht nachgezüchtet, aus den winzigen Eiern dieser Art schlüpfen Larven, die mehrere Meerwasserstadien durchlaufen.

Bemerkungen: *M. vollenhovenii* kommt in Westafrika in Süß-, Brack- und gelegentlich im Salzwasser nahe der Mündungsgebiete vor. Die große *Macrobrachium*-Art wird von den Einheimischen in den Flüssen zu Nahrungszwecken gefangen, seit einigen Jahren werden auch Versuche unternommen, die Tiere gezielt zu züchten. Durch die Größe und die charakteristische Färbung der Scherenbeine ist die Art relativ gut gekennzeichnet, von den beiden ähnlich großen amerikanischen Verwandten *M. carcinus* und *M. americanum* kann *M. vollenhovenii* auch durch die Lebendfärbung unterschieden werden.

Literatur: [61, 31]

Die *Macrobrachium pilimanus*-Artengruppe

In dieser Artengruppe werden fünfzehn Arten zusammengefasst, welche als gemeinsame Merkmale ein stark ungleich ausgebildetes zweites Scherenpaar, einen sehr kurzen, tassenförmigen Carpus, eine lange borstige Behaarung an der größeren Schere, auf der vollen Länge der Schneiden bezahnte Scherenfinger aufweisen und deren trächtige Weibchen große Eier tragen, aus denen weit entwickelte Jungtiere schlüpfen, welche kein Brack- oder Meerwasser für die Entwicklung benötigen. Die Verbreitung dieser Arten liegt im Einzugsbereich des Mekong in Südostasien bis südlich auf die Malaysische Halbinsel und auf den großen Sundainseln. Im Aussehen erinnern die Tiere dieser Artengruppe an Arten der an den tropischen Küsten des Atlantik beheimateten Tiere der *olfersii*-Gruppe, welche aber bei der Fortpflanzung an Brack- oder Meerwasser gebunden sind. Durch die einfache Vermehrbarkeit in Süßwasser und das attraktive Aussehen vor allem der voll entwickelten Männchen eignen sich die Tiere sehr gut als Aquarientiere. Bisher wurden sie aber nicht in großem Umfang importiert. Die in der Aquaristik verbreiteten Tiere stammen zum größten Teil aus Nachzuchten von privat importierten Tieren. Die Artengruppe um *M. pilimanus* gilt bis heute als taxonomisch äußerst problematisch, da in der Regel nur voll entwickelte männliche Tiere sicher von den verwandten Arten unterschieden werden können. Aktuell beinhaltet die Artengruppe die 15 Arten: *M. pilimanus* (De Man, 1879), *M. leptodactylus* (De Man, 1892), *M. hirsutimanus* (Tiwari, 1952), *M. dienbienphuense* Dang and Nguyen, 1972, *M. eriocheirum* Dai, 1984, *M. poeti* Holthuis, 1984, *M. akhowi* Chong and Khoo, 1987, *M. gua* Chong, 1989, *M. forcipatum* Ng, 1995, *M. platycheles* Ou and Yeo, 1995, *M. pilosum* Cai and Dai, 1999, *M. amplimanus* Cai and Dai, 1999, *M. sirindhorn* Naiyanetr, 2001, *M. kelianense* Wowor & Short, 2007 und *M. empulipke* Wowor, 2010. *M. pilosum* und *M. sirindhorn* unterscheiden sich von den restlichen Arten durch die pelzartige Behaarung des Merus der größeren Schere.

Von oben sind die typischen Merkmale der *pilimanus*-Gruppe gut zu erkennen: ein kurzer, tassenförmiger Carpus des zweiten Scherenpaares und die dicht behaarten Scheren.

Macrobrachium eriocheirum Dai, 1984
Borstenhandgarnele

Verbreitung: Südchina, Xishuabanna und Yunnan; Thailand.

Größe: Carapaxlänge ♂ bis 20 mm, ♀ bis 15 mm, meist etwas kleiner.

Merkmale (voll entwickelte Männchen): Rostrum gerade oder leicht konvex, bis zum dritten Antennenbasalsegment reichend, dorsale Zähne hinten etwas weiter. Zweites Scherenpaar deutlich ungleich in Form und Länge, Finger und Handfläche der größeren Schere dicht mit langen Borsten besetzt. Rostrumformel: 4-5 + 6-8 / 2-3. Eigröße: 1,0-1,25 x 1,4-1,6 mm.

Nahrung: Kleine Wirbellose wie Würmer, Insektenlarven, Wasserschnecken und pflanzliches Material (Algen, abgestorbene Pflanzenteile). Im Aquarium auch Flocken- und Pelletfutter.

Haltung: Genügend Unterschlupfmöglichkeiten in Form von Wurzelwerk, Steinen oder Laubansammlungen bieten. Durch die rötliche Körperfärbung und die ausgesprochen stark vergrößerte Schere der Männchen sehr ansprechende Art. Relativ unverträglich gegenüber kleineren Fischarten.

Zucht: In Süßwasser möglich, Garnelenlarven vom Schlupf an benthisch. Aufzucht der Jungtiere mit *Artemia*-Nauplien, feinem Trockenfutter und diversen Sorten feinen Gefrierfutters.

Bemerkungen: *M. eriocheirum* gehört zu den Tieren der sogenannten *M. pilimanus*-Artengruppe aus dem südchinesischen und thailändischen Raum, die als gemeinsames Merkmal ein deutlich asymmetrisches zweites Scherenpaar mit sehr kurzem, im Längsschnitt dreieckigem Carpus und dicht mit langen Borsten besetzten Scheren aufweisen. Von den bisher bekannten 14 anderen Arten dieser Gruppe unterscheidet sich *M. eriocheirum* in einer Kombination aus der Ausbildung des Epistoms, der Rostrumlänge und -formel sowie der Längenverhältnisse der einzelnen Segmente der ersten drei Schreitbeinpaare. Bei der *pilimanus*-Artengruppe handelt es sich um eine der am schwersten unterscheidbaren Arten der Gattung *Macrobrachium*, deren Systematik bis heute ständigen Veränderungen unterworfen ist. Alle Arten sind farblich sehr ansprechend und aufgrund der relativ einfachen Vermehrbarkeit im Süßwasseraquarium beliebte Pfleglinge. Allerdings wurde häufig von Übergriffen auf kleinere Fischarten berichtet, weshalb diese Tiere im Artenbecken gehalten werden sollten.

Literatur: [15, 8]

Foto: C. Lukhaup

Macrobrachium eriocheirum.

Macrobrachium forcipatum Ng, 1995
Borstenhandgarnele

Verbreitung: Südchina, Xishuabanna und Yunnan; Thailand.

Größe: Carapaxlänge ♂ bis 20 mm, ♀ bis 15 mm, meist etwas kleiner.

Merkmale (voll entwickelte Männchen): Rostrum gerade oder leicht konvex, bis zum Ende des dritten Antennenbasalsegmentes reichend, Zähne hinten weiter. Zweites Scherenpaar deutlich ungleich in Form und Länge, eher schlank, Merus nur wenig aufgeblasen. Finger und Handfläche der größeren Schere dicht mit langen Borsten besetzt. Rostrumformel: 3–5 + 5–8 / 1–3. Eigröße: 1,0-1,1 x 1,4-1,7 mm.

Nahrung: Kleine Wirbellose wie Würmer, Insektenlarven, Wasserschnecken und pflanzliches Material (Algen, abgestorbene Pflanzenteile). Im Aquarium auch Flocken- und Pelletfutter.

Haltung: Genügend Unterschlupfmöglichkeiten in Form von Wurzelwerk, Steinen oder Laubansammlungen bieten. Relativ unverträglich gegenüber kleineren Fischarten.

Zucht: In Süßwasser möglich, Garnelenlarven vom Schlupf an benthisch. Aufzucht der Jungtiere mit *Artemia*-Nauplien, feinem Trockenfutter und diversen Sorten feinen Gefrierfutters.

Bemerkungen: *M. forcipatum* ist von anderen Arten der *pilimanus*-Artengruppe durch das relativ schlanke 2. Scherenpaar zu unterscheiden. Wie *M. eriocheirum* sollte diese Art ebenfalls nur im Artenbecken gehalten werden.

Literatur: [15]

Macrobrachium forcipatum trägt relativ schlanke Scherenbeine.

Voll entwickelte Männchen sind an den dicht behaarten Scheren zu erkennen.

Die Artengruppe um *Macrobrachium hendersoni*

In den hügeligen Gebieten und Mittelgebirgsregionen Nordindiens, von den Abhängen des Himalaya bis nach Thailand und Burma, lebt eine Gruppe von *Macrobrachium*-Arten, die von allen Arten der Gattung weltweit als am besten an das Leben im Süßwasser angepasst gilt. Die frisch geschlüpften Junggarnelen dieser Artengruppe durchlaufen nur ein einziges Larvenstadium bis zur Metamorphose zum juvenilen Tier. Voll entwickelte Männchen dieser Arten tragen als gemeinsames morphologisches Merkmal deutlich längsgerillte Scherenfinger an den zweiten Schreitbeinen. Bei allen Arten sind diese Rillen mit mehr oder weniger dichten pelzartigen Haaren gefüllt. Jungtiere dieser Garnelen zeichnen sich durch eine hübsche rotbraune Ringelzeichnung der Schreitbeine aus, die bei weiblichen Tieren in undeutlicherer Form erhalten bleibt. Diese Zeichnung hat zum deutschen Namen „Ringelhandgarnelen" für diese Arten geführt. Hinter der Bezeichnung Ringelhandgarnele versteckt sich also nicht nur eine einzelne Art, sondern mehrere eng verwandte Arten.

Eine Längsrillung der Scherenfinger ist das Erkennungszeichen aller Vertreter der *hendersoni*-Artengruppe.

Bisher bekannte Vertreter der Artengruppe:

M. assamense assamense **(Tiwari, 1958)**
M. assamense peninsularis **(Tiwari, 1958)**
M. cacharense **(Tiwari, 1952)**
M. cavernicola **(Kemp, 1924)**
M. dayanum **(Henderson, 1893)**
M. hendersodayanum **(Tiwari, 1952)**
M. hendersoni **(De Man, 1906)**
M. platyrostre **(Tiwari, 1952)**
M. siwalikense **(Tiwari, 1952)**

Macrobrachium assamense assamense (Tiwari, 1958)
Red-Rusty-Garnele, Ringelhandgarnele

Synonyme: *Palaemon assamensis assamensis* Tiwari, 1958.

Verbreitung: Indien, Assam, Nepal, Thailand, Myanmar.

Größe: Körperlänge ♂ bis 70 mm, ♀ bis 62 mm.

Merkmale (voll entwickelte Männchen): Rostrum gerade, über das Ende der Antennenbasis, manchmal bis zum Ende des Scaphozeriten reichend. Zweites Scherenpaar identisch in der Form, fast gleich in der Länge, etwas kürzer als die Körperlänge, Carpus zylindrisch, kürzer als der Merus, deutlich kürzer als die Handfläche. Finger längsgerillt und dicht mit feinen Haaren bedeckt, Länge der Finger in etwa Länge der Handfläche, Finger bei geschlossener Schere nicht klaffend, mit zwei Paar kleinen Zähnen im proximalen Drittel. Rostrumformel: 2-3 + 4-8 / 1-5 (2-4).

Nahrung: Kleine Wirbellose wie Würmer, Insektenlarven, Wasserschnecken und pflanzliches Material (Algen, abgestorbene Pflanzenteile). Im Aquarium auch Flocken- und Pelletfutter.

Haltung: Problemlos, genügend Unterschlupfmöglichkeiten in Form von Wurzelwerk, Steinen oder Laubansammlungen bieten.

Zucht: Einfach, nur ein Larvenstadium, die Weibchen betreiben in den ersten Tagen nach dem Schlupf eine primitive Form der Brutpflege und nehmen in dieser Zeit keine Nahrung auf. Aufzucht der Jungtiere mit *Artemia*-Nauplien, feinem Trockenfutter und diversen Sorten feinen Gefrierfutters.

Bemerkungen: *M. assamense assamense* ähnelt im Aussehen und in der Färbung sehr der eng verwandten Art *M. dayanum* und ist von dieser nur durch den kürzeren Carpus am zweiten Scherenpaar und etwas weniger Zähnen (1-5 vs. 3-7 bei *M. dayanum*) zu unterschieden. Anspruchslos in der Haltung und leicht zu vermehren, gehört die Ringelhandgarnele zu den beliebtesten Garnelen im Süßwasseraquarium. Ihren Namen verdankt die Ringelhandgarnele der insbesondere bei juvenilen Tieren gut ausgeprägten rot-schwarzen Bänderung der zweiten Scherenbeine, die im Alter aber nachlässt. Etwas Vorsicht ist bei der Vergesellschaftung mit kleineren, bodenlebenden Fischen geboten. Gelegentlich werden schlafende Fische von größeren Exemplaren dieser Garnelenart erbeutet.

Foto: C. Lukhaup

Macrobrachium assamense assamense in der als Red-Rusty-Garnele gehandelten rotbraunen Farbform.

Literatur: [112, 111, 110, 15, 10]

Macrobrachium dayanum (Henderson, 1893) Red-Rusty-Garnele, „Schoko"-Garnele, Ringelhandgarnele

Synonyme: *Palaemon dayanus* Henderson, 1893.

Verbreitung: Indien, Bangladesch.

Größe: Carapaxlänge ♂ bis 19 mm, ♀ bis 16 mm, Körperlänge ♂ bis 92 mm, ♀ bis 70 mm.

Merkmale (voll entwickelte Männchen): Rostrum gerade oder distal aufgebogen, bis zum Ende des Scaphozeriten oder etwas darüber reichend. Zweites Scherenpaar gleich in der Form, fast gleich in der Länge, schlank, etwas kürzer als die Körperlänge. Carpus zylindrisch, gleich lang oder länger als der Merus, deutlich kürzer als die Schere. Finger längsgerillt und mit feinen Haaren bedeckt, etwas kürzer als die Handfläche. Finger bei geschlossener Schere nicht oder nur wenig klaffend, mit zwei Paar kleinen Zähnen im proximalen Drittel. Rostrumformel: 1-3 + 4-8 / 3-7.

Nahrung: Kleine Wirbellose wie Würmer, Insektenlarven, Wasserschnecken und pflanzliches Material (Algen, abgestorbene Pflanzenteile). Im Aquarium auch Flocken- und Pelletfutter.

Haltung: Problemlos, genügend Unterschlupfmöglichkeiten in Form von Wurzelwerk, Steinen oder Laubansammlungen bieten.

Zucht: Einfach, nur ein Larvenstadium. Die Weibchen betreiben in den ersten Tagen nach dem Schlupf eine primitive Form der Brutpflege und nehmen in dieser Zeit keine Nahrung auf. Aufzucht der Jungtiere mit *Artemia*-Nauplien, feinem Trockenfutter und diversen Sorten feinen Gefrierfutters.

Bemerkungen: *M. dayanum* ähnelt im Aussehen und in der Färbung sehr der eng verwandten Art *M. assamense assamense* und ist von dieser nur durch den längeren Carpus am zweiten Scherenpaar und etwas mehr Zähnen (3-7, meist 6 oder 7 vs. 1-5 bei *M. a. assamense*) auf der Unterseite des Rostrums zu unterscheiden. Anspruchslos in der Haltung und leicht zu vermehren, gehört die Ringelhandgarnele zu den beliebtesten Garnelen im Süßwasseraquarium. Etwas Vorsicht ist bei der Vergesellschaftung mit kleineren,

Ein Jungtier von *M. dayanum* mit leuchtend roter Ringelzeichnung.

Foto: C. Lukhaup

Die braune Farbform von *M. dayanum* nennt man Red-Rusty-Garnele.

bodenlebenden Fischen geboten. Gelegentlich werden schlafende Fische von größeren Exemplaren dieser Garnelenart erbeutet. Im Gegensatz zu den anderen Arten der *hendersoni*-Artengruppe kommt *M. dayanum* auch in tiefer gelegenen Ebenen des Verbreitungsgebietes vor, während die andern Arten nur in den Fließgewässern des Hügellandes zu finden sind. Die feine rotbraune bis leuchtend rote Ringelzeichnung an den Schreitbeinen von Jungtieren und Weibchen hat zum deutschen Namen „Ringelhandgarnele" geführt. Adulte, voll entwickelte Tiere gelangen dagegen öfters, je nach Körperfärbung, als „Schoko"-Garnele oder Red-Rusty-Garnele in den Handel.

Literatur: [112, 111, 71, 60, 10, 68]

Macrobrachium hendersoni (De Man, 1906) Hendersons Garnele

Synonyme: *Palaemon hendersoni* De Man, 1906.

Verbreitung: Indien: Kurseong Darjeeling, Siju Cave, Garo Hills, Sirpo und Egar, Assam; Thailand, Myanmar, China: Yunnan.

Größe: Carapaxlänge ♂ bis 25 mm, bis ♀ 15 mm, Körperlänge bis 82 mm.

Merkmale (voll entwickelte Männchen): Rostrum kurz, dorsal leicht konvex, bis zur Mitte des zweiten, selten bis knapp vor das Ende des dritten Antennenbasalsegmentes reichend. Zweites Scherenpaar gleich in der Form, etwas ungleich in der Länge, etwas kürzer als die Körperlänge, mit 1/3 des Carpus über den Scaphozeriten reichend. Carpus im Längsschnitt dreieckig, kürzer als der Merus, halb so lang wie die Handfläche, 1,5-2,0-mal so lang wie breit. Finger längsgerillt und mit feinen Haaren bedeckt, Länge der Finger in etwa Länge der Handfläche. Finger bei geschlossener Schere nur leicht klaffend, mit zwei Paar starken Zähnen in der proximalen Hälfte, gesamtes Scherenbein kurz und kräftig im Vergleich mit den verwandten Arten. Rostrumformel: 2-3 + 5-7 / 2-3.

Nahrung: Kleine Wirbellose wie Würmer, Insektenlarven, Wasserschnecken und pflanzliches Material (Algen, abgestorbene Pflanzenteile). Im Aquarium auch Flocken- und Pelletfutter.

Haltung: Problemlos, genügend Unterschlupfmöglichkeiten in Form von Wurzelwerk, Steinen und Laubansammlungen bieten.

Zucht: Einfach, nur ein Larvenstadium. Die Weibchen betreiben in den ersten Tagen nach dem Schlupf eine primitive Form der Brutpflege und nehmen in dieser Zeit keine Nahrung auf. Aufzucht der Jungtiere mit *Artemia*-Nauplien, feinem Trockenfutter und diversen Sorten feinen Gefrierfutters.

Bemerkungen: *M. hendersoni* ist die Typusart der gleichnamigen Artengruppe. Die zur *hendersoni*-Gruppe gehörenden neun Arten oder Unterarten unterscheiden sich durch zwei Merkmale von allen anderen Arten der Gattung *Macrobrachium*: die Finger des zweiten Scherenpaares sind bei voll entwickelten Männchen deutlich längsgerillt und die aus den Eiern schlüpfenden Larven benötigen nur eine einzige Häutung bis zur Metamorphose zum juvenilen Tier. Alle anderen *Macrobrachium*-Arten durchlaufen mindestens zwei Larvenstadien. Sie gelten damit als die am besten an das Leben im Süßwasser angepassten Garnelen der Gattung. *M. hendersoni* und die verwandten Arten bewohnen die hügeligen Gebiete und Mittelgebirgsregionen Indiens, Pakistans, Myanmars und Thailands. Durch ihre Anspruchslosigkeit und ihre Vermehrungsfreudigkeit gehören sie zu den beliebtesten *Macrobrachium*-Arten im Süßwasseraquarium.

Literatur: [113, 112, 15, 10, 71, 60]

Foto: C. Lukhaup

Macrobrachium hendersoni.

Macrobrachium agwi Klotz, 2008

Verbreitung: Indien, Cooch Behar, Ost Bengalen.

Größe: Carapaxlänge ♂ bis 18 mm, ♀ bis 15 mm, Körperlänge ♂ bis 54 mm, ♀ bis 49 mm.

Merkmale: Rostrum kurz, dorsal leicht konvex, bis zum Ende der Antennenbasis reichend. Zweites Scherenpaar gleich in der Form, etwas ungleich in der Länge, etwa so lang wie der Körper, mit dem Carpus über den Scaphozeriten reichend. Carpus kurz, leicht konisch, 2,1-2,4-mal so lang wie breit, leicht kürzer als der Merus. Finger nicht deutlich längsgerillt und ohne pelzartige Behaarung, Länge der Finger in etwa Länge der Handfläche. Finger bei geschlossener Schere nur leicht klaffend, mit 2 Paar starken Zähnen in der proximalen Hälfte. Distales Ende des Telsons konisch, in einer deutlichen zahnartigen Spitze endend, seitliche Dornen die Telsonspitze nicht deutlich überragend. Rostrumformel: 3-4 (3) + 4-6 (4) / 2-3 (2).

Nahrung: Kleine Wirbellose wie Würmer, Insektenlarven, Wasserschnecken und pflanzliches Material (Algen, abgestorbene Pflanzenteile). Im Aquarium auch Flocken- und Pelletfutter.

Haltung: Problemlos, genügend Unterschlupfmöglichkeiten in Form von Wurzelwerk, Steinen und Laubansammlungen bieten.

Macrobrachium agwi.

Auch Algen gehören zum Nahrungsspektrum von Großarmgarnelen.

Macrobrachium agwi im Portrait.

Zucht: Im Süßwasser wie bei den nahe verwandten Arten der Ringelhandgarnelen einfach möglich. Die Jungtiere nehmen bereits bald nach dem Schlupf *Artemia*-Nauplien, feines Trockenfutter und diverse Sorten feines Gefrierfutter auf.

Bemerkungen: *M. agwi* gehört zu einer Gruppe von Großarmgarnelen, welche die Mittelgebirgsbäche (hill streams) an den Südhängen des Himalayas bewohnen. Neben den aquaristisch bekannten Vertretern der Ringelhandgarnelen zählen noch zwei Arten mit nicht gerillten Scherenfingern zu dieser Gruppe: *M. altifrons* und *M. kempi*. Letztere wurde gelegentlich als Beifang bei anderen Garnelenarten aus Ostindien importiert. Die äußeren Körpermerkmale sind bei dieser Art sehr ähnlich wie bei *M. agwi*, adulte Männchen von *M. kempi* weisen aber an der Oberkante der Handfläche des zweiten Scherenbeines eine feine dichte Behaarung auf, welche bei *M. agwi* fehlt. Von *M. altifrons* kann die Art durch eine abweichende Bezahnung der Scherenfinger unterschieden werden. Aquaristisch kann *M. agwi*, die nach der Arbeitsgemeinschaft Wirbellose des Binnenlandes (AGW), einem Zusammenschluss von an wirbellosen Wassertieren interessierten Aquarianern benannt wurde, durch die Körperfärbung erkannt werden. Die meisten Tiere zeigen eine rotbraune Körperfärbung, einzelne Arten auch hellbraune, gräuliche oder bläuliche Farben. An der Basis des Schwanzfächers zeigt sich praktisch immer eine gut erkennbare hellere Querbinde, die sich gut als Identifikationsmerkmal eignet.

Literatur: [147, 71]

Macrobrachium kempi (Tiwari, 1949)

Synonyme: *Macrobrachium nepalense* Kamita, 1974.

Verbreitung: Indien, Ost Bengalen, Nepal.

Größe: Körperlänge ♂ bis 51 mm, ♀ bis 45 mm.

Merkmale (voll entwickelte Männchen): Rostrum kurz, dorsal leicht konvex, bis zum Ende der Antennenbasis reichend. Zweites Scherenpaar gleich in der Form, etwas ungleich in der Länge, etwa so lang wie der Körper. Carpus kurz, leicht kürzer als der Merus. Finger nicht deutlich längsgerillt und ohne pelzartige Behaarung, Länge der Finger in etwa Länge der Handfläche. Letztere mit deutlicher pelzartiger Behaarung an der Innen- und Oberseite. Finger bei geschlossener Schere leicht klaffend, mit 2 Paar starken Zähnen in der proximalen Hälfte. Distales Ende des Telson konisch, in einer deutlichen zahnartigen Spitze endend, seitliche Dornen die Telsonspitze nicht deutlich überragend. Rostrumformel: 2-3 + 2-6 / 2-4.

Nahrung: Kleine Wirbellose wie Würmer, Insektenlarven, Wasserschnecken und pflanzliches Material (Algen, abgestorbene Pflanzenteile). Im Aquarium auch Flocken- und Pelletfutter.

Haltung: Problemlos, genügend Unterschlupfmöglichkeiten in Form von Wurzelwerk, Steinen und Laubansammlungen bieten.

Zucht: Im Süßwasser wie bei den nahe verwandten Arten der Ringelhandgarnelen einfach möglich. Die Jungtiere nehmen bereits bald nach dem Schlupf *Artemia*-Nauplien, feines Trockenfutter und diverse Sorten feines Gefrierfutter auf.

Bemerkungen: *M. kempi* ähnelt morphologisch stark der ohne Zweifel eng verwandten Art *M. agwi*, kann von dieser aber durch die Lebendfärbung und die pelzartige Behaarung der Innen- und Oberseiten der Handfläche der großen Scheren unterschieden werden. 1974 wurde von Kamita unter der Bezeichnung *M. nepalense* eine neue *Macrobrachium* Art aus dem südlichen Nepal nahe der Grenze zu Indien beschrieben. Die detaillierte Beschreibung dieser Art deckt sich in allen Merkmalen mit *M. kempi*, so dass *M. nepalense* als jüngeres Synonym von *M. kempi* betrachtet werden muss. Wie viele Arten aus den Mittelgebirgsregionen des nördlichen Indien lässt sich *M. kempi* im Aquarium relativ leicht vermehren. Allerdings muss wie bei den Ringelhandgarnelen auf ein ausreichend strukturiertes Becken geachtet werden, da sich erwachsene Tiere wie bei den meisten *Macrobrachium*-Arten territorial verhalten.

Literatur: [71]

Macrobrachium kempi im Aquarium.

Bei voll entwickelten Männchen ist die für *M. kempi* typische pelzartige Behaarung auf den Scheren gut zu erkennen.

Macrobrachium idae (Heller, 1862)

Synonyme: *Palaemon Idae* Heller, 1862.

Verbreitung: Ostafrika, Seychellen, Madagaskar, Indien, Sri Lanka, Borneo, Sumatra, Indonesien, Neuguinea, Brunei Darussalam, Thailand, Malaysia, Australien.

Größe: Körperlänge ♂ bis 110 mm, ♀ etwas kleiner.

Merkmale (voll entwickelte Männchen): Rostrum relativ gerade, etwas über die Antennenbasis reichend. Zwischen den vordersten zwei Zähnen auf der Oberseite des Rostrums und den hinteren Zähnen manchmal ein etwas größerer Abstand. Carapax, Pleura, sechstes Abdominalsegment, Telson und Uropoden mit feinen Dornen. Zweites Scherenpaar lang, ähnlich in der Form aber meist ungleich in der Länge. Gesamtes Scherenbein mit feinen Dornen bedeckt, beweglicher Finger und Schneide des fixen Fingers mit pelzartiger Behaarung. Palma ohne Haare. Rostrumformel: 3 + 6-7 / 3-5. Eigröße: ca. 0,6 mm.

Nahrung: Kleine Wirbellose wie Würmer, Insektenlarven, Wasserschnecken und pflanzliches Material (Algen, abgestorbene Pflanzenteile). Im Aquarium auch Pelletfutter und alle Arten von Frostfutter.

Haltung: Wie andere mittelgroße *Macrobrachium*-Arten.

Bemerkungen: Bei *M. idae* handelt es sich um eine mittelgroße, durch die langen Scheren voll entwickelter Männchen eindrucksvolle, *Macrobrachium*-Art. Die Garnele ist ein typischer Bewohner tropischer Niederungsgewässer und kommt vor allem im Mündungsbereich größerer Bäche und Flüsse vor, wo sich die erwachsenen Tiere in den obersten, von den Gezeiten beeinflussten Bereichen aufhalten. Eine Vergesellschaftung mit kleineren Fischen verbietet sich, da die Tiere sich im Aquarium als geschickte Fischfänger erweisen. *M. idae* ist von der nahe verwandten Art *M. idella* durch die geringere Anzahl an Dornen an der Oberseite des Rostrums (9-10 vs. 12-15 bei *M. idella*) zu unterscheiden. *M. idella* unterscheidet sich weiterhin durch nur zwei postorbitale Rostrumzähne, etwas schlankere Scheren und einen bei voll entwickelten Männchen meist kürzer als die Schere gewachsenen Carpus.

Literatur: [71, 105, 28, 60, 18]

Foto: C. Lukhaup

Männliche *Macrobrachium idae* mit ihren langen Scherenbeinen.

Macrobrachium idella idella (Hilgendorf, 1898)
Dornenschwanzgarnele

Synonyme: *Palaemon (Eupalaemon) idae* var. *idella* Hilgendorf, 1898.

Verbreitung: Ostafrika: Tansania, Madagaskar, Indien, Sri Lanka.

Größe: Körperlänge ♂ 111 mm, ♀ 65 mm.

Männliche *Macrobrachium idella* mit ihren langen Scherenbeinen.

Merkmale (voll entwickelte Männchen): Rostrum gerade bis leicht konvex, Spitze leicht aufwärts gerichtet, bis zum Ende des Scaphozeriten reichend. Das zweite Scherenbein ist sehr schlank, von ähnlicher Größe und Form. Bei adulten Männchen eineinhalb Mal so lang wie die Körperlänge, bei weiblichen Tieren 2/3 der Körperlänge. Das ganze Bein mit kleinen, in Reihen angeordneten Knötchen besetzt, beweglicher Finger dicht behaart, fixer Finger nur entlang der Schneide. Bei voll entwickelten Männchen ist der seitliche Carapax, das Telson und die Uropoden dicht mit dornigen Knötchen besetzt. Rostrumformel: 2 +10-15/ 4-5.

Nahrung: Kleine Wirbellose wie Würmer, Insektenlarven, Wasserschnecken und pflanzliches Material (Algen, abgestorbene Pflanzenteile). Im Aquarium auch Pelletfutter und alle Arten von Frostfutter.

Haltung: Wie andere mittelgroße *Macrobrachium*-Arten.

Zucht: Zur Aufzucht der Larven ist ein Brackwasserbecken erforderlich, mehr als zehn Zoea-Stadien. Bis jetzt ist keine erfolgreiche Nachzucht im Aquarium bekannt.

Bemerkungen: *M. idella* unterscheidet sich von der morphologisch sehr ähnlichen Art *M. idae* durch die Rostrumformel: (2 + 10-15 / 4-5 vs. 3 + 5-7 / 3-5 bei *M. idae*), durch etwas schlankere Scherenbeine und einen etwas kürzeren (gewöhnlich kürzer als die Schere) Carpus. *M. idella* bewohnt die Mündungsgebiete und Unterläufe von Flüssen des Indischen Ozeans und ist oft im brackigen Wasser zu finden.

Literatur: [71, 60, 28, 69]

Macrobrachium lamarrei lamarrei (H. Milne-Edwards, 1837) Langnasengarnele

Synonyme: *Palaemon lamarrei* H. Milne-Edwards, 1837.

Verbreitung: Indien mit Ausnahme der Western Ghats und des äußersten Südens, Myanmar.

Größe: Körperlänge ♂ bis 52 mm, ♀ bis 68 mm.

Merkmale (voll entwickelte Männchen): Rostrum sehr schlank und lang, distal aufgebogen, mit ca. 1/3 der Länge den Scaphozeriten überragend, dorsal vordere Rostrumhälfte unbezahnt, mit 1-2 subapikalen Zähnen. Appendix masculina länger als das Endopod, Uropodenfalte ohne beweglichen Dorn. Rostrumformel: 1-2 + 4-7 + 1-2 / 4-8. Eigröße: 0,95-1,25 x 1,15-1,50 mm.

Nahrung: Kleine Wirbellose wie Würmer, Insektenlarven, Wasserschnecken und pflanzliches Material (Algen, abgestorbene Pflanzenteile). Im Aquarium auch Flocken- und Pelletfutter.

Haltung: Problemlose, verträgliche Art, Haltung in Süßwasser oder leichtem Brackwasser möglich.

Zucht: In Süßwasser möglich, die frisch geschlüpften Larven durchlaufen drei Zoea-Stadien bis zur Metamorphose zum juvenilen Stadium. Aufzucht der Jungtiere mit *Artemia*-Nauplien, feinem Trockenfutter und diversen Sorten feinen Gefrierfutters.

Bemerkungen: Seit Tiwari, 1952 werden die zwei Unterarten, *M. lamarrei lamarrei* und *M. lamarrei lamarroides* unterschieden, als Abgrenzung gilt die Länge und Bezahnung des Rostrums. Beide Unterarten lassen sich durch den langen, nur wenig bedornten Appendix masculina leicht von allen anderen Arten der Gattung unterscheiden. Die Art gehört zu den bekanntesten und am weitesten verbreiteten *Macrobrachium*-Arten des indischen Subkontinents, wo sie praktisch in allen Gewässern des Tieflandes zu finden ist. In rascher fließenden, höher gelegenen Gewässerabschnitten fehlt die Art weitgehend. *M. lamarrei* eignet sich durch das friedliche Verhalten und die im Vergleich mit ähnlichen Arten (*M. lanchesteri*, *M. kulsiense*) leichtere Vermehrbarkeit hervorragend für das Gesellschafts- oder Artaquarium. Auffallend bei dieser Art ist der deutliche Größenunterschied zwischen männlichen und weiblichen Tieren, wobei die Weibchen die Männchen in der Körperlänge um fast die Hälfte überragen. Erstaunlicherweise wurden bisher nur gelegentlich Tiere als Beifänge bei anderen Garnelenarten importiert. Da mit einem regelmäßigen Import oder Handel von im Aquarium nachgezogenen Tieren in den nächsten Jahren gerechnet werden muss, soll diese Art hier unbedingt Erwähnung finden.

Literatur: [71, 60, 10, 68, 69]

Macrobrachium lamarrei aus Indien.

Weibliche Tiere von *M. lamarrei* tragen große Eier, aus denen weit entwickelte Jungtiere schlüpfen.

Macrobrachium lanchesteri (De Man, 1911)
Glasgarnele, Reisfeldgarnele, Lanchesters Garnele

Foto: C. Lukhaup

Die Glasgarnele *M. lanchesteri* ist eine der bekanntesten Süßwassergarnelen in der Aquaristik.

Synonyme: *Palaemon (Eupalaemon) lanchesteri* De Man, 1911.

Verbreitung: Malaysia, Thailand, Myanmar, Brunei Darussalam.

Größe: Körperlänge: ♂ bis 61 mm, ♀ bis 57 mm.

Merkmale (voll entwickelte Männchen): Rostrum gerade oder leicht aufgebogen, bis etwas über das distale Ende der Antennenbasis reichend, mit 1-2 subapikalen Zähnen. Zweites Scherenpaar gleich in Länge und Form. Bei voll entwickelten Männchen sind die Finger dicht mit kleinen Haarbüscheln besetzt. Rostrumformel: 1-2 + 4-6 + 1-2 / 2-7 (3-4). Eigröße: 0,6-0,7 x 0,8-1,0 mm.

Nahrung: Kleine Wirbellose wie Würmer, Insektenlarven, Wasserschnecken. Im Aquarium auch Flockenfutter.

Haltung: Liebt dicht bepflanzte Aquarien, unproblematisch, im Winter Aquarium beheizen, die Art verträgt niedrige Wassertemperaturen schlecht. Auch zu weiches Wasser scheint den Tieren schlecht zu bekommen.

Zucht: Im Artbecken möglich, trächtige Weibchen isolieren. Die frisch geschlüpften Larven durchlaufen neun Zoea-Stadien bis zur Metamorphose zur Postlarve. Als Aufzuchtfutter können *Artemia*-Nauplien gegeben werden.

Bemerkungen: *Macrobrachium lanchesteri* war sicher eine der ersten Süßwassergarnelen, die als Aquarientiere nach Europa importiert wurden. In ihrer Heimat, den sehr langsam fließenden und stehenden Gewässern von Thailand bis Singapur, ist sie die am häufigsten vorkommende *Macrobrachium*-Art. Der typische Lebensraum dieser Art sind überschwemmte Flächen der Reisfelder, Bewässerungsgräben und Fischteiche. In schnell fließenden Bächen und in schattigen, bewaldeten Gebieten sind die Tiere kaum zu finden. *M. lanchesteri* ist in der Lage, niedrige pH- und Sauerstoffwerte sowie hohe Wassertemperaturen bis über 30° Grad zu vertragen. Die charakteristische Behaarung an den Scherenfingern ist nur bei voll entwickelten Männchen (wenige Tiere in jeder mehrere Hundert Tiere umfassenden Population) zu finden. Bei weiblichen Tieren und untergeordneten Männchen sind die Scheren ohne Behaarung. Dieses Merkmal unterscheidet *M. lanchesteri* von ähnlichen Arten aus Indien. Tiwari beschrieb 1949 *M. lanchesteri* von einer hügeligen Gegend in Baroda und Nagpur, Raman 1978 und Rao 1981 aus Bangalore. Jalihal konnte 1988 zeigen, dass sich diese indischen Tiere in der Größe der Eier und der Anzahl der Larvenstadien, das Fehlen eines Sexualdimorphismus (als Behaarung der Scheren) und in der Lebendfärbung (ein helloranger Punkt an der Basis der Scherenfinger) von *M. lanchesteri* unterscheiden und beschrieb in der Folge die neuen Arten mit den Namen *M. sankollii* und *M. unikarnatakae*. Ein Vorkommen von *M. lanchesteri* in Indien wurde seither von mehreren Autoren ausgeschlossen.

Literatur: [10, 15, 60, 68, 69, 71, 72, 102, 121, 122]

Macrobrachium lar (Fabricius, 1798)

Synonyme: *Palaemon lar* Weber, 1795.

Verbreitung: Im Indio-West Pazifik sehr weit verbreitete Art. Vorkommen von Ostafrika bis zu den Ryukyu-Inseln im Norden und Australien und den Polynesischen Inseln im Süden. In diesem weiten Bereich ist *M. lar* die häufigste Art der Gattung.

Größe: Körperlänge ♂ bis 195 mm, ♀ bis 145 mm.

Merkmale (voll entwickelte Männchen): Rostrum sinoid, dorsal über die ganze Länge bezahnt, bis zum Ende des Scaphozeriten reichend. Zweites Scherenbein sehr lang, länger als der Körper, ähnlich in der Form, ungleich in der Länge, dicht mit kurzen Dornen

Foto: C. Lukhaup

Weibliche *Macrobrachium lar*, das Männchen zeigt noch deutlich größere Scherenbeine.

besetzt. Scherenfinger unbehaart, mit je einem auffallend starken Zahn, deutlich klaffend. Carpus kürzer als die halbe Länge der Schere, etwas kürzer als der Merus. Rostrumformel: 1-2 + 7-9 / 2-4.

Nahrung: Kleine Wirbellose wie Würmer, Insektenlarven, Wasserschnecken und pflanzliches Material (Algen, abgestorbene Pflanzenteile). Kranke und verendete Fische. Im Aquarium auch Pelletfutter und alle Arten von Lebend- oder Frostfutter.

Haltung: Durch die Körpergröße und ein deutliches Territorialverhalten in einem normalen Aquarium dauerhaft kaum möglich, nur in großen Artbecken ab 150 cm Länge. Genügend Unterschlupfmöglichkeiten in Form von Wurzelwerk, Steinen oder Laubansammlungen bieten. Die Tiere sind auch in der Natur sehr scheu, verstecken sich tagsüber unter Wurzelwerk und größeren Steinen. In der Dunkelheit verlassen die Tiere ihre Verstecke, werden sie mit einer Lampe angestrahlt, flüchten sie blitzschnell.

Zucht: Im Aquarium schwierig. Eier klein und in großer Anzahl (bis 40.000). Die Larven durchlaufen elf Zoea-Stadien und benötigen Brackwasser zur Entwicklung.

Bemerkungen: *M. lar* ist im indopazifischen Raum eine bedeutende Nahrungs- und Erwerbsquelle für lokale Fischer. Auch Versuche, die Art wie *M. rosenbergii* kommerziell zu züchten, werden in verschiedenen Ländern unternommen. Ausgewachsene Männchen zeigen wie viele andere große *Macrobrachium*-Arten ein ausgeprägtes Territorialverhalten und sind sehr unverträglich gegenüber Artgenossen. Aus diesem Grund ist eine Haltung im Aquarium schwierig. Aufgrund der Häufigkeit und weiten Verbreitung dieser Art, kommen immer wieder Jungtiere als „Glasgarnele" oder unter anderen Bezeichnungen in den Handel. Im Gesellschaftsaquarium entlarven sich die anfangs unscheinbaren Tiere dann schnell als gefräßige Fischräuber. Beim Neukauf von *Macrobrachium*-Arten für ein Gesellschaftsbecken ist daher immer Vorsicht geboten!

Literatur: [71, 60, 18, 105]

Macrobrachium latidactylus (Thallwitz, 1891)

Macrobrachium latidactylus.

Foto: C. Lukhaup

Synonyme: *Palaemon latidactylus* Thallwitz, 1891.

Verbreitung: Malaysa, Thailand, Sri Lanka, Australien.

Größe: Körperlänge ♂ bis 68 mm, ♀ bis 54 mm.

Merkmale (voll entwickelte Männchen): Rostrum mittellang, bis zum Ende des Scaphozeriten reichend, dorsal leicht konvex. Zweites Scherenpaar ungleich in Form und Länge, größere Schere nicht dicht behaart und mit zusammengedrückter Handfläche, Scherenfinger proximal mit einigen Zähnchen, 2/3 bis 1 1/3 mal so lang wie die Handfläche, beweglicher Finger deutlich gekrümmt. Rostrumformel: 3-5 + 10-11 / 2-5. Eigröße: ca. 0,6 mm.

Bemerkungen: Im indopazifischen Raum weit verbreitete Art mit charakteristischer Scherenform.

Literatur: [60, 71, 18, 105]

Macrobrachium heterochirus (Wiegmann, 1836)

Foto: C. Lukhaup

Macrobrachium heterochirus.

Synonyme: *Palaemon heterochirus* Wiegmann, 1836.

Verbreitung: Östliches Mittel- und Südamerika von Mexiko bis Südbrasilien, Westindische Inseln.

Größe: Körperlänge ♂ bis 135 mm, ♀ bis 73 mm.

Merkmale (voll entwickelte Männchen): Rostrum sinoid, schlank, bis zum Anfang oder Ende des dritten Antennenbasissegmentes reichend. Dorsale Zähne hinten mit größeren Abständen. Zweites Scherenbeinpaar gleich in der Form, aber ungleich in der Länge. Scherenfinger 2/3 der Länge der Handfläche, Schneiden mit ca. acht kleinen Zähnen, entlang der Schneiden behaart, restlicher Finger unbehaart. Handfläche, Carpus und Merus auf der Unterseite behaart, ganzes Scherenbein dicht mit Dornen besetzt. Rostrumformel: 4-5 + 6-7 / 2-4.

Färbung: Es sind zwei Farbformen bekannt: 1) Körper am Rücken dunkelbraun, sonst heller, mit breiten leuchtend zitronengelben Längsstreifen entlang des ganzen Körpers. 2) Körper leicht durchscheinend blaugrün mit schlanken, auffallend dunklen Querstreifen am Hinterkörper.

Nahrung: Kleine Wirbellose wie Würmer, Insektenlarven, Wasserschnecken und pflanzliches Material (Algen, abgestorbene Pflanzenteile). Im Aquarium auch Pelletfutter und alle Arten von Lebend- oder Frostfutter.

Haltung: Wie andere große *Macrobrachium*-Arten, nur für ein Artbecken zu empfehlen, viel Strömung und Sauerstoff.

Zucht: Bisher im Aquarium nicht nachgezüchtet, Eigröße 0,35-0,5 mm, mehrere Brackwasserstadien.

Bemerkungen: *M. heterochirus* bewohnt überwiegend schnell bis reißend fließende Fluss- und Bachabschnitte und ist oft direkt in Stromschnellen und kleineren Wasserfällen zu finden, oft in Gesellschaft von *Atya*-Arten. Diese Art bewohnt höher gelegene Flussabschnitte als andere in denselben Gewässern vorkommende *Macrobrachium*-Arten, wie z.B. *M. acanthurus*.

Literatur: [58, 2´]

Macrobrachium occidentale Holthuis, 1950

Foto: C. Lukhaup

Macrobrachium occidentale – eine hübsche mittelgroße *Macrobrachium*-Art ist durch auffallende Augenflecke auf den Uropoden gut gekennzeichnet.

Verbreitung: Guatemala: Rio De los Esclavos; El Salvador; Panama.

Größe: Körpergröße bis 90 mm.

Merkmale (voll entwickelte Männchen): Sehr ähnlich *M. heterochirus* kann die Art nach Holthuis von dieser durch folgende Merkmale unterschieden werden: Rostrum mit 5-6 postorbitalen Zähnen, welche weniger als ein Drittel der Länge (männliche Tiere) des Carapax auf diesem zurückreichen. Carpus des ersten Scherenpaares deutlich kürzer als die doppelte Länge der Schere. Das zweite Scherenpaar stärker und deutlicher ungleich in Form und Länge. Die Finger der großen Schere erreichen etwa 2/3 der Länge der Handfläche. Entlang der Schneiden befinden sich steife Haare, welche die Zähne (5-8) verdecken. Die ganze Schere ist behaart, am dichtesten an der unteren, inneren Seite der Handfläche.

Bemerkungen: *M. occidentale* ersetzt *M. heterochirus* auf der pazifischen Seite Mittel- und Südamerikas. In Panama wurde die Art vom Autor in einem schnell fließenden Bach in einem Regenwaldgebiet nahe der Pazifikküste gefangen. Die Tiere hielten sich unter Steinen direkt in der stärksten Strömung des Bachlaufes auf. Die gefangenen Exemplare zeigen bei bräunlicher Körperfärbung auffallende helle Augenflecke auf den Uropoden. Neben der auffallenden Körperfärbung kann diese Art wie bei vielen mittelamerikanischen Arten von den nahen Verwandten nur durch einen exakten Vergleich der beiden großen Scheren voll entwickelter Männchen unterschieden werden.

Literatur: [58]

Die *Macrobrachium olfersii*-Artengruppe

Die in der Aquaristik als „Boxerhandgarnelen" bekannten Tiere zeigen als gemeinsame Merkmale ein in Größe und Form auffallend ungleiches zweites Scherenpaar, welches zumindest teilweise mit einer pelzartigen Behaarung und mit starken Dornen bedeckt ist. Ausmaß und Anordnung der Dornen und Haare liefern hier wichtige Bestimmungsmerkmale. Eine der Scheren ist bei voll entwickelten Männchen karikaturhaft vergrößert und übernimmt primär Aufgaben bei der Ausbildung und Aufrechterhaltung einer sozialen Struktur einer Population. Jenes Männchen mit der größten Schere steht an der Spitze einer Garnelenpopulation und hat Vorrang bei der Nahrungssuche und wohl auch bei der Fortpflanzung. Im Gegensatz zu den ähnlichen Borstenhandgarnelen aus dem südasiatischen Raum tragen trächtige Weibchen aller Arten der *olfersii*-Artengruppe eine große Anzahl kleiner Eier, aus denen Larven schlüpfen, welche für die Entwicklung auf Brack- oder Meerwasser angewiesen sind. Als typische Bewohner küstennaher Fließgewässer zeigen die Arten der *olfersii*-Gruppe eine deutliche Tendenz zur Ausbildung von sogenannten „Geschwisterarten" an durch tiefere Meere oder Landmassen getrennten Vorkommensgebieten. An der Pazifikküste Mittel- und Südamerikas finden wir mit *M. hancocki*, *M. digueti* und *M. acanthochirus*, an der atlantischen Seite mit *M. olfersii*, *M. crenulatum* und *M. faustinum*, in Westafrika mit *M. felicinum* und *M. zariquieyi* Vertreter dieser Artengruppe.

Macrobrachium crenulatum Holthuis, 1950

Verbreitung: Westindische Inseln (Kuba, Jamaika, Hispaniola, Puerto Rico, u.a.), Ostküste Mittelamerikas (Panama, Venezuela).

Größe: Carapaxlänge bis 30 mm, Körperlänge bis 90 mm.

Merkmale (voll entwickelte Männchen): Rostrum nicht sinoid. Zweites Scherenpaar ungleich in Form und Größe, Propodus (Palm) mit Haarpelz. Die Dornenreihe, welche vom fixen Finger bis zum Hinterrand des Propodus reicht, auf der ganzen Länge mit gleich langen Dornen. Sehr ähnlich *M. faustinum*. Rostrumformel: 4-6 + 7-10 / 3-4. Eigröße: 0,4-0,6 mm.

Foto: C. Lukhaup

Macrobrachium crenulatum zeigt prächtige Körperfarben.

Nahrung: Kleine Wirbellose wie Würmer, Insektenlarven, Wasserschnecken und tote Fische. Im Aquarium auch Muschelfleisch und Pelletfutter.

Haltung: Für ausreichend Versteckmöglichkeiten sorgen, ansonsten unproblematisch. Gegenüber Artgenossen friedlicher als andere Arten.

Zucht: Bisher im Aquarium nicht nachgezüchtet, Larven mit Brackwasserstadien.

Bemerkungen: *M. crenulatum* bewohnt vor allem Gumpen kleinerer Bäche. Tagsüber aktiver als ähnliche Arten. Ein Gumpen kann oft von mehreren Tieren gleichzeitig bewohnt werden. Nicht so territorial wie andere *Macrobrachium*-Arten. Aufgrund der leuchtenden Körperfarben und des relativ friedlichen Verhaltens für die Aquariumhaltung besser geeignet als andere Arten ähnlicher Größe.

Literatur: [58, 21, 59]

Der Rio Guarumo, ein schnell fließender Bach im Regenwald von Bocas del Toro/Panama. Lebensraum von *Macrobrachium crenulatum*.

Macrobrachium digueti (Bouvier, 1895)

Synonyme: *Palaemon Digueti* Bouvier, 1895.

Verbreitung: Westliches Mittel- und Südamerika von der Baja California bis Ecuador.

Größe: Körpergröße, ♂ bis 90 mm, ♀ bis 58 mm.

Merkmale (voll entwickelte Männchen): Rostrum schlank, bis knapp vor das Ende der Antennenbasis reichend. Zweites Scherenpaar deutlich ungleich in Form und Länge. Größere Schere mit gebogenen Scherenfingern, etwa gleich lang wie die Handfläche, mit einem

Bei den Tieren der *olfersii*-Artengruppe sind die Geschlechtsunterschiede an den Scheren besonders gut zu erkennen.

Männliche *Macrobrachium digueti*.

Macrobrachium digueti im natürlichen Habitat.

Der Rio Utive in Panama nahe der Mündung in den Pazifik – Lebensraum von *M. digueti*.

großen und 10-14 kleineren Zähnen an den Schneiden. Die Handfläche ist stark zusammengedrückt, mit einer abgegrenzten pelzartigen Behaarung an beiden seitlichen Oberflächen, welche den Großteil dieser Flächen bedeckt. Die Handfläche ist außerdem mit starken Dornen besetzt, jene an der Unterseite der Schere sind viel länger als die restlichen. Rostrumformel: 4-7 + 9-12 / 2-4. Eigröße: 0,4-0,6 mm.

Bemerkungen: Die Art ähnelt in den morphologischen Merkmalen der in den Atlantik mündenden Gewässern lebenden Art *M. olfersii*, von welcher sich *M. digueti* durch die Form und Bedornung der großen Schere voll entwickelter Männchen unterscheidet. In Panama ist *M. digueti* in küstennahen, klaren Bächen und kleinen Flüssen die häufigste *Macrobrachium*-Art. Die Tiere leben in Steinansammlungen und unter einzelnen größeren Steinen in den meist sandigen Gewässern. Eiertragende Weibchen sind meist dunkler blaugrau gefärbt als die etwas größeren Männchen.

Literatur: [57, 58]

Macrobrachium faustinum (De Saussure, 1857) „Popay"-Garnele

Synonyme: *Palaemon Faustinus* De Saussure, 1857, *Bithynis spinimanus* Pocock, 1889, *Palaemon cubanus* Sharp, 1893, *Bithynis faustinum* Rathbun, 1897.

Verbreitung: Westindische Inseln, Kuba, Jamaika, Hispaniola, Puerto Rico, Andros, u.a.; Florida.

Größe: Körperlänge bei den ♂ bis 78 mm.

Merkmale (voll entwickelte Männchen): Rostrum nicht sinoid. Zweites Scherenpaar ungleich in Form und Größe, Propodus (Palm) mit dichtem Haarpelz. Die Dornenreihe, welche vom fixen Finger bis zum Hinterrand des Propodus reicht, proximal mit langen Dornen, in der Mitte der Handfläche sind die Dornen kürzer, an der Basis der Finger wieder lang. Carpus länger als Merus, Dactylus länger als Propodus. Finger abwechselnd dunkel und hell gebändert. Rostrumformel: 5-6 + 8-10 / 2-3. Eigröße: 0,4-0,6 mm.

Fotos: C. Lukhaup

Die „Popay-Garnele" *M. faustinum* mit der extrem vergrößerten Schere des Männchens.

Auch rostrot gefärbte Exemplare zeigen die charakteristische Bänderung der Scherenfinger.

Nahrung: Kleine Wirbellose wie Würmer, Insektenlarven, Wasserschnecken und tote Fische. Im Aquarium auch Muschelfleisch und Pelletfutter.

Haltung: Für ausreichend Versteckmöglichkeiten sorgen, unproblematisch und trotz der imposanten Erscheinung sehr verträglich.

Zucht: Bisher im Aquarium nicht nachgezüchtet, Larven mit Brackwasserstadien.

Bemerkungen: *M. faustinum* vertritt die sehr ähnliche Art *M. olfersii*, welche die amerikanische Ostküste (Festland) von Florida über Mexiko bis Brasilien bewohnt, auf den Westindischen Inseln. Diese Garnele bewohnt die Unterläufe und Mündungsgebiete ruhig fließender Bäche und kleinerer Flüsse. Die Art meidet schnelle Strömungen, oberhalb von Stromschnellen ist *M. faustinum* selten zu finden. Die Tiere verstecken sich tagsüber unter größeren Steinen, in Totholzansammlungen oder versunkenen Palmblättern und Laubansammlungen. Juvenile Tiere finden sich auch in Pflanzen- und Algenpolstern. Durch die charakteristische Bänderung an den Scherenfingern ist *M. faustinum* makroskopisch von der ebenfalls auf den karibischen Inseln beheimateten Art *M. crenulatum* zu unterscheiden. Allerdings weisen auch die beiden auf dem mittelamerikanischen Festland lebenden Geschwisterarten *M. olfersii* und *M. digueti* diese Bänderung der Scherenfinger auf. Die Körperfärbung der Tiere ist ansonsten aber sehr variabel.

Literatur: [58, 21, 64]

Macrobrachium hancocki Holthuis, 1950
Costa-Rica-Garnele

Verbreitung: Westküste Mittelamerikas, Costa Rica, Cocos Inseln; Galapagos Inseln.

Größe: Körperlänge ♂ bis 87 mm, ♀ bis 44 mm.

Merkmale (voll entwickelte Männchen): Rostrum nicht sinoid, bis zur Mitte des dritten Antennenbasalsegmentes, selten bis zu dessen Ende reichend. Zweites Scherenpaar deutlich ungleich. Der Dactylus der großen Schere außen mit 1-2 Reihen Dornen, die Handfläche auf der Außenseite mit deutlich begrenztem unbedorntem Fleck, Pelz auf der Außenseite der Handfläche auf diesen unbedornten Bereich beschränkt.

Foto: C. Lukhaup

Weibliche *M. hancocki* sind relativ unscheinbar gefärbt.

Schön gefärbtes Männchen von *M. hancocki*.

Fotos: C. Lukhaup

Wie alle Arten der Gruppe um *M. olfersii* trägt auch *M. hancocki* viele kleine Eier, aus denen Larven schlüpfen, die mehrere Brackwasserstadien durchlaufen.

Nahrung: Kleine Wirbellose wie Würmer, Insektenlarven, Wasserschnecken und tote Fische. Im Aquarium auch Muschelfleisch und Pelletfutter.

Haltung: Für ausreichend Versteckmöglichkeiten sorgen, unproblematisch.

Zucht: Bisher im Aquarium nicht nachgezüchtet, Larven mit Brackwasserstadien.

Bemerkungen: *M. hancocki* gleicht in den meisten Körpermerkmalen der an der Ostküste Mittel- und Südamerikas lebenden Art *M. crenulatum*. Die Verbreitung von *M. hancocki* beschränkt sich aber auf in den Pazifik mündende Gewässer. Durch die kobaltblaue Färbung der Männchen und den grell orangen Fleck am Gelenk zwischen beweglichem Finger und Propodus der großen Schere kann *M. hancocki* auch ohne mikroskopische Untersuchung mit einiger Sicherheit von nahe verwandten Arten unterschieden werden. Die auffallende Färbung der männlichen Tiere macht *M. hancocki* neben *M. crenulatum* zu einer der schönsten bisher bekannten Arten der Gattung.

Literatur: [58]

Macrobrachium olfersii (Wiegmann, 1836)

Synonyme: *Palaemon Olfersii* Wiegmann, 1836.

Verbreitung: Ostküste Amerikas von Florida und Mexiko bis Südbrasilien.

Größe: Körperlänge ♂ bis 90 mm, ♀ etwas kleiner.

Merkmale: Rostrum gerade bis leicht abwärts gebogen, bis zum Ende der Antennenbasis reichend. Zweites Scherenpaar sehr ungleich in Form und Länge. Bezahnung und Behaarung der Scherenfinger wie bei *M. faustinum*. Handfläche und Finger mit Reihen von

Dornen, am längsten an der Unterseite. Carpus etwas kürzer als die Handfläche und etwa so lang wie der in der Mitte geschwollene Merus. Rostrumformel: 4-5 + 8-10 / 3-4 (3).

Bemerkungen: *M. olfersii*, die namensgebende Art der gleichnamigen Artengruppe, bewohnt die Fließgewässer der Atlantikseite Mittel- und Südamerikas. Auf den karibischen Inseln wird sie von der sehr ähnlichen Art *M. faustinum* ersetzt, auf der pazifischen Seite Amerikas durch *M. digueti*.

Literatur: [58, 68, 96]

Foto: C. Lukhaup

Macrobrachium olfersii, noch nicht voll entwickeltes Männchen.

Foto: C. Lukhaup

Macrobrachium olfersii, die namensgebende Art der gleichnamigen Artengruppe.

Macrobrachium rosenbergii (De Man, 1879) Riesengarnele, Rosenberg-Garnele

Synonyme: *Palaemon Rosenbergii* De Man, 1879, *Palaemon d'Acqueti* Sunier, 1925, *Palaemon whitei* Sharp, 1893, *Macrobrachium rosenbergii schenkeli* Johnson, 1973.

Verbreitung: Pakistan, Indien, Sri Lanka, Borneo, Java, Südchina.

Größe: Körperlänge ♂ bis 320 mm, ♀ bis 250 mm.

Merkmale (voll entwickelte Männchen): Rostrum sinoid, über den Augen deutlich aufgeworfen, bis über den Scaphozeriten reichend. Vorderrand des Scaphozeriten dreieckig, in der Mitte weiter nach vorne reichend als innen. Zweites Scherenbein sehr lang, ähnlich bis gleich in Form und Länge, alle Segmente mit entfernt stehenden länglichen Dornen. Finger deutlich kürzer als die Handfläche, beweglicher Finger im proximalen 2/3 mit dichtem Haarpelz, fixer Finger und Spitze des beweglichen Fingers unbehaart. Spitze des Telsons über die seitlichen Dornen hinausragend. Jungtiere zeigen ein bläuliches Linienmuster am Carapax, erwachsene Tiere meist cremefarben, mit je nach Entwicklungsstand orangen oder blauen Scherenbeinen. Rostrumformel: 2-3 + 6-12 / 6-16.

Nahrung: Kleine Wirbellose wie Würmer, Insektenlarven, Wasserschnecken und pflanzliches Material (Algen, abgestorbene Pflanzenteile). Kranke und verendete Fische. Im Aquarium auch Pelletfutter und alle Arten von Lebend- oder Frostfutter.

Haltung: Durch die Körpergröße in einem normalen Aquarium dauerhaft kaum möglich, nur in großen Artbecken ab 150 cm Länge. Genügend Unterschlupfmöglichkeiten in Form von Wurzelwerk, Steinen oder Laubansammlungen bieten.

Foto: C. Lukhaup

Macrobrachium rosenbergii.

Zucht: Kommerziell in großem Umfang gezüchtet, im Aquarium schwierig. Eier klein bis mittelgroß (0,7-1,3 mm Länge) und in großer Anzahl (bis 150.000). Die Larven durchlaufen elf Zoea-Stadien und benötigen Brackwasser zur Entwicklung.

Bemerkungen: *M. rosenbergii* ist die größte bekannte Garnelenart des Süßwassers. Ausgewachsene Männchen können eine Körperlänge bis zu 30 cm erreichen, mit ausgestreckten Scheren werden die Tiere über einen halben Meter lang! Aufgrund der Größe ist diese Art nur sehr bedingt für die Haltung im Aquarium geeignet. Bei Vergesellschaftung mit anderen Garnelenarten oder kleineren Fischen zeigen sich die Tiere stark räuberisch, weshalb außer in großen Schauaquarien nur eine Haltung im Artbecken in Frage kommt. *M. rosenbergii* werden in großem Umfang in vielen tropischen und subtropischen Küstengebieten zu Speisezwecken gezüchtet und kommen als „Riesengarnelen" oder „King Prawns" in den Handel. Die jährliche Produktion betrug 1999 weltweit etwa 70 Millionen Tonnen und ist immer noch im Steigen begriffen. Aufgrund der Bedeutung der Art für die Aquakultur, gehört *M. rosenbergii* zu den wissenschaftlich am besten untersuchten Garnelenarten. Fortpflanzungsbiologie, Haltungsbedingungen, Physiologie und Genetik sowie vielfältige Krankheiten wurden ausführlichst beschrieben. Umso mehr verwundert es, dass die Systematik dieser Garnelen und die Abgrenzung zu nahe verwandten Arten erst vor Kurzem geklärt worden ist. Die erst noch als zwei Unterarten angesehenen Formen *M. rosenbergii dacqueti* (Sunier, 1925) mit einer eher westlichen Verbreitung von Indien über China, Myanmar, Thailand, Vietnam, Malaysia bis nach Borneo und Java, sowie *M. rosenbergii rosenbergii* (De Man, 1879) mit einer ursprünglichen Verbreitung von den Philippinen über Sulawesi, Irian Jaya und Papua Neuguinea bis nach Australien, gelten laut einer aktuellen Revision als eigenständige Arten. Beide lassen sich durch die Form und Bezahnung des Rostrums und die Bedornung der Scherenbeine unterscheiden. Da der Name *M. rosenbergii* an die Typusexemplare der östlichen Art gebunden war, müsste die in der Speisegarnelenzucht verbreitete Art den Namen *M. dacqueti* tragen. Wegen der enormen Bedeutung dieser Art wurde aber ein Namenstausch durch die internationale Nomenklaturbehörde entschieden. Als ältester verfügbarer Name für die ursprüngliche *M. rosenbergii* gilt *Palaemon spinipes* Schenkel, 1902, deshalb trägt diese Art nun die Bezeichnung *M. spinipes*, die ursprüngliche Unterart *M. rosenbergii dacqueti* wird nun als *M. rosenbergii* bezeichnet. Aufgrund der Bedeutung für die kommerzielle (Speise-) Garnelenzucht wird *M. rosenbergii* heute in vielen tropischen und subtropischen Gebieten der Welt kultiviert. Aus den Zuchtanlagen entkommene Tiere konnten sich in vielen Gewässern behaupten, in denen die Art ursprünglich nicht heimisch war. Die Tiere bewohnen Gewässer unterschiedlichster Struktur, von rasch fließenden Bächen bis zu trägen Mündungsgebieten der Brackwasserregion. Auch in reinem Meerwasser konnten schon mehrmals Populationen von *M. rosenbergii* nachgewiesen werden. Charakteristischerweise wandern trächtige Weibchen der Süßwasserpopulationen in die Brackwasserregion ab, um dort die Garnelenlarven zu entlassen. Anschließend steigen die Weibchen wieder in das Süßwasser auf, ein Vorgang, der sich mehrmals wiederholen kann (Johnson 1973). In den verschiedenen Biotopen führen adulte Tiere eine nachtaktive Lebensweise. Tagsüber findet man die Tiere unter überhängenden Uferböschungen, großen flachen Steinen, in Totholz und Falllaubansammlungen.

Literatur: [11, 60, 71, 105]

Macrobrachium spinipes (Schenkel, 1902)

Synonyme: *Macrobrachium wallacei* Wowor & Ng, 2008 (nomen novum für *Macrobrachium rosenbergii sensu* Wowor & Ng, 2007).

Verbreitung: Philippinen, kleine Sundainseln, Sulawesi, Neuguinea, Australien.

Größe: Körperlänge ♂ bis 250 mm, ♀ bis 200 mm.

Merkmale (voll entwickelte Männchen): Rostrum sinoid, über den Augen nur leicht aufgeworfen, dorsal über die ganze Länge bezahnt, Zähne proximal enger stehend, bei ausgewachsenen Tieren nicht über den Scaphozeriten reichend. Vorderrand des Scaphozeriten dreieckig, in der Mitte weiter nach vorne reichend als innen. Zweites Scherenbein sehr lang, ähnlich bis gleich in Form und Länge, alle Segmente mit länglichen Dornen und vielen kleinen Stacheln. Finger deutlich kürzer als die Handfläche, beweglicher Finger im proximalen 2/3 mit dichtem Haarpelz, fixer Finger und Spitze des beweglichen Fingers unbehaart. Spitze des Telsons über die seitlichen Dornen hinausragend. Jungtiere zeigen ein bläuliches Linienmuster am Carapax und eine kräftige Marmorierung in der gleichen Farbe am Abdomen, das Rostrum ist leuchtend rot gefärbt. Erwachsene Tiere zuerst cremefarben mit kräftigen Längsstreifen, später violettbraun, mit je nach Entwicklungsstand orangefarbenen oder blauen Scherenbeinen. Rostrumformel: 2-3 + 6-11 / 6-15.

Subadulte Exemplare von *M. spinipes* zeigen eine attraktive Körperfärbung.

Nahrung: Kleine Wirbellose wie Würmer, Insektenlarven, Wasserschnecken und pflanzliches Material (Algen, abgestorbene Pflanzenteile). Kranke und verendete Fische. Im Aquarium auch Pelletfutter und alle Arten von Lebend- oder Frostfutter.

Haltung: Durch die Körpergröße in einem normalen Aquarium dauerhaft kaum möglich, nur in großen Artbecken ab 150 cm Länge. Genügend Unterschlupfmöglichkeiten in Form von Wurzelwerk, Steinen oder Laubansammlungen bieten.

Zucht: Im Aquarium bisher nicht nachgezogen. Eier klein bis mittelgroß (0,7-1,3 mm Länge) und in großer Anzahl (bis 150.000). Die Larven durchlaufen elf Zoea-Stadien und benötigen Brackwasser zur Entwicklung.

Bemerkungen: *M. spinipes* hat in den letzten Jahren mehrmals die Bezeichnung gewechselt. Ursprünglich als *M. rosenbergii* beschrieben, wurde von Wowor & Ng ein Namenstausch mit der in der Speisegarnelenzucht bedeutenden Art angeregt. Aufgrund der sich daraus ergebenen Problematik wurden die Tiere zwischenzeitlich *M. wallacei* benannt, die gültige Bezeichnung lautet nun *M. spinipes*. Jungtiere dieser Art wurden aufgrund der sehr attraktiven Lebendfärbung mehrmals aus Sulawesi für die Aquaristik nach Europa importiert. Die Art ist aber sehr schnellwüchsig und daher kaum für die Haltung im Heimaquarium geeignet. Aufgrund der markanten Lebendfärbung ist *M. spinipes* auch ohne morphologische Untersuchung unschwer von *M. rosenbergii* zu unterscheiden.

Macrobrachium acanthurus (Wiegmann, 1836)

Synonyme: *Palaemon acanthurus* Wiegmann, 1836.

Verbreitung: Ostküste Mittel- und Südamerikas von Georgia (USA) bis Südbrasilien, Westindische Inseln, in Süß- und Brackwasser.

Größe: ♂ bis 166 mm, ♀ bis 110 mm.

Merkmale (voll entwickelte Männchen): Rostrum gerade, bis zum distalen Ende des Scaphozeriten reichend. Zähne proximal etwas enger als distal. Zweites Scherenpaar gleich in Länge und Form, Finger nur wenig kürzer als die Handfläche, proximal mit einem größeren und einigen kleineren Zähnen, dicht behaart. Handfläche ohne dichte Behaarung, mit einigen Längsreihen von Dornen. Rostrumformel: 2 + 7-9 / 4-7 (6). Eigröße: 0,47-0,65 mm.

Bemerkungen: In Panama konnte die Art in einem kleinen Bachlauf mit rotem Lehmgrund nahe der karibischen Küste gefangen werden. Erwachsene Tiere hielten sich tagsüber im Schatten eines unterspülten Ufers unter Wurzeln der Ufervegetation auf. Jungtiere konnten im gesamten Bachbett in Laubansammlungen gefunden werden. Wie die pazifische Geschwisterart *M. tenellum* bewohnt auch diese Art eher langsam fließende Gewässer nahe den Mündungsgebieten.

Literatur: [21, 58, 24, 25]

Foto: C. Lukhaup

▲ *Macrobrachium acanthurus*.

▲▶ Ein kleiner, langsam fließender Bach in Küstennähe – Lebensraum von *M. acanthurus*. Jungtiere waren in großer Anzahl in den Laubansammlungen am Gewässergrund zu finden.

▶ Aufgestöbertes Männchen von *M. acanthurus* im flachen Wasser.

Macrobrachium tenellum (Smith, 1871)

Synonyme: *Palaemon tenellus* Smith, 1871.

Verbreitung: Westküste Mittel- und Südamerikas von der Baja California bis Nordperu.

Größe: Körperlänge ♂ bis 116 mm, ♀ bis 112 mm.

Merkmale (voll entwickelte Männchen): Sehr ähnlich *M. acanthurus*. Das Rosturm von *M. tenellum* ist im Unterschied zu dieser Art proximal deutlich konvex aufgewölbt und besitzt distal einen längeren unbezahnten Bereich mit 1-2 subapikalen Zähnen. Bei *M. acanthurus* befinden sich zwei Zähne hinter dem Augenrand (postorbital), bei *M. tenellum* nur einer. Das zweite Scherenbein ist im Vergleich zu *M. acanthurus* deutlich schlanker. Eigröße: 0,5-0,6 mm.

Foto: C. Lukhaup

Weibliche *M. tenellum* zeigen wie Jungtiere eine attraktive Strichzeichnung.

Bemerkungen:
M. tenellum ersetzt *M. acanthurus* auf der Pazifikseite Mittel- und Südamerikas. Von *M. rathbunae*, welche gelegentlich zusammen mit *M. tenellum* vorkommt, unterscheidet sich die Art durch das deutlich längere Rostrum, die längeren Finger des zweiten Scherenpaares und den deutlicheren Längenunterschied zwischen Carpus und Merus dieses Beinpaares. Jungtiere und Weibchen dieser Art zeigen ein hübsches rotbraunes Strichmuster am Carapax und Abdomen. In Panama fanden wir *M. tenellum* in einem kleinen, träge fließenden Bach mit lehmigsandigem Grund. Die Tiere hielten sich tagsüber zwischen Wurzelwerk der Ufervegetation und in mächtigen Laubansammlungen am Grund des Gewässers auf. Die Wassertemperatur betrug an der Fundstelle 29 °C.

Literatur: [58, 57]

M. tenellum hält sich tagsüber in Wurzelwerk der Ufervegetation und in Laubansammlungen am Grund der Gewässer auf.

Macrobrachium hirtimanus (Olivier, 1811)

Synonyme: *Palaemon hirtimanus* Olivier, 1811, *Palaemon (Macrobrachium) lepidactyloides* De Man, 1892.

Verbreitung: Reunion, Mauritius.

Größe: Körperlänge bis 10 cm.

Merkmale (voll entwickelte Männchen): Rostrum kurz, bis zum Ende des zweiten Antennenbasissegmentes reichend, abwärts gebogen. Dorsal mit 10-13 Zähnen. Zweites Scherenbein deutlich ungleich in Größe und Form, ähnlich den westafrikanischen und mittelamerikanischen Vertretern der *olfersii*-Gruppe. Carpus länger als der Merus und wie die Handfläche mit starken Dornen besetzt.

Foto: F. Staub

Macrobrachium hirtimanus.

Bemerkungen: Während Ortmann 1891 und Holthuis 1950 *M. hirtimanus* noch von den ostafrikanischen Inseln und vom Malaysischen Archipel beschreiben, nennen Keith und Vigneux 2000 *M. hirtimanus* als endemisch auf den Mascarenen. Bei ihren Untersuchungen auf Reunion konnten sie aber keine Exemplare von *M. hirtimanus* mehr nachweisen, was die Autoren auf Überfischung durch die einheimische Bevölkerung zurückführen. Schon 1952 stellte Holthuis das Vorkommen im südostasiatischen Bereich in Frage. Diese Tiere dürften der Art *M. lepidactyloides* angehören. Die durch ihre äußerst kräftig entwickelten Scherenarme sehr imposant wirkende Garnele siedelt in Flüssen und Bächen unter Steinen und in den Wurzeln der Ufervegetation (*Colocasia*).

Literatur: [76, 60]

Die *Macrobrachium scabriculum*-Artengruppe

Diese auch für die Aquaristik bedeutende Artengruppe ist erst im Jahr 2002 taxonomisch revidiert worden und umfasst drei Arten der Gattung, welche als gemeinsames Merkmal eine einseitig vergrößerte Schere des 2. Beinpaares, deren körpernahe (proximale) Hälfte der Scherenfinger und deren Handfläche mit einer dichten Behaarung überzogen sind, aufweisen. Die Scherenfinger tragen entlang der Schneiden eine große Anzahl von kleinen Zähnchen in artspezifischer Größenverteilung.

Macrobrachium lanatum Cai & Ng, 2002
Chamäleongarnele

Synonyme: *Palaemon dolichodactylus* Henderson & Matthai, 1910, *Macrobrachium scabriculum* Jalihal, Shenoy & Sankolli, 1988, *Macrobrachium dolichodactylus* Yeo, Cai & Ng, 1999.

Verbreitung: Malaysia, Myanmar, Indien.

Größe: Carapaxlänge beim ♂ bis 17,5 mm, beim ♀ etwas geringer.

Merkmale (voll entwickelte Männchen): Rostrum gerade, bis zum distalen Ende der Antennenbasis reichend. Zweites Scherenpaar etwa 1,5-mal so lang wie die Körperlänge, Merus kürzer als der Carpus, aber leicht länger als die Handfläche. Carpus deutlich länger als die Handfläche. Scherenfinger 1,5-2,0-mal so lang wie die Handfläche, mit einem Paar starker Zähne an der Basis und 25-37 kleineren Zähnen entlang der Schneide. Distale 2/3 der Handfläche und die proximalen 3/4 der Finger mit dichter Behaarung. Rostrumformel: 4-6 (5) + 8-11 (9) / 2-4 (2). Eigröße: 0,44-0,48 x 0,57-0,62 mm.

Nahrung: Kleine Wirbellose wie Würmer, Insektenlarven, Wasserschnecken und pflanzliches Material (Algen, abgestorbene Pflanzenteile). Im Aquarium auch Flocken- und Pelletfutter.

Haltung: Genügend Unterschlupfmöglichkeiten in Form von Wurzelwerk, Steinen oder Laubansammlungen bieten. Relativ unverträglich gegenüber kleineren Fischarten.

Zucht: In Süßwasser nicht möglich, mit mehr als zehn brackwassergebundenen Zoea-Stadien.

Bemerkungen: Die von Cai und Ng neu beschriebene Art wurde vorher bereits unter den Namen *M. scabriculum* und *M. dolichodactylus* beschrieben. *M. lanatum* unterscheidet sich von diesen Arten aber durch die Länge und Bezahnung des Rostrums, die Bezahnung der großen Schere und die Längenverhältnisse des großen Scherenbeines. Diese Tiere werden für die Aquaristik seit

Längerem unter der Bezeichnung „Chamäleongarnele" immer wieder aus dem indonesischen Bereich importiert und gehören zum Standardsortiment vieler Garnelenhändler. Im Aquarium erwiesen sich die Tiere nach Angaben mehrerer Aquarianer als geschickte Fischfänger. Eine Haltung im Gesellschaftsbecken kann aus diesem Grund nicht empfohlen werden. Im Artbecken gehören die Tiere aber aufgrund ihrer relativ geringen Körpergröße, der ansprechenden Körperfärbung und der auffallenden Schere der adulten Männchen zu den interessantesten Großarmgarnelen.

Literatur: [10, 125, 69]

Macrobrachium lanatum, die Chamäleongarnele.

Familie Xiphocarididae Ortmann, 1895

Die Familie wird seit der Klassifizierungsübersicht zur Unterordnung Caridea durch Chace 1992 zur Überfamilie Nematocarcinoidea gerechnet und enthält nur die Gattung *Xiphocaris* mit zwei Arten. In früherer Zeit gehörte *Xiphocaris* zur Familie Atyidae, sie nahm hier aber stets eine Sonderstellung ein. Bereits Bouvier räumte ihr eine eigene Serie ein.

Xiphocaris elongata (Guérin-Méneville, 1857)
Gelbe Nashorngarnele

Juveniles Tier kurz nach dem Fang.

Synonyme: *Hippolyte elongatus* Guérin-Méneville, 1857, *Oplophorus americanus* de Saussure, 1858, *Oplophorus elongatus* Kingsley, 1878, *Xiphocaris gladiator* Pocock, 1889.

Verbreitung: Endemisch auf den Großen und Kleinen Antillen.

Größe: Körperlänge bis über 5 cm.

Färbung: Körper transparent, Rostrum leuchtend gelb bis orange.

Merkmale: Sehr langes, spezifisches Rostrum bis weit über die Segmente der Antennenbasis. Dorsal nur im Bereich des Carapax und am distalen Ende bezahnt, sehr variabel. Die ersten beiden Beinpaare mit eher palaemonid ausgebildeten Scheren. Kaum mit Fächerborsten besetzt, dafür mit kleinen Endkrallen. Telson mit weit heruntergezogener kräftiger Außenkante, die länger ist als das distale Enddornenpaar. Telsonkante ohne Mittelzahn. Uropodenfalte mit einem Dorn. Rostrumformel: 11-15 + 1-9 / 22-35 (Kuba: 6-12 + 1-2 / 6-10). Eigröße: 0,6 - 0,7 mm.

Foto: C. Lukhaup

Bemerkungen: Das Rostrum der Art ist in Länge und Bezahnung sehr variabel. Aufgrund dieses Merkmales wurde daher durch Pocock 1889 die Art *X. gladiator* mit den Variationen *gladiator*, *intermedia* und *brevirostris* beschrieben. Alle drei Formen wurden allerdings bereits 1894 von Ortmann als Unterarten zu *X. elongata* gestellt, heute gelten sie als Synonyme der Art. Erst 1993 wurde aus Kuba eine weitere Art *X. gomezi* von Juarrero de Verona beschrieben. Auch ihr Rostrum ist sehr variabel, aber deutlich kürzer und reicht maximal bis zum zweiten Segment der Antennenbasis. Beide Arten besitzen an den ersten Schreitbeinpaaren Scheren, die kaum zum Abweiden von Substraten geeignet sind. Vielmehr deuten sie auf eine eher räuberische Lebensweise hin, in freier Natur dürften vorwiegend Kleinstlebewesen wie Insektenlarven auf dem Speiseplan stehen. Die durch die markante Rostrumfärbung recht attraktive Art wurde in letzter Zeit gelegentlich eingeführt. Im Aquarium zeigen sich die Tiere oft freischwimmend, was auch bei eigenen Beobachtungen an natürlichen Standorten bestätigt wurde. Hier zogen kleine Trupps von 6-10 juvenilen und halbwüchsigen Exemplaren freischwimmend in Ufernähe fließender Gewässer stromauf. Die Vermehrung erfolgt über pelagische Larvenstadien, die unbedingt Brackwasser zum Heranwachsen benötigen. *X. elongata* zeigt sich im Aquarium als sehr ausdauernd und kann mehrere Jahre alt werden. Nach eigenen Beobachtungen scheint es sich um eine protandrische Art zu handeln, bei der eine Geschlechtsumwandlung vom männlichen zum weiblichen Tier erfolgt. Dieser Vorgang konnte bei cirka zweijährigen Tieren mehrfach beobachtet werden.

Literatur: [4, 19, 21, 74]

Familie Alpheidae Rafinesque, 1815

Die Familie der Knallkrebse beinhaltet primär marine Gattungen und ist im Süßwasser nur mit einigen wenigen Arten vertreten. Das charakteristische Merkmal dieser Krebstierfamilie ist eine einseitig vergrößerte, hoch spezialisierte Schere, welche von den Tieren blitzartig geschlossen werden kann. Dabei wird eine als deutlicher Knall wahrnehmbare Stoßwelle ausgesandt, mit deren Hilfe die Tiere kleine Lebewesen wie andere Krebse oder Fische erbeuten können. Sie wird aber auch zur Kommunikation der Tiere untereinander und zur Verteidigung eingesetzt. Nicht alle Gattungen der Familie weisen allerdings eine solche umgebaute Schere auf. Bei den nachfolgend vorgestellten Tieren der Gattung *Potamalpheops* fehlt sie beispielsweise, was diese Garnelen zu friedlichen Aquariumbewohnern macht.

Alpheus cyanoteles Yeo & Ng, 1996
Süßwasser-Knallkrebs, Pistolenkrebs

Foto: C. Lukhaup

Der Süßwasserknallkrebs *Alpheus cyanoteles*.

Verbreitung: Malaysia, Johore.

Größe: Körperlänge bis 36 mm, Carapaxlänge bis 14 mm.

Merkmale: Rostrum sehr kurz, den Vorderrand des Auges knapp erreichend und unbezahnt. Carapax mit deutlichem orbitalem Zahn. Zweites Scherenbein einseitig zu einer kräftigen „Schnappschere" umgestaltet. Uropodenfalte mit einem beweglichen Dorn. Rostrumformel: 0 / 0. Eigröße: ca. 1,5 mm.

Färbung: Körper durchscheinend gräulich bis blau, blaue Querstreifen am Hinterrand des Carapax und auf den Abdominalsegmenten. Hinterrand des Schwanzfächers dunkelblau.

Nahrung: Kleine wirbellose Tiere wie Mückenlarven oder kleine Würmchen.

Haltung: *A. cyanoteles* wäre im Aquarium ähnlich wie viele Arten der Gattung *Macrobrachium* zu halten. Allerdings scheint das Territorialverhalten dieser Art noch ausgeprägter zu sein, eine Haltung zweier oder mehrerer Tiere ist deshalb nur in sehr großen und gut strukturierten Becken möglich. Wie viele Alpheiden-Arten vergräbt sich auch *A. cyanoteles* tagsüber unter Steinen und im Bodengrund. Auf diese Lebensweise ist bei der Einrichtung des Aquariums Rücksicht zu nehmen.

Zucht: Als einzige Süßwasserart der Gattung schlüpfen aus den großen Eiern dieser Art weit entwickelte Jungtiere. Aufgrund der hohen innnerartlichen Agressivität ist die gezielte Zucht aber schwierig, da der kleinere Geschlechtspartner häufig vor der Paarung schwer verletzt oder getötet wird.

Bemerkungen: *A. cyanoteles* stellt die einzige bisher bekannte voll an das Leben im Süßwasser angepasste Art der Gattung dar. Mit ihren zu „Schnappapparaten" gebildeten Scheren, mit denen starke Druckwellen ausgesandt werden können, stellen die Knall- oder Pistolenkrebse der Familie Alpheidae eine besonders hoch entwickelte Form unter den echten Garnelen dar. Die Stoßwellen dienen einerseits dazu, kleinere Lebewesen zu erbeuten, werden aber sicher auch beim Territorialverhalten eingesetzt. In der Enge des Aquariums kann es daher bei einer Paar- oder Gruppenhaltung schnell zu Verlusten kommen. Ähnlich wie bei den ebenfalls hoch spezialisierten Fächergarnelen aus der Familie Atyidae, können die Haltung und Versuche der Nachzucht dieser interessanten Tiere nur erfahrenen Aquarianern empfohlen werden.

Literatur: [148]

Potamalpheops miyai Yeo & Ng, 1997
Purple-Zebra-Garnele

Synonyme: *„Neocaridina"* Purple Zebra.

Verbreitung: Laut Angaben des Exporteurs: Sulawesi, Philippinen und Indonesien.

Größe: Körperlänge bis 12 mm, Carapaxlänge bis 2,6 mm.

Merkmale: Rostrum sehr kurz, den Vorderrand des Auges nur selten erreichend und unbezahnt. Carapax mit deutlichem orbitalem Zahn. Carpus des zweiten Scherenbeines in fünf Abschnitte gegliedert. Uropodenfalte mit einem seitlichen Zahn, einem beweglichen Dorn und ca. 24 kleinen Zähnchen an der nur leicht gebogenen Falte. Rostrumformel: 0 / 0. Eigröße: 0,65-0,74 x 0,48-0,49 mm.

Färbung: Körper durchscheinend, mit weinroten bis violetten Querstreifen am Hinterrand des Carapax und den Hinterleibssegmenten. Eifleck im Nacken der Weibchen leuchtend grün.

Nahrung: Kleinste wirbellose Tiere wie Mückenlarven oder kleine Würmchen. Im Aquarium auch Gefrierfutter und feines Granulatfutter.

Haltung: Versuche, die Tiere bei normaler Zimmertemperatur im Süßwasser zu halten, endeten fast immer mit dem Tod der ganzen Garnelenpopulation. In einem Brackwasserbecken mit wechselnder Salinität zwischen 5 und 15 Promille Salzgehalt und einer Wassertemperatur von ca. 28° C konnte der Autor eine kleine Gruppe dieser Art über mehrere Jahre ohne Ausfälle halten.

Zucht: Aus den mittelgroßen Eiern dieser Art schlüpfen Zoea-Larven. Über eine erfolgreiche Aufzucht im Aquarium ist bisher nichts bekannt.

Bemerkungen: Die Purple-Zebra-Garnele konnte nach direkten Vergleichen mit den Paratypen von *P. miyai* im Museum von Singapur durch A. Anker & W. Klotz eindeutig dieser Art zugeordnet werden. Nachdem die ersten Tiere zuerst in Indonesien und den USA im Handel auftauchten, wurden sie von den Händlern oder ersten Besitzern vorerst als *Neocaridina* angesprochen. Bereits die geringe Körpergröße und das auffallend kurze, hinter den Augen versteckte Rostrum, müssen aber eigentlich sofort an dieser Zuordnung zweifeln lassen. Beobachtet man die Tiere im Aquarium, wird dem erfahrenen Garnelenhalter auch schnell auffallen, dass die Tiere nicht wie andere Zwerggarnelen mithilfe von Pinselscheren Detritus oder Aufwuchsorganismen vom Boden, von Pflanzen oder Einrichtungsgegenständen abstreifen. Mithilfe einer Lupe oder eines Mikroskops lässt sich leicht erkennen, dass die Tiere winzige, aber gut ausgebildete Scheren ähnlich denen von kleinen Großarmgarnelen tragen und das zweite Scherenpaar einen 5-mal untergliederten Carpus aufweist, der den Scherenbeinen eine ungewöhnliche Beweglichkeit verleiht. Einen solch untergliederten Carpus findet man bei der Familie der Knallkrebse, den Alpheiden. Anders als bei den aus der Meerwasseraquaristik bekannten Tieren der Gattung *Alpheus* zeigen die Purple Zebras aber keine zu einem „Knallapparat" umgestaltete Scheren und sind in die Gattung *Potamalpheops* Powell, 1979 zu stellen. Nach Angaben des indone-

Purple Zebra Shrimp.

sischen Exporteurs wurden die Tiere auf Sulawesi in kleinen, zeitweise trocken fallenden Bächen in klarem, weichem Wasser mit leicht saurem pH-Wert gefangen. Möglicherweise lag der Fundort aber in Meernähe und die Gewässer unterliegen dem Gezeiteneinfluss. Oder aber die gefangenen Tiere stiegen aus den brackigen Mündungsgebieten in nahe gelegene Süßwasserabschnitte auf. Auch morphologisch sprechen Merkmale dafür, dass es sich bei den Purple Zebra Shrimp um Bewohner eines für die Gattung typischen brackigen Lebensraumes handelt. Die Eigröße der Tiere 0,6-0,7 x 0,4 mm liegt im Bereich der marinen Vertreter der Gattung und deutlich unter jener der Süßwasserart *P. amnicus* mit 1,2 x 0,9 mm. Die Schreitbeine der Tiere tragen auffallend lange, sichelförmige Endkrallen, ebenfalls ein Merkmal von Garnelenarten, welche auf weichem Schlamm leben. Die Tiere lebten bei mir über 3,5 Jahre in einem kleinen Brackwasserbecken mit schwankender Salinität bis 15 Promille und einer Temperatur von ca. 28° C. Unter diesen Verhältnissen lassen sich die Purple Zebra problemlos halten, allerdings leben die Tiere sehr versteckt im Lückensystem einiger Schieferplatten und Wurzelstücke. Nur abends oder beim Wasserwechsel verlassen sie ihre Verstecke und schwimmen im Becken umher.

Literatur: [129, 130]

Übrige Familien

Neben den angeführten existieren noch eine Reihe weiterer Familien mit süßwasserbewohnenden Arten, die in der Aquaristik aber bislang unbekannt sind. Es handelt sich hier um vorwiegend höhlenbewohnende Tiere, teils auch aus anchialinen Biotopen. Einige dieser meist nur von stark umgrenzten Gebieten bekannten Garnelen weisen dabei eine erstaunliche Farbenpracht auf. Sicher werden davon nur selten Exemplare den Weg in das Aquarium finden. Zur Vollständigkeit seien sie aber an dieser Stelle erwähnt.

Parhippolyte sterrei.

Barbouria cubensis.

Procaris mexicana.

Agostocaris bozanici.

Garnelen im Aquarium

Verbreitete Arten

Von den etwa 800 wissenschaftlich beschriebenen Garnelenarten, welche das Süßwasser bewohnen, wird nur ein kleiner Teil als Aquarientiere gehandelt und gehalten. Viele Arten sind unscheinbar gefärbt oder tauchen aufgrund ihrer Seltenheit in der Natur oder ihrem Vorkommen in unzugänglichen Gebieten wie unterirdischen Gewässern und unbewohnten Inseln oder Landstrichen nicht im Handel auf. Viele Großarmgarnelen erreichen schon nach wenigen Monaten eine Körpergröße, welche

Dicht bepflanzte Aquarien bieten Garnelen eine Vielzahl von Versteckmöglichkeiten.

Vallisnerien und löchriges Kalkgestein bilden ein der Natur nachempfundenes Biotop für einheimische Wirbellose in diesem Gardaseeaquarium.

Kontrastreich gezeichnete Exemplare der Hummelgarnele *Caridina venusta*.

Foto: C. Lukhaup

Hochzucht-Garnelen haben ihren festen Platz in der Wirbellosenaquaristik erobert.

Viele Arten von Süßwassergarnelen suchen tagsüber Schutz im Lückensystem des Bodengrundes.

eine Haltung in einem herkömmlichen Aquarium praktisch unmöglich macht. Von Importeuren werden gerade jetzt, wo wirbellose Aquarientiere einen wahren Boom erleben, auch immer wieder neue Arten importiert, aber kaum eine Art schafft es, in das Standardsortiment der Händler aufgenommen zu werden.

Jene Arten, welche für den Aquarianer von Interesse sind, zeichnen sich durch geringe Körpergröße, lebhafte Körperfärbung und gegenüber Artgenossen und anderen Beckenbewohnern friedliches Verhalten aus. In jüngster Zeit gewinnen zudem intensiv gefärbte „Hochzuchttiere" an Bedeutung. Solche leuchtend gefärbten Tiere stammen nicht aus Wildfängen, sondern sind Ergebnisse langjähriger züchterischer Bemühungen aus Japan und China. Spezialisten gelang es in mühevoller jahrelanger Zuchtarbeit, aus unscheinbaren Ausgangspopulationen durch Zuchtauswahl und gezielte Verpaarung Zuchtlinien zu schaffen, die bei nationalen und internationalen Ausstellungen und Auktionen Höchstpreise erzielen. Solche im Gegensatz zu den Wildtieren viel farbenprächtigeren Zuchttiere lassen das Interesse an Wildfängen langsam zurückgehen und helfen so, die an manchen Stellen bereits überfischten Biotope zu schützen.

Im Gegensatz dazu erfreuen sich immer mehr begeisterte Garnelenaquarianer daran, Wildfänge, nicht selten von einer eigenen Urlaubsreise mitgebracht, zu Hause im Aquarium am Leben zu halten oder gar zu vermehren und an befreundete Aquarianer weiterzugeben. Solche Tiere werden oft peinlichst genau von anderen Garnelenarten getrennt in Art- oder Biotopaquarien gehalten und regen den interessierten Beobachter an, lange Zeit vor einem Aquarium zu sitzen, nach den oft gut getarnten Tieren zu suchen und deren interessante Verhaltensweisen zu studieren.

Zwerggarnelen

Bei den klein bleibenden Arten der Familie Atyidae, den sogenannten Caridinen oder Zwerggarnelen, sind primär drei Gruppen von aquaristischer Bedeutung. An erster Stelle stehen sicher die Tiere aus der Artengruppe um *Caridina serrata*. Zu dieser Gruppe gehören so beliebte Arten wie die dreifarbig gebänderte Bienengarnele und deren rote Farbform, die Crystal-Red-Garnele, die Tüpfelgarnele und die fein gestreifte Tigergarnele mit ihren zahlreichen Farbvarianten. Diese Tiere stammen aus kleinen, lebhaft fließenden Bächen Südchinas und Hongkongs. Auch wenn sie morphologisch nicht zu dieser Gruppe zu zählen ist, soll auch die Hummelgarnele *Caridina venusta* hier erwähnt werden, da sie aus der gleichen Gegend Chinas stammt und von den Ansprüchen an den Lebensraum und vom

Leuchtend gefärbte Tiere wie diese Crystal-Red-Garnele erfreuen sich besonderer Beliebtheit.

In kleineren Aufzuchtbecken genügen Javamoospolster und einige „Mooskugeln“ als Bepflanzung.

Kleine Mengen von Totholz sollten in keinem Garnelenaquarium fehlen.

Verhalten kaum Unterschiede zu den Arten dieser Gruppe aufweist.

In den Herkunftsgewässern dieser Arten findet man kaum höhere Wasserpflanzen. Die Tiere halten sich dort in Laubansammlungen am Grund der Gewässer oder zwischen feinem Wurzelwerk der Ufervegetation auf, wo sie Schutz vor Fressfeinden und zahlreiche Mikroorganismen als Nahrung finden. Entsprechend sollte auch in keinem Aquarium, in denen Garnelen dieser Gruppe gehalten werden, Laub, Totholz oder ähnliches Material fehlen. Das sich langsam zersetzende organische Material bildet ein Substrat für eine Vielzahl von mikroskopischen Lebensformen wie Bakterienrasen, Pilzen, einzelligen Lebensformen wie Wimpertierchen, Glockentierchen oder feinen Algenrasen, die von den Garnelen mit ihren Pinselscheren abgeweidet werden. Dabei werden auch halbverrottete Zellschichten des Blatt- oder Holzmaterials mit der Nahrung aufgenommen, welche reich an Ballaststoffen sich positiv auf die Vitalität der Garnelen auswirken.

Um optisch ansprechender zu wirken, werden aber Aquarien für diese Garnelenarten auch bepflanzt. Eine negative Auswirkung auf die Tiere ist hier nicht zu beobachten. Im Gegenteil, feinblättrige Pflanzen wie das bekannte Javamoos *Vesicularia dubyana* und ähnliche Gewächse bieten gute Versteckmöglichkeiten für Junggarnelen.

Viele Gewässer Hongkongs führen sehr weiches Wasser mit niedriger Leitfähigkeit und pH-Werten knapp unter dem Neutralpunkt. Die Wassertemperatur weist dort einen markanten jahreszeitlichen Verlauf auf. Während in den regenreichen Sommermonaten dieser Gegend die Temperaturen in den Fließgewässern bei knapp 30 °C liegen können, fallen diese in den trockenen Wintermonaten auf Werte zwischen 10 und 15 °C. Die Tiere können demnach gut in einem unbeheizten Becken gehalten werden, wobei die Wassertemperatur im Winter deutlich unter 20 Grad liegen darf. Die Tiere machen in dieser Zeit eine Vermehrungspause durch. Weibchen dieser Gruppe tragen relativ große Eier, aus denen weit entwickelte Larven schlüpfen. Aus diesem Grund gelten diese Arten als relativ einfach zu vermehren. Ein Garnelenaquarium sollte generell nicht zu oft gereinigt werden (hier ist nicht der regelmäßige Wasserwechsel gemeint!), abgestorbenes Pflanzenmaterial, Mulm und feine Algenbeläge an Einrichtungsgegenständen oder Rückwand sollten nicht entfernt werden, denn die darauf lebenden Mikroorganismen dienen den Junggarnelen als Aufzuchtfutter. Eine spezielle Füt-

▲▲ *Neocaridina*-Arten wie diese Red-Fire-Garnele sind im Aquarium besonders leicht zur Vermehrung zu bringen.

▲ Anders als die farblich ähnliche Red-Fire-Garnele kann *Caridina weberi* im Süßwasser nicht vermehrt werden.

terung in Form von Algenpulvern, *Artemia*-Nauplien oder ähnlichen Aufzuchtfutterarten, wie sie für die Zucht von Garnelen mit planktonischen Larven Verwendung finden, sind hier nicht oder nur in einem neu eingerichteten Becken notwendig. Erwachsene Zwerggarnelen dieser Gruppe leben vom selben Futter wie die Jungtiere. Neben den in den Biofilmen lebenden Mikroorganismen können alle Arten von handelsüblichen Futterarten für Zierfische in geringen Mengen gegeben werden. Trockenfutter in Form von Flocken, Granulat oder Tabletten, aber auch Frostfutter aller Art werden von den Tieren angenommen. Viele Garnelenzüchter verfüttern ihren Tieren regelmäßig für Nagetiere und Kaninchen angebotene Pelletnahrung auf pflanzlicher Basis. Neben ihrer attraktiven Färbung gründet sich die Beliebtheit der Tiere der *serrata*-Gruppe auch in der relativ leichten Vermehrbarkeit dieser Arten. Ist ausreichend Nahrung für die Jungtiere im Becken vorhanden, vermehren sich die Tiere praktisch „von alleine" ohne das Zutun des Aquarianers. Eine Separation der Elterntiere oder die Aufzucht der Jungen in eigenen Zuchtbecken ist nicht notwendig.

Als noch einfacher zu vermehren gelten die Tiere der zweiten Gruppe aus der Gattung *Neocaridina*. Aus den Eiern dieser ebenfalls aus Südchina stammenden Arten schlüpfen noch weiter entwickelte Larven, die nach dem Schlupf aus den Eiern nur eine einzige Häutung bis zur Metamorphose zum juvenilen Stadium benötigen. Ähnlich wie bei den Fischen der Guppy, *Poecilia reticulata,* erreichen diese Tiere bei fehlenden Fressfeinden sehr schnell hohe Populationsdichten im Aquarium. Auch gegenüber Wassertemperatur und Härte gelten die Arten dieser Gattung als weitgehend unempfindlich. Allen voran *Neocaridina davidi* (*N. denticulata sinensis*, *N. heteropoda*) in der farblich variablen „Normalform" oder der roten Farbform „Red Fire" als geeignetste Garnelenarten für Anfänger. In ihrer Heimat China kommen die Tiere in kleinen Bergbächen, mittleren und größeren Bächen, aber auch in künstlichen und natürlichen Seen vor. Es ist deshalb kaum möglich, das „typische" Biotop dieser Arten zu beschreiben. Diese Zwerggarnelen werden sich in kleinen technikarmen Miniaquarien von 12-15 Litern Inhalt ebenso wohlfühlen wie in Nachbildungen eines Bachlaufes mit Steinaufbauten und Wurzelholz

Foto: C. Lukhaup

Die Amanogarnele, *Caridina multidentata*, zählt wohl zu den bekanntesten Süßwassergarnelen im Aquarium.

oder im dichten Dschungel eines Pflanzenaquariums. Die Wassertemperatur in vielen Herkunftsgewässern von *Neocaridina*-Arten zeigt noch deutlicher als bei den Arten der *serrata*-Gruppe einen jahreszeitlichen Verlauf. In vielen Gewässern Chinas oder Koreas liegen die Temperaturen im Sommer bei Werten um 25 °C, sinken im Winter aber auf bis zu 4 °C. Die Tiere sind also Bewohner gemäßigter Klimazonen. Auf eine Beheizung eines Aquariums mit *Neocaridina*-Garnelen kann also getrost verzichtet werden. Aus primär tropischen oder subtropischen Gewässern stammen dagegen die meisten Arten der dritten Gruppe, als deren Leitart die bekannte Amanogarnele *Caridina multidentata* (*C. japonica*) gelten kann, zu der wir aber auch Arten wie die Rote Nashorngarnele *Caridina gracilirostris* zählen. Gemeinsames Merkmal dieser Gruppe sind eine Vielzahl winziger Eier tragender Weibchen, aus denen planktonische Larven schlüpfen, welche bei vielen Arten mehrere Stadien in Brack- oder Meerwasser durchlaufen müssen. Solche Arten sind im Süßwasseraquarium meist einfach zu halten, eine selbstständige Vermehrung kann allerdings nicht erwartet werden. Die frei treibenden Larven dieser Arten benötigen feinste Driftnahrung wie frei schwimmende Algen, einzellig tierische Lebensformen oder entsprechende künstliche Aufzuchtnahrung. Viele dieser Arten (die Amanogarnele bildet hier eine Ausnahme) stammen aus langsam fließenden, manchmal schon brackigen Tieflandgewässern tropischer Regionen. Solche Arten sind häufig durch auffallend lange Rostren, schlanke Schreitbeine und eine langgestreckte Körperform erkennbar. Den Umstand, dass diese Arten im Süßwasseraquarium nicht einfach vermehrt werden können, gleichen viele dieser Arten durch eine wesentlich höhere Lebenserwartung wieder aus. Die Amanogarnele kann etwa 6-7 Jahre alt werden, eine ähnliche Art aus Bali erreichte im Aquarium ein Alter von über zehn Jahren. Die Amanogarnele wurde durch den japanischen Aquarienkünstler Takashi Amano bekannt, der sie in seinen „Naturaquarien", besser wäre wohl die Bezeichnung „Landschaftsaquarien", zur Algenprophylaxe einsetzt. Die aus Japan, Taiwan und Indonesien stammende Garnele wird heute zu tausenden in praktisch jeder Zierfischhandlung zur Algenbekämpfung angeboten. Allerdings dürften sich viele Hoffnungen auf ein Ende des Algenwachstums in so manchem schlecht gepflegten Gesellschaftsaquarium nicht erfüllen. Winzige Algenfäden werden von den Tieren zwar gerne gefressen, die zähen Fäden von Pinsel- oder Bartalgen vermögen diese Tiere mit ihren dafür ungeeigneten Mundwerkzeugen nicht zu verwerten. Auch sollte hier erwähnt werden, dass alle anderen Zwerggarnelenarten der Amanogarnele bei der „Aquariumpflege" in nichts nachstehen.

Fächergarnelen

Im Vergleich mit den einfach zu pflegenden Zwerggarnelen handelt es sich bei den meisten Vertretern der größeren Fächergarnelen um relativ problematische Pfleglinge. Die Scherenbeine der Fächer- oder Radargarnelen sind zu komplizierten Filtrierwerkzeugen umgebildet, die es den Tieren ermöglicht, feine Driftnahrung aus der Strömung zu fischen. Um dieser höchst spezialisierten Form der Nahrungsaufnahme gerecht zu werden, sollte den Tieren auch im Aquarium täglich über längere Zeit feine in der Strömung treibende Nahrung angeboten werden. Leistungsfähige Schnellfilter, wie sie in vielen Aquarien Verwendung finden, würden solche Nahrungspartikel aber schnell wieder aus dem Wasser ausfiltern und der nachfolgende Abbau im Filter das Wasser übermäßig belasten. In stark bepflanzten Becken, von den meisten Aquarianern aus optischen Gründen bevorzugt, kann eine von diesen Tieren zur Nahrungsaufnahme benötigte kräftige Strömung kaum verwirklicht werden. Die Tiere sitzen, die stärkste Strömung suchend, in unmittelbarer Nähe des Filterauslaufs, um im dort austretenden Wasserstrahl nach Nahrung zu suchen. Durch das Filtersubstrat zurückgehalten, treten dort aber kaum verwertbare Nahrungspartikel aus. Deshalb gehen viele Tiere dazu über, ähnlich den Zwerggarnelen die Oberflächen mit den Borsten an den Scherenhänden abzustreifen, was aber nicht der natürlichen Form der Nahrungsaufnahme entspricht. Oft kämpfen auch solche Tiere im „gut gefütterten" Aquarium gegen das Verhungern.

In einem Artenbecken für Fächergarnelen sollte deshalb der Filter immer durch eine oder mehrere kräftige Strömungspumpen ersetzt werden, welche durch die Oberflächenbewegung die Sauerstoffversorgung verbessern. Die Filtrierung des Wassers übernimmt in solchen Becken das Lückensystem im Kiesboden. Eine Horde Zwerggarnelen oder Turmdeckelschnecken kann in einem solchen Becken als Resteverwerter eingesetzt werden.

Neben der erwähnten Kiesschicht als Bodengrund (Sand würde durch die starke Strömung in einem solchen Becken leicht aufgewirbelt werden), sollte die Einrichtung des Beckens aus groben Wurzelstöcken und faustgroßen Steinen bestehen, die den überwiegend nachtaktiven Tieren tagsüber Versteckmöglichkeiten und in den Nachtstunden Aufenthaltsplätze an gut angeströmten Stellen bieten. Durch die starke Strömung in einem solchen Fächergarnelenbecken ist eine Bepflanzung nur in geringem Ausmaß möglich. In den natürlichen Biotopen der Fächergarnelen findet man aber auch kaum höhere Wasserpflanzen. Die Fütterung der Tiere erfolgt idealerweise in mehreren kleinen Portionen verteilt über die Nachtstunden. Ein Futterautomat kann hier wertvolle Dienste leisten. Als Futter eignen sich alle Arten von getrockneten Mückenlarven oder Kleinstkrebsen wie Daphnien, Cyclops oder *Artemia*, fein zerriebenes Flockenfutter, oder in einer alten Kaffeemühle fein zerkleinerte getrocknete Algenfäden, Blätter von Brennnessel oder Löwenzahn oder käuflichem Algenpulver. Auch Lebendfuttergaben der genannten Kleinstlebewesen oder entsprechendes Frostfutter wird gerne angenommen. Allerdings eignen sich diese „feuchten" Futtermittel kaum für den Einsatz im Futterautomaten. Bei einer abendlichen „Hauptfütterung" werden diese aber von den Tieren gerne angenommen.

Vorsicht ist bei der Vergesellschaftung von Fächergarnelen mit anderen Tieren wie etwa lebhaften Fischen geboten. Manche Arten wie Guppys oder Mollys zupfen gerne an den empfindlichen Antennen und Fächerborsten der Garnelen. Diese können ihre kräftigen vorderen Schreitbeine oder ihr Schwanzteil zwar für die Verteidigung einsetzen, aber eine häufige Störung stellt doch einen erheblichen Stress für die empfindlichen Tiere dar. Im Gesellschaftsaquarium ist eine artgerechte Haltung dieser Tiere aus den genannten Gründen kaum möglich.

Fotos: C. Lukhaup

Die Scheren der Fächergarnelen sind als hochspezialisierte Filtrierwerkzeuge ausgebildet.

Kopfstudie einer *Atya gabonensis* in der blauen Farbform.

Großarmgarnelen

Aus der Sicht des Aquarianers können Palaemoniden oder Großarmgarnelen unabhängig von deren systematischer Stellung in zwei Gruppen eingeordnet werden. Die erste Gruppe beinhaltet klein bleibende Arten, zu denen zum Beispiel die Tiere der Gattungen *Palaemonetes*, *Desmocaris* oder *Coutierella*, aber auch kleinere *Macrobrachium*-Arten zu zählen wären. Solche Tiere kommen auch in den natürlichen Lebensräumen in zum Teil dichten Populationen vor, zeigen selten ein ausgeprägtes Territorialverhalten und stellen aufgrund ihrer geringen Größe auch für andere Aquarienbewohner wie Fische keine Gefahr dar. Neben ihrer geringen Körpergröße besitzen diese Arten allesamt schlanke, grazile Scherenbeine. Achtet man etwas auf die Anforderungen dieser Tiere in Bezug auf die Wasserwerte im Aquarium wie Temperatur, Härte und Salinität (manche dieser Arten stammen aus Brackwassergebieten oder Gewässern mit hartem, alkalischem Wasser), können solche Arten auch in einem Gesellschaftsaquarium zusammen mit anderen wirbellosen Tieren oder nicht zu großen Fischen gehalten werden. In der Aquaristik zählen dazu vor allem die Glasgarnele *M. lanchesteri* oder die Schneeflöckchengarnele *A. kulsiense*, die regelmäßig im Handel angeboten werden. In einem Artenbecken mit etwas härterem Wasser gehalten, können beide Arten im Süßwasser vermehrt werden. Allerdings empfiehlt es sich, tragende Weibchen zu separieren und zum Schlupf der Larven in ein spezielles Aufzuchtbecken zu setzen. Die Elterntiere und die anderen Garnelen würden sonst den Larven nachstellen. Auch ist es in einem Zuchtbecken leichter, die Larven mehrmals täglich mit feinstem Aufzuchtfutter wie *Artemia*-Nauplien, feinstem Fertigfutter oder Kulturen einzelliger

Foto: C. Lukhaup

Kleine Palaemoniden wie die Schneeflöckchengarnele *A. kulsiense* stellen keine Gefahr für Fische im Aquarium dar.

Kleine Palaemoniden-Arten wie *Palaemonetes* stellen keine Gefahr für andere Bewohner dar.

Algen zu füttern. Die erwachsenen Tiere benötigen keine spezielle Ernährung. Neben den kommerziell erhältlichen Fertigfuttersorten in Flocken-, Granulat- oder Tablettenform wird von den Tieren Frostfutter aller Art, aber auch pflanzliche Nahrung in Form von überbrühtem Gemüse oder getrockneten Blättern angenommen.

Die zweite Gruppe von Großarmgarnelen umfasst im Wesentlichen die größeren Arten der Gattung *Macrobrachium*. Erwachsene Tiere dieser Arten zeigen sehr oft ein ausgeprägtes Territorialverhalten. Besonders dominante Männchen beanspruchen ein Revier, das heftig gegen Artgenossen, vor allem gegen andere männliche Tiere verteidigt wird. Aus diesem Grund ist es bei vielen Arten oft nur möglich, ein einzelnes Paar im Becken zu halten. Besonders bei mittelgroßen Arten mit Süßwasservermehrung, wie etwa der Artengruppe der Ringelhandgarnelen oder den südostasiatischen Vertretern der Artengruppe von Borstenhandgarnelen um *M. pilimanus,* ist es aber oft schwierig, den Nachwuchs rechtzeitig von den Elterntieren zu trennen.

Erreichen die Jungtiere die Geschlechtsreife, kommt es in zunehmenden Maße zu Revierstreitigkeiten, die in der Regel mit dem Verlust von Scherenbeinen der unterlegenen Tiere enden. Schon bei der nächsten Häutung ist das siegreiche Tier aber durch den weichen Panzer den Angreifern nahezu schutzlos ausgeliefert, so dass sich die Rangordnung im Aquarium ständig ändert. In dichter besetzten Becken befinden sich deshalb häufig etliche Tiere mit fehlenden Gliedmaßen. Der verantwortungsbewusste Aquarianer sollte deshalb rechtzeitig regulierend eingreifen und den Bestand entsprechend reduzieren. In größeren, durch Steinaufbauten, Wurzelwerk oder Ähnlichem gut strukturierten Becken, in denen die Tiere ausreichend Rückzugsmöglichkeiten finden, ist es aber durchaus möglich, eine Gruppe von solchen Tieren zu halten. Auch was die Vergesellschaftung mit Fischen betrifft, eilt diesen Arten ein eher schlechter Ruf voraus. Mit ihren kräftigen Scheren sind viele Arten in der Lage, erkrankte oder in den Nachtstunden auf den Bodengrund gesunkene Fische zu erbeuten. Solange die Besatzdichte gering ist, bleiben solche Übergriffe eher die Ausnahme. In dicht besetzten Becken, in denen Fische ständig in Kontakt mit den Garnelen kommen, kann es aber hin und wieder zu Übergriffen auf

Dominantes Männchen einer Ringelhandgarnele.

Macrobrachium olfersii, eine farblich attraktive Art aus Mittelamerika.

Einblick in ein von *Macrobrachium* sp. bewohntes Gewässer in Hongkong.

Foto: C. Lukhaup

die Fische kommen. Fehlende Flossenstücke oder Wunden sind die Folge. Gelegentlich können kleinere oder geschwächte Fische auch erbeutet und von den *Macrobrachium* gefressen werden. Frei schwimmende Fische in einem Aquarium mit einzelnen Garnelen werden aber kaum behelligt. Bei den meisten „erbeuteten" Fischen in einem Aquarium mit Großarmgarnelen handelt es sich in der Regel um verstorbene Tiere, die erst als Aas von den Garnelen gefunden und angefressen werden. Die Tiere stellen, so wie auch in den natürlichen Biotopen, eine Art Gesundheitspolizei dar und helfen mit, das Aquarium sauber zu halten. Umgekehrt sollte die Einrichtung des Beckens auch den Garnelen, vor allem in der für sie selbst gefährlichen Zeit während und nach der Häutung, ausreichend Versteckmöglichkeiten vor aufdringlichen Fischen bieten. Die meisten Arten führen zumindest tagsüber auch in ihrem natürlichen Lebensraum ein verstecktes Dasein. Werden sie nun im Aquarium mit für sie potenziell gefährlichen Fressfeinden wie größeren barschartigen Fischen vergesellschaftet, wird man die Tiere nur selten zu Gesicht bekommen.

Ein völlig anderes Bild von den so gefährlichen „Fischräubern" bekommt man, wenn man in einem artgerecht eingerichteten Becken beobachten kann, wie z.B. ein dominantes Männchen nach der Paarung seine Scheren schützend über den durch die Reifehäutung noch weichen Panzer des Weibchens legt und sie so vor anderen Artgenossen beschützt. Der bei der Häutung abgestreifte Panzer, die sogenannte Exuvie, sollte übrigens nicht aus dem Becken entfernt werden. Sie wird zum größten Teil von den gehäuteten Tieren oder von Artgenossen gefressen. Der alte Panzer stellt eine wichtige Quelle für das zum Aufbau des Exoskeletts wichtige Kalzium dar. Verbleibende Reste werden von den im Bodengrund in Massen lebenden Mikroorganismen innerhalb weniger Tage völlig abgebaut. Viele *Macrobrachium*-Arten, insbesondere Arten aus schneller fließenden Bächen, haben einen sehr hohen Sauerstoffbedarf. Viele vorerst unerklärliche Todesfälle bei diesen Arten könnten einen Mangel an diesem lebenswichtigen Gas zur Ursache haben. Vor allem in dicht bepflanzten Becken mit wenig Oberflächenströmung kann der Sauerstoffgehalt des Wassers in den Nachtstunden in Bodennähe und innerhalb dichter Pflanzenbestände gefährlich niedrig werden. Anders als Fische, die in solchen Situationen rasch atmend dicht unter der Wasseroberfläche schwimmen, haben die großen Garnelen kaum eine Möglichkeit, an besser versorgte Wasserschichten zu kommen. Wenn ihnen Schläuche und Öffnungen ein Verlassen des Aquariums ermöglichen, versuchen die Tiere so, dem Erstickungstod zu entkommen. Eine Flucht, die aber meist mit dem Tod auf dem trockenen Teppichboden ein Ende findet. Becken mit Großarmgarnelen sollten deshalb immer nur mäßig bepflanzt sein und eine kräftige Oberflächenströmung aufweisen. Eine zusätzliche Strömungspumpe kann die Filteranlage bei der Wasserumwälzung unterstützen.

Einige Großarmgarnelen, wie die gelegentlich im Handel auftauchenden juvenilen Exemplare von *Macrobrachium rosenbergii*, sind für die Haltung in einem herkömmlichen Zimmeraquarium völlig ungeeignet. Die Tiere erreichen innerhalb weniger Monate eine Körpergröße, die eine Haltung in Aquarien herkömmlicher Größe zur Tierquälerei werden lässt. Nur in großen Schauaquarien ab 1.000 Liter Fassungsvermögen können einzelne Exemplare dieser Arten dauerhaft gehalten werden. Der Garnelenfreund ist deshalb gut beraten, sich vor dem Kauf von Großarmgarnelen genau über die Artzugehörigkeit der Tiere und deren maximale Körpergröße zu informieren. Wo solche Tiere nur unter Fantasienamen im Handel angeboten werden und die Händler keine Auskunft über die angebotenen Arten machen können, sollte vom Kauf Abstand genommen werden. Nur wenn die Artzugehörigkeit und die Herkunft der Tiere bekannt sind, können vom Händler und vom Aquarianer auch die Haltungsbedingungen wie die Anforderungen an Wassertemperatur, Wasserhärte und Strömungsverhältnisse abgeschätzt werden.

Nachzucht im Aquarium

Aus der Sicht des Züchters können Süßwassergarnelen unabhängig von ihrer systematischen Stellung aufgrund ihrer Larvalentwicklung in drei grobe Gruppen eingeteilt werden. Wenngleich eine solche Vereinfachung wissenschaftlich gesehen wenig Sinn macht, erlaubt sie dem Aquarianer doch, den Aufwand für eine Nachzucht im Aquarium abzuschätzen.

Garnelen vom Typ „abbreviated"

Zur der am einfachsten vermehrbaren Gruppe von Süßwassergarnelen gehören jene Arten, welche dem „verkürzten" Fortpflanzungstyp, nach Jalihal engl. „abbreviated type" angehören. Erkennbar sind solche Arten an den wenigen, im Durchmesser über einen Millimeter großen Eiern an den Schwimmbeinpaaren trächtiger Weibchen. Aus diesen Eiern schlüpfen weit entwickelte Larven, die mit gut entwickelten Schreit- und Scherenbeinen bereits an das Leben am Bodengrund angepasst sind (benthisch). Nach höchstens drei Häutungen gleichen die Jungtiere mit Ausnahme der Sexualmerkmale weitgehend den erwachsenen Tieren. Bei den Zwerggarnelen gehören in diese Gruppe zum Beispiel alle Arten der Gattung *Neocaridina* mit der Red-Fire-Garnele und der Marmorgarnele als aquaristisch bekannteste Vertreter. In der Gattung *Caridina* wären hier die Tiere aus der Artengruppe um *C. serrata* wie die Bienengarnele, deren rote Farbform die Crystal-Red-Garnele und die Tigergarnele zu nennen. Auch die aus dem ostindischen Raum stammende Grüne Zwerggarnele kann noch in diese Gruppe gezählt werden. Bei den Großarmgarnelen zählen die Tiere aus der Reihe der Ringelhandgarnelen mit *Macrobrachium assamense* und *M. dayanum* als bekannteste Vertreter zu dieser Gruppe.

Alle diese Arten sind problemlos im Süßwasser vermehrbar. Die frisch geschlüpften Jungtiere nehmen von Beginn an dieselbe Nahrung zu sich wie ihre Elterntiere. Eine spezielle Fütterung ist deshalb nicht notwendig. Auch Kannibalismus tritt bei diesen Arten kaum auf, weshalb der Nachwuchs im Becken mit den Elterntieren aufgezogen werden kann. Solche Arten ermöglichen auch dem wenig erfahrenen Aquarianer, seine Tiere zu vermehren oder zumindest den Bestand langfristig zu erhalten. Grober Bodengrund, feinblättrige Bepflanzung wie Javamoospolster oder Hornkrautbüschel, aber auch auf den Bodengrund gesunkenes Falllaub bieten vielen Aufwuchsorganismen Substrat und den Junggarnelen ausreichend Nahrung und auch Versteckmöglichkeiten. Die meisten Fischarten sehen Junggarnelen als willkommene Abwechslung auf dem Speiseplan an, in einem Gesellschaftsbecken wird deshalb oft nur ein kleiner Teil des Garnelen-

Garnelen vom „verkürzten" Fortpflanzungstyp wie diese *Caridina serrata* (links) oder *Macrobrachium dayanum* (rechts) sind einfach zu vermehren.

nachwuchses die ersten Tage überleben. In ausgedehnten dichten Pflanzenpolstern können aber in vielen Fällen ausreichend Jungtiere überleben, um den Bestand zu erhalten. Möchte man die Garnelen gezielt zur Vermehrung bringen, ist eine Haltung im Artenbecken vorzuziehen. Werden die artspezifischen Voraussetzungen in Bezug auf Wassertemperatur, Ionenverhältnisse und pH-Wert erfüllt, ist mit einer eigenständigen Vermehrung dieser Arten zu rechnen. Werden die Tiere in unbeheizten Becken gehalten, ist in den Wintermonaten bei niedrigeren Wassertemperaturen unter 20 °C bei den meisten Arten mit einer Vermehrungspause zu rechnen. Sobald die Temperaturen im Frühjahr wieder ansteigen, beginnen innerhalb weniger Tage geschlechtsreife Weibchen Eier anzusetzen, aus denen drei bis vier Wochen später die Junggarnelen schlüpfen. Durch ihre geringe Körpergröße von etwa zwei Millimetern und der meist transparenten Färbung ist der Nachwuchs aber für den Aquarianer erst einige Tage später zu erkennen. Dann halten sich die Jungtiere zunehmend auch auf offeneren Flächen wie Blättern und den Scheiben des Aquariums auf.

Garnelen vom Typ „partially-abbreviated"

Etwas schwieriger gestaltet sich die Nachzucht der nächsten Gruppe, die ihre Larvalentwicklung zwar auch in reinem Süßwasser durchläuft, aber deren Larven bereits im Zoea-Stadium schlüpfen. Diese frühen Larvenstadien leben überwiegend treibend im Freiwasser (pelagisch) und vermögen sich nur durch Schlagen des Schwanzfächers zuckend (ähnlich wie Mückenlarven) wenige Millimeter fortzubewegen. Die Weibchen solcher Arten tragen etwa zwischen 50 und 200 Eier mit einem Durchmesser zwischen 0,55 und einem Millimeter. Die frisch geschlüpften Larven treiben wie kleine Kommas mit dem Kopf nach unten im Wasser und werden vom Licht angezogen. Durch einen mechanischen Filter im Aquarium werden solche Zoea-Larven schnell angesaugt und die Larven verenden im Filtersubstrat. Züchter verwenden deshalb luftbetriebene Innenfilter mit geringer Leistung oder verzichten ganz auf eine Filterung in den Aufzuchtbecken. Zoea-Larven sind kaum in der Lage, Nahrung vom Bodengrund oder von Oberflächen aufzunehmen. Stattdessen ernähren sich die Tiere von im Wasser treibenden Trübstoffen wie winzigen Algen oder aufgewirbeltem Detritus. Aus diesem Grund leben solche Arten auch in langsam fließenden oder stehenden, oft angetrübten Gewässern der Niederungsgebiete. Die spezielle Ernährung der Larven stellt den Aquarianer vor eine Reihe von Problemen. Den Larven muss eine in Qualität und Quantität ausreichende Menge an frei im Wasser treibenden Nahrungspartikeln geboten werden. Dies führt aber unweigerlich zu einer deutlichen Trübung des Wassers. Eine Nachzucht im „Schaubecken", wo klares Wasser aus optischen bzw. ästhetischen Gründen bevorzugt wird, ist deshalb bei solchen Arten kaum möglich. Tragende Muttertiere werden daher kurz vor dem Schlupf der Larven, dessen Zeitpunkt durch einen

Caridina kempi entlässt planktonische Zoea-Larven, die sich aber in Süßwasser entwickeln.

Auch Arten der europäischen Gattung *Atyaephyra* schlüpfen als planktonische Zoea-Larven.

leichten Farbwechsel der an den Schwimmbeinen angehefteten Eier zu erkennen ist, in das spätere Aufzuchtbecken überführt und nach dem Entlassen der Larven wieder zurückgesetzt. Eine andere Methode besteht darin, die phototropen Larven nach dem Schlupf im Elternbecken mit einer punktförmigen Lichtquelle anzulocken und einem Stück Schlauch vorsichtig abzusaugen. Diese Methode funktioniert allerdings nur, wenn im Elternbecken kaum Strömung herrscht und kein leistungsfähiger Filter im Einsatz ist.

Im Aufzuchtbecken sollten die Larven ständig in einer dünnen „Nahrungssuppe" schwimmen. Nur so kann eine ausreichende Ernährung der Larven gewährleistet werden. In professionellen Zuchten werden die Larven aus diesem Grund rund um die Uhr etwa 5- bis 12-mal täglich gefüttert. Die ständige Futterzufuhr führt im Aufzuchtbecken aber zu einer hohen organischen Belastung des Wassers. Deshalb ist das Wasser in den Zuchtbehältern täglich zu wechseln und die auf den Bodengrund abgesunkenen Futterreste zu entfernen. Als Futter eignen sich je nach Größe und Art der Larven herkömmliche „Flüssignahrung", wie sie im Handel für die Ernährung von winzigen Fischlarven oder niederen Tieren angeboten wird, Aufschlämmungen von Bäckerhefe, feinst zerriebenem Flockenfutter oder Algenpulvern sowie Lebendansätze von Algenkulturen in Form von „grünem Wasser" oder frisch geschlüpften *Artemia*-Nauplien.

Obwohl bei Zwerggarnelen in der Wissenschaft eine Reihe von Arten bekannt ist, die dieser Gruppe von Süßwasserbewohnern zuzurechnen wäre, sind solche Tiere bisher nur selten in der Aquaristik aufgetaucht. Als Beispiele wären die aus Westindien stammende Art *Caridina kempi* oder die in Afrika verbreitete *C. nilotica* zu nennen. Aber auch die immer häufiger gepflegte europäische Art *Atyaephyra desmarestii* gehört in diese Gruppe. Bei den Großarmgarnelen finden wir mit der Glasgarnele *Macrobrachium lanchesteri* einen bekannten Vertreter dieses Fortpflanzungstyps. Nur in stärker veralgten oder eine deutliche Mulmschicht enthaltenen Aquarien können als Zufallszucht einzelne Larven auch ohne spezielle Fütterung durchkommen. Im Allgemeinen können diese Arten aber nur gezielt im Zuchtbecken zur Vermehrung gebracht werden.

Garnelen vom Typ „prolonged"

Noch höhere Anforderungen stellen jene Arten, bei denen die Entwicklung der Zoea-Larven an Brack- oder Meerwasser gebunden ist. In den natürlichen Gewässern werden die Larven dieser Arten mit der Strömung in die Mündungsgebiete oder ins küstennahe Meer transportiert. Dort entwickeln sich die Larven zu Junggarnelen, die wieder aktiv ins Süßwasser der Bäche zurückkehren. Neben einer in Partikelgröße und Zusammensetzung entsprechenden feinen Driftnahrung muss für die Entwicklung dieser Larven auch eine entsprechende Salinität des Wassers geboten werden. Da in diese Gruppe etliche für die Speisezucht bedeutende Arten der Gattung *Macrobrachium* fallen, sind von wissenschaftlicher Seite für viele Arten bereits Aufzuchtversuche unternommen worden, deren Ergebnisse für aquaristische Zwecke genutzt werden könnten. Die Industrie bietet heute für solche Arten bereits fertige, nach Partikelgröße sortierte Futtermittel an. Diese sind jedoch nur in großen Mengen abgepackt am Markt erhältlich. Für den privaten Garnelenzüchter, und hier vor allem im deutschsprachigen Raum, stehen diese Futtermittel kaum zur Verfügung. Es werden aber immer wieder auch von Aquarianern zum Teil erfolgreiche Versuche unternommen, Arten wie die Amanogarnele *C. multidentata* (*C. japonica*), die Rote Nashorngarnele *C. gracilirostris* oder schön gefärbte *Macrobrachium*-Arten nachzuzüchten. Die Erfahrungen aus solchen Zuchtversuchen zeigen immer wieder, dass erfolgreiche Nachzuchten vor allem in größeren Zuchtbecken ab 100 bis 150 l erwartet werden können. Die größere Wassermenge in diesen Anlagen ist weniger anfällig für Schwankungen von Temperatur, pH-Wert oder sonstigen Wasserwerten und neigt weniger leicht zum „Umkippen" durch Bakterienblüten oder Pilzinfektionen als herkömmliche Kleinbecken. Eine ständige Durchlüftung des Beckens mithilfe einer Membranpumpe oder eine ausreichende Umwälzung und Oberflächenbewegung mittels eines Rührwerks kann eine ausreichende Sauerstoffversorgung des Zuchtbeckens gewährleisten. Bei der Wassertemperatur und Beleuchtungsdauer sollte man sich nach den Verhältnissen in den natürlichen Biotopen richten, da diese Parameter erheblichen Einfluss auf die Larvalentwicklung und damit den Zuchterfolg haben. Zum jetzigen Zeitpunkt ist man aber noch weit davon entfernt, standardisierte Zuchtanleitungen zur Vermehrung solcher Garnelenarten im Aquarium geben zu können.

Auch alle bekannten Vertreter der Fächergarnelen gehören zu diesem Fortpflanzungstyp. Nach einigen erfolgreichen Laborversuchen bleibt zu hoffen, dass bald auch bei diesen beliebten Arten Durchbrüche bei der Nachzucht erzielt werden können, da bis jetzt nur Wildfänge dieser Arten in den Handel und in die Aquarien kommen.

Die Rote Nashorngarnele vermehrt sich über Larven im Brackwasser.

Hybridisierung zwischen unterschiedlichen Garnelenarten

Bei der Haltung von Garnelen, insbesondere von Arten mit einfacher Vermehrung im Süßwasser, wird häufig vor der gemeinsamen Haltung ähnlicher Arten gewarnt, um unerwünschte Hybridisierungen zu vermeiden.

Nach dem biologischen Artverständnis sollten zwischen eigenständigen Arten Fortpflanzungsbarrieren existieren, welche Hybridisierungen unmöglich machen. Kommt es trotzdem zur erfolgreichen Verpaarung zwischen zwei Arten, ist der Nachwuchs selbst nicht mehr zeugungsfähig. Ein bekanntes Beispiel hierfür ist das Maultier als Kreuzungsprodukt zwischen Esel und Pferd. Damit wären auch im Garnelenaquarium eigentlich keine ärgeren Probleme zu erwarten. Allerdings kennt die Biologie mehrere Beispiele, wo F1-Hybriden von als eigenständig geltenden verschiedenen Arten dennoch fortpflanzungfähig blieben. Ob man in diesen Fällen wirklich von eigenständigen Arten sprechen darf, wird unter Systematikern heftig diskutiert. Auch bei den Süßwassergarnelen, hier vor allem in den taxonomisch problematischen Gattungen *Caridina* und *Neocaridina*, bestehen immer wieder Zweifel an der Eigenständigkeit von validen Arten. Aus diesem Grund sollte eine Haltung eng verwandter Arten vermieden werden, gezielte Verpaarungen solcher Tiere aber auf jeden Fall exakt dokumentiert werden. Als „eng verwandt" gelten in der Gattung *Caridina* zum Beispiel die Tiere aus der Artengruppe um *Caridina serrata*, in der Aquaristik vor allem durch die Bienengarnele, die Tigergarnele, die Tüpfelgarnele und die Rotschwanzgarnele vertreten. Diese Arten werden in der Aquaristik zumindest im täglichen Gebrauch durch ihre teils markante Lebendfärbung auseinander gehalten. Verpaarungen zwischen verschieden gefärbten Tieren könnten neue Farb- oder Zeichnungsformen entstehen lassen, die unter Umständen später als vermeintlich „neue Arten" in den Handel gebracht werden. Solange solche Zuchtprodukte als solche gekennzeichnet werden, ist dagegen wenig einzuwenden. Da allerdings Bezeichnungen wie „Kreuzung" oder „Hybrid" bei vielen Aquarianern eher negativ assoziiert werden, haben Züchter wenig Interesse, ihre Tiere als solche zu bezeichnen und belegen die Tiere lieber mit Fantasiebezeichnungen.

In der Gattung *Neocaridina* wurde von einer gezielten Hybridisierung zwischen der Red-Fire-Garnele *N. davidi* (*N. denticulata sinensis*, *N. heteropoda*) und der White-Pearl-Garnele *N. palmata* in Aquarianerkreisen berichtet. Allerdings blieb ein Versuch des Autors, diese Verpaarung zu wiederholen erfolglos.

Bei den Tieren der Gattung *Macrobrachium* sind vor allem die verwandtschaftlichen Beziehungen innerhalb der als Ringelhandgarnelen bezeichneten Artengruppe um *M. hendersoni* und die Abgrenzung der einzelnen Arten oder Unterarten nicht völlig geklärt, auch hier könnte es zu Hybridisierungen kommen. Insgesamt dürfte die Gefahr unerwünschter Kreuzungen im Aquarium bei Weitem geringer sein als allgemein angenommen wird. Die meisten bisher untersuchten „Hybriden" erwiesen sich zumindest morphologisch als eindeutig einer Art zugehörig. Eine spontane Mutation, die zu einer Veränderung der Körperfärbung geführt hat, dürfte für manche dieser Verdachtsfälle verantwortlich sein.

Nicht als Hybriden anzusehen sind jedenfalls Verpaarungen zwischen Farbformen ein und derselben Art, beispielsweise zwischen Bienengarnele und deren roter Farbform Crystal Red, zwischen der Red-Fire-Garnele und der graubraunen bis farblich variablen Normalform von *N. davidi* oder zwischen diversen Farbformen der Bienen- oder der Tigergarnele. Da es im Sinne jeden Aquarianers sein sollte, die schönen, meist mit viel züchterischem Aufwand gezogenen und deshalb auch teureren Farbstämme möglichst rein zu erhalten, ist eine Vermischung solcher Tiere aus rein optischen Gründen zu vermeiden.

Trächtige Red-Fire-Garnele *Neocaridina davidi*.

„Tigerbiene", ein Kreuzungsprodukt aus Bienen- und Tigergarnelen.

Glossar

Abdomen: Hinterleib der Garnele

Adult: erwachsen, geschlechtsreif

Albinotisch: unpigmentiert

Anatomie: innerer Bau eines Lebewesens

Anchialin: unterirdische Gewässer mit Meeresverbindung, in denen sich Süß- und Brackwasser überlagern oder vermischen

Antennen: Fühler der Garnele

Apikal: an der Spitze

Appendix interna: kleines zäpfchenförmiges Anhängsel am Innenast eines Schwimmbeines. Der A. i. trägt am distalen Ende Widerhaken, mit denen das Schwimmbeinpaar wie mit einem Klettverschluss verbunden wird

Appendix masculina: sackartiges Anhängsel am zweiten Schwimmbeinpaar männlicher Tiere

Basis: sechstes Glied eines Schreit- oder Scherenbeines

Benthisch: an das Leben am Bodengrund (Benthos) angepasst

Branchiostegale Region: Bereich am Vorderrand des Carapax

Carapax: das Rückenschild aller Zehnfußkrebse (Dekapoden). Bedeckt den Cephalothorax. Der Carapax läuft vorne oben in einen spitzen Stirnfortsatz, das Rostrum, aus.

Carapaxlänge: Länge des Carapax, gemessen vom Rand der Augenhöhle bis zum Hinterrand des Carapax

Carpus: drittes Glied eines Schreit- oder Scherenbeines

Cephalothorax: Gesamtheit des Kopf/Brustteils

Chela: Schere

Coxa: siebtes Glied eines Schreit- oder Scherenbeines

Dactylus: erstes Glied eines Schreitbeinpaares bzw. beweglicher Finger der Schere

Detritus: sich im Abbau befindliche Pflanzen- und Tierteile und die am Abbau beteiligten Mikroorganismen (Pilze, Bakterien, Einzeller)

Dimorphismus (Geschlechtsdimorphismus): Männchen und Weibchen zeigen unterschiedliche Körpermerkmale, z.B: unterschiedlich geformte Scheren

Distal: von der Körpermitte/dem Körperstamm weg zeigend

Dorsal: oben, auf der Rückenseite

Endemisch: nur in einem eng begrenzten Raum vorkommend

Endopod: Innenast eines gegabelten Anhängsels

Epipod: an der Coxa eines Schreit- oder Kieferbeines entspringender Seitenast

Epistom: Panzerplatte, bildet die Oberlippe der Garnele

Exopod: Außenast eines gegabelten Anhängsels

Exuvie: beim Häutungsvorgang abgestreifter Panzer

Habitat: charakteristischer Wohn- oder Lebensraum einer Art

Hepatische Region: Bereich hinter der branchiostegalen Region

Ischus: fünftes Glied eines Schreit- oder Scherenbeines

Juvenil: jung, noch nicht geschlechtsreif

Mandibeln: Teile der Mundwerkzeuge

Marin: im Meer lebend

Maxillipeden: Teile der Mundwerkzeuge

Merus: viertes Glied eines Schreit- oder Scherenbeines

Monotypisch: aus nur einem untergeordneten Taxon bestehend

Morphologie: äußere Körpergestalt

Palma: Handfläche der Schere. Der Propodus eines Scherenbeines gliedert sich in den unbeweglichen Scherenfinger und den hinteren breiten Teil, die Palma. Bei einigen Gattungen der Familie Atyidae fehlt der palmare Teil des Propodus.

Peraeopoden: Schreitbeine

Pleopoden: Schwimmbeine

Pleura: Seitliche Platten des Abdomens

Protandrisch: eine Geschlechtsumwandlung durchlaufend

Propodus: zweites Glied eines Schreit- oder Scherenbeines

Proximal: zur Körpermitte hin

Pterygostomialwinkel: Übergang zwischen Vorder- und Unterkante des Carapax

Rostrum: spitzer Fortsatz am oberen, vorderen Ende des Carapax mit oft artspezifischer Form. Das Rostrum trägt bei vielen Garnelen eine charakteristische Anzahl von Zähnen

Rostrumformel: formelhafte Darstellung der Bezahnung des Rostrums. Näheres dazu im Kapitel Morphologie und Anatomie

Scaphozerit: breites schuppenförmiges Anhängsel der zweiten Antenne

Scherenbein: Schreitbein, bei dem die beiden distalen Glieder Propodus und Dactylus als Greifwerkzeuge ausgebildet sind

Stylozerit: Hornschuppe im Kopfbereich

Supraorbitale Region: der Bereich hinter dem Augenrand des Carapax

Taxon: Einheit der Taxonomie

Taxonomie: die Lehre von der Einteilung und Benennung der Lebewesen nach ihrem Körperbau

Telson: mittleres Anhängsel am 6. Hinterleibssegment. Wird nicht als 7. Segment gezählt, sondern bildet mit den Uropoden den Schwanzfächer.

Uropoden: blattförmige Anhängsel des 6. Hinterleibssegmentes, die zusammen mit dem Telson den Schwanzfächer bilden.

Ventral: unten, auf der Bauchseite

Literaturverzeichnis

1 Anderson, G. (1985), Species profiles: life histories and environmental requirements of coastal fishes and invertebrates (Gulf of Mexico) – Grass Shrimp. U.S. Fish Wildl. Serv. Biol. Rep. 82(11.35)

2 Arudpragasam & Costa (1962), Atyidae of Ceylon, 1. Crustaceana, 4 (1): 7-24

3 Bambang, Y.,et. al. (1995), Effect of copper on survival and osmoregulation of various development stages of the shrimp *Panaeus japonicus* Bate (Crustacea, Decapoda). Aquatic Toxicology, 33: 125-139

4 Bouvier, E.L. (1925), Recherches sur la morphologie, les variations, la distribution geographique des crevettes des la famille des Atyides. Encyclopedie Entemologique, series A, 4: 1-370

5 Bouvier, E.L. (1918), Sur quelques Crustacés Décapodes recueillis par M. Guy Babault dans les eaux douces de L´Inde Anglaise. Bull. Mus. Hist. Nat. Paris, 24: 386-393.

6 Cai, Y. (1996), A revision of the genus *Neocaridina* (Crustacea: Decapoda: Atyidae). Acta Zootaxonomica Sinica, 21(2): 129-160

7 Cai, Y. & Bahir, M.M. (2005), *Lancaris*, a new genus of freshwater shrimp from Sri Lanka (Crustacea: Decapoda: Atyidae). The Raffles Bulletin of Zoology Supplement, No. 12: 39-46

8 Cai, Y. & Dai, A.Y. (1999), Freshwater shrimps (Crustacea: Decapoda: Caridea) from the Xishuangbanna region of Yunnan Province, southern China. Hydrobiologia, 400: 211-241

9 Cai, Y. & Ng, N.K. (1999), A revision of *Caridina serrata* species group, with descriptions of five new species (Crustacea: Decapoda: Caridea: Atyidae). Journal of natural History, 33: 1603-1638

10 Cai, Y. & Ng, P.K.L. (2002), The freshwater palaemonid prawns (Crustacea: Decapoda: Caridea) of Myanmar. Hydrobiologia, 487: 59-83

11 Cai, Y. & Ng, P.K.L. (2001), The Freshwater Decapod Crustaceans of Halmahera, Indonesia. Journal of Crustacean Biology, 21(3): 665-695

12 Cai, Y. & Ng, P.K.L. (2000), Freshwater shrimps of the genus *Caridina* H.Milne Edwards (Crustacea: Decapoda: Atyidae) from Myanmar. Proceedings of the biological society of Washington, 113(4): 931-944

13 Cai, Y. & Shokita, S. (2006), Report on a collection of freshwater shrimps (Crustacea: Decapoda: Caridea) from the Philippines, with descriptions of four new species. Raffles Bulletin of Zoology, 54(2): 245-270

14 Cai, Y., et al. (2006), On the species of Japanese atyid shrimps (Decapoda: Caridea) described by William Stimpson (1860). Journal of Crustacean Biology, 26(3): 392-419

15 Cai, Y., Naiyanetr, P. & Ng, P.K.L. (2004), The freshwater prawns of the genus *Macrobrachium* Bate, 1868, of Thailand (Crustacea: Decapoda: Palaemonidae). Journal of Natural History 38: 581-649

16 Carpenter, A. (1977), Zoogeography of the New Zealand freshwater decapoda: A review. Tuatara, 23: 41-48

17 Chace, F.A. jr. (1997), The caridean shrimps (Crustacea: Decapoda) of the Albatross Philippine Expedition, 1907-1910, Part 7: Families Atyidae, Eugonatonotidae, Rhynchocinetidae, Pathypalaemonellidae, Processidae and Hippolytidae. Smithsonian contributions to zoology, Nr 587

18 Chace, F.A. jr. (1993), The Caridean Shrimps (Crustacea: Decapoda) of the Albatross Philippine Expedition, 1907-1910, Part 6: Superfamily Palaemonidea. Smithonian Contributions to Zoology, Nr 543

19 Chace, F.A. jr. (1992), On the classification of the Caridea (Decapoda). Crustaceana 63(1): 70-80

20 Chace, F.A. jr. (1983), The *Atya*-like Shrimps of the Indo-Pacific Region (Decapoda: Atyidae). Smithsonian Contributions to Zoology, Nr 384

21 Chace, F.A. jr. & Hobbs, H.H. jr. (1969), The Freshwater and Terrestrial Decapod Crustaceans of the West Indies with Special Reference to Dominica. United States National Museum Bulletin, 292: 1-258

22 Chen, J-C. & Lin, C-H. (2001), Toxicity of copper sulfate for survival, growth, molting and feeding of juveniles of the tiger shrimp, *Penaeus monodon*. Aquaculture 192: 55-65

23 Choudhury, P.C. (1971), Complete larval development of the palaemonid shrimp *Macrobrachium carcinus* (L.), reared in the laboratory (Decapoda, Palaemonidae). Crustaceana 20; 51-69

24 Choudhury, P.C. (1971), Laboratory rearing of larvae of the palaemonid shrimp *Macrobrachium acanthurus* (Wiegmann, 1836). Crustaceana 21: 113-126

25 Choudhury, P.C. (1970), Complete larval development of the palaemonid shrimp *Macrobrachium acanthurus* (Wiegmann, 1836), reared in the laboratory. Crustaceana 18:113-132

26 Choy, S. & Marshall, J. (1997), Two new species of Freshwater Atyid Shrimps (Crustacea: Decapoda: Atyidae) from northern Queensland and the distributional ecology of the *Caridina typus* species group in Australia. Memoirs of the Queensland Museum 41(1): 25-36

27 Choy, S.C. & Ng, P.K.L. (1991), A new species of freshwater atyid shrimp, *Caridina temasek* (Decapoda: Caridea: Atyidae) from Singapore. Raffles Bulletin of Zoology, 39(2): 265-277

28 Costa, H.H. (1979), The Palaemonidae of the Inland Waters of Sri Lanka. Ceylon Journal of Science: Bio Science, 13: 39-64

29 Couret, C. L. (1978), Larval Development of *Halocaridina rubra* Holthuis (Decapoda, Atyidae). Crustaceana 34(3), 301-309

30 De Man, J.G. (1908), On *Caridina nilotica* (Roux) and its varieties. Records of the Indian Museum, 2: 255-283

31 De Man, J.G. (1904), On some Species of the Genus *Palaemon* Fabr. , from Tahiti, Shanghai, New Guinea and West Africa.The transactions of the Linnean Society of London / Zoology Series 2 Vol. 9: 291-327: 118-120

32 De Man, J.G. (1892), Carcinological studies in the Leyden Museum. Notes of the Leyden Museum, 14: 225-264

33 De Man, J.G. (1892), Decapoden des Indischen Archipels. In Max Weber, Zoologische Ergebnisse einer Reise nach Niederländisch Ost Indien, 2: 265-527

34 De Silva, K. P. & De Silva, K.H.G.H. (1989), Aspects of the population ecology of a tropical freshwater atyid shrimp *Caridina fernandoi* Arud. & Costa 1962 (Crustacea: Decapoda: Caridea). Archiv für Hydrobiologie 117(2): 237-253

35 De Silva, K.H.G.M. (1990), *Caridina kumariae*, a new species from Sri Lanka and some aspects of its ecology. Crustaceana 59(1): 9-24

36 De Silva, K.H.G.M. (1989), Temperature tolerances and geographie distribution of three species of *Caridina* (Decapoda, Atyidae) in Sri Lanka. Internationale Revue der gesamten Hydrobiologie 74(1): 95-107

37 De Silva, K.H.G.M. (1988), Studies on Atyidae (Decapoda, Caridea) of Sri Lanka; III Aspects of the population ecology of *Caridina simoni*, Bouvier, 1904. Crustaceana 54(1): 85-104

38 De Silva, K.H.G.M. (1983), Studies on Atyidae (Decapoda, Caridea) of Sri Lanka; II Distribution of atyid shrimps in Sri Lanka. Crustaceana 44(2): 204-215

39 De Silva, K.H.G.M. (1982), Studies on Atyidae (Decapoda, Caridea) of Sri Lanka; I on a new species, a new subspecies, and two species new to Sri Lanka. Crustaceana 43(2): 128-141

40 Dormitzer, M. (1853), *Troglocaris schmidtii*. Zeitschrift für Naturwissenchaften, Naturhistorischer Verein Lotus, Prag: 85-88

41 Dudgeon, D. (1987), The larval development of *Neocaridina serrata* (Stimpson (Crustacea: Decapoda: Caridea: Atyidae)) from Hong Kong. Archiv für Hydrobiologie 110: 339-355

42 Dudgeon, D. (1985), The population dynamics of some freshwater carideans (Crustacea: Decapoda) in Hong Kong, with special reference to *Neocaridina serrata* (Atyidae). Hydrobiologia 120: 141-149

43 Englund, R.A. & Cai, Y. (1999), The occurrence and description of *Neocaridina denticulata sinensis* (Kemp, 1918) (Crustacea: Decapoda: Atyidae), a new introduction to the Hawaiian Islands. Bishop Museum occasional papers, 59: 58-65

44 Falciai, L.& Palmerini, E. (2002), Larval development of the freshwater shrimp, *Palaemonetes antennarius* (H. Milne Edwards, 1837) (Decapoda, *Palaemonidae*) reared in the laboratory. Crustaceana 74(11): 1315-1333

45 Ferrer Galiano M. (1924) Una nueva specie del genero *Atyaephira* (Decap-Atyidae). Real Sociedad Española de Historia Natural, Madrid; Boletin 24; 210-213

46 Guo, Z.L. & De Grave, S. (2004)Atyid Shrimps of the Genus *Paracaridina* (Crustacea, Decapoda, Atyidae) from Hunan Province, China. Hydrobiologia 513: 197-204

47 Hayashi, K.I. & Hamano, T. (1984), The Complete Larval Developement of *Caridina japonica* De Man (Decapoda, Caridea, Atyidae) Reared in the Laboratory. Zoological Science 1: 571-589

48 Heerbrandt, T.C. & Lin, J. (2006), Larviculture of Red Front Shrimp, *Caridina gracilirostris* (Atyidae, Decapoda). Journal of the World Aquaculture Society 37 (2): 186-190

49 Heuss, K., Schmidt, W.-D. & Schödel, H. (1990), Die Verbreitung von *Atyaephyra desmaresti* (Millet) (Crustacea, Decapoda) in Bayern. Lauterbornia 6: 85-88

50 Hickmann, C. P. jr & Zimmermann, T.L. (2000) A Field Guide to Crustaceans of Galapagos. Sugar Spring Press, Lexington, Virginia

51 Hobbs, H.H. jr. & Hart, C. W. jr. (1982), The shrimps of the genus *Atya* (Decapoda: Atyidae). Smithsonian Contributions to Zoology Nr 364

52 Hofer, R., Dalla Via, J. & Obermüller, B. (1980), Ökologische Untersuchungen an *Palaemonetes antennarius* im Gardasee. Arch. Hydrobiol. 90 (2): 197-209

53 Holthuis, L.B. (1965), The Atyidae of Madagascar. Mémoires du Muséum National d´Histoire Naturelle 33(1): 1-48

54 Holthuis, L.B. (1963), On red colored shrimps (Decapoda, Caridea) from tropical land-locked saltwater pools. Zoologische Mededelingen, Rijksmuseum van natuurlijke Historie te Leiden, Deel XXXVIII, Nr.16

55 Holthuis, L.B. (1961), Report on a collection of Crustacea Decapoda and Stomatopoda from Turkey and the Balkans. Zoologische Verhandelingen, Rijksmuseum van natuurlijke Historie te Leiden, Nr.47

56 Holthuis, L.B. (1956), An enumeration of the crustacea decapoda natantia inhabiting subterranean waters. Vie et Milieu 7:43-76

57 Holthuis, L.B. (1954), On a collection of Decapod Crustacea from the Republic El Salvador (Central America). Zoologische Verhandelingen, Rijksmuseum van natuurlijke Historie te Leiden, Nr.23

58 Holthuis, L.B. (1952), A general revision of the Palaemonidae (Crustacea Decapoda Natantia) of the Americas. II. The subfamily Palaemoninae. Allan Hancock Foundation Occasional Papers Number 12. 396 p., 55 plates, 1 text fig.

59 Holthuis, L.B. (1950), Preliminary descriptions of twelve new species of Palaemonid prawns from American waters. Koninklijke Nederlandsche Akademie van Wetenschappen, Proceedings Vol. LIII, Nr.1

60 Holthuis, L.B. (1950), The Decapoda of the Siboga Expedition. Part X. The Palaemonidae collected by the Siboga and Snellius Expeditions with remarks on other species. I. Subfamily *Palaemoninae*. Siboga Expeditie, Monogr. 39a(9):1-268

61 Holthuis, L.B. (1949), On some species of *Macrobrachium* (Crustacea Decapoda) from West Africa. Eos 25: 175-185

62 Holtschmit, K.-H. & Pfeiler, E. (1984), Effect of salinity in survival and development of larvae and postlarvae of *Macrobrachium americanum* Bate (Decapoda, Palaemonidae). Crustaceana 46(1): 23-28

63 Hung, M.-S., Chan T.-Y. & Yu H.-P. (1993), Atyid shrimps (decapoda: Caridea) of Taiwan, with descriptions of three new species. Journal of Crustacean Biology, 13(3): 481-503

64 Hunte, W. (1980), The laboratory rearing of larvae of the shrimp *Macrobrachium faustinium* (Decapoda, Palaemonidae). Caribbean Journal of Science 16(1-4): 57-62

65 Hunte, W. (1979), The complete Larval Development of the freshwater shrimp *Atya innocous* (Herbst) reared in the laboratory (Decapoda, Atyidae). Crustaceana Suppl. 5: 231-242

66 Hunte, W. (1979), The complete Larval Development of the freshwater shrimp *Micratya poeyi* (Guérin-Méneville) reared in the laboratory (Decapoda, Atyidae). Crustaceana Suppl. 5: 153-166

67 Ikeda, M. (1999), Genetic analyses of the problem of species *Paratya compressa* (Decapoda: Atyidae). Aquabiology 21 (4): 299-307

68 Jalihal, D.R., et al. (1993), Evolution of larval developmental patterns and the process of

freshwaterization in the prawn genus *Macrobrachium* Bate, 1868 (Decapoda, Palaemonidae).Crustaceana 65 (3): 365-376

69 Jalihal, D.R., et. al. (1988), Freshwater prawns of the genus *Macrobrachium* Bate, 1868 (Crustacea: Decapoda: Palaemonidae) from Karnataka, India. Records of the Zoological Survey of India, 112: 1-74, figs. 1-6

70 Jaume, D. & Brehier, F. (2005), A new species of *Typhlatya* (Crustacea: Decapoda: Atyidae) from anchialine caves on the French Mediterranean coast. Zoological Journal of the Linnean Society, 144: 387-414

71 Jayachandran, K. V. (2001) Palaemonid Prawns; Biodiversity, Taxonomy, Biology and Management. Science Publishers Inc. Enfield, New Hampshire.

72 Johnson, D.S. (1963), Distributional and other notes on some freshwater prawns (Atyidae and Palaemonidae) mainly from the Indo-West Pacific region. Bull. Nation. Mus. Singapore, 32: 5-30

73 Johnson, D.S. (1957), Notes on the freshwater Crustacea of Malaya, I. The Atyidae. Bulletin of Raffles Museum, Singapore, 26: 120-153

74 Juarrero de Verona, A. (1993), Nueva especie del genero *Xiphocaris* (Crustacea: Atyidae) de Cuba. Poeyana 440

75 Karge, A. & Klotz, W. (2005), Die Rotrücken- oder Nektarinengarnele und ähnliche Arten. Aquaristik Fachmagazin Nr. 184; 37(4): 66-70

76 Keith, P. & Vigneux, E. (2000), First capture of *Macrobrachium lepidactylus* on Reunion island, followed by a commentary on *Macrobrachium hirtmanus*. Crustaceana 73 (2): 215-222

77 Kemp, S. (1918), Fauna of the Inle Lake. Crustacea Decapoda of the Inle Lake Basin. Records of the Indian Museum, 14: 81-102

78 Kemp, S. (1918), Zoological results of a tour in the Far East. Decapod and Stomatopod Crustacea. Memoirs of the Royal Asiatic Society of Bengal

79 Kemp, S. (1917), Notes on the Crustacea Decapoda in the Indian Museum. IX. *Leander styliferus*, Milne Edwards, and related forms. Records of the Indian Museum, XIII 203-231, Pls. IIIX-X

80 Kemp, S. (1917), Notes on the Crustacea Decapoda in the Indian Museum: XI. Atyidae of the genus *Paratya* (=*Xiphocaridina*) Records of the Indian Museum 8: 293-306

81 Kensley, B. & Walker, I. (1982), Palaemonid Shrimps from the Amazon Basin, Brazil (Crustacea: Decapoda: Natantia). Smithsonian Contributions to Zoology, Nr 362

82 Khoa, L.V., Hatai, K. & Aoki, T. (2004), *Fussarum incarnatum* isolated from black tiger shrimp, *Penaeus monodon* Fabricius, with black gill disease cultured in Vietnam. Journal of Fish Diseases, 27: 507-515

83 Kollar, V. (1848), Über ein neues sehr merkwürdiges Crustaceum aus den unterirdischen Gewässern von Krain. Sitzungsberichte der Kaiserlichen Akademie der Wissenschaften Wien, Mathematisch-Naturwissenschaftliche Classe, 1. Band: 137-138

84 Kubo, I. (1937), On the Japanese atyid shrimps. Contributions from the Zoological Laboratory, Imperial Fisheries Institute, Tokyo, Nr76: 67-100

85 Lenz, H. (1910), Dekapode Crustaceen Äquatorialafrikas. Lübeck , 9-15

86 Li, X., et al. (2004), Some palaemonid shrimps (Crustacea: Decapoda) from Northern South China Sea, with descriptions of two new species. The Raffles Bulletin of Zoology 52(2): 513-553

87 Liang, X. (2004), Fauna Sinica Invertebrata Volume: 36; Crustacea Decapoda. Atyidae. Fauna Sinica, Pejing

88 Liang, X. (2002), On new species of atyid shrimps (Decapoda, Caridea) from China. Oceanologia et Limnologia Sinica, 33(2): 167-173

89 Lightner, D.V. & Redman, R.M. (1998), Shrimp diseases and current diagnostic methods. Aquaculture 164: 201-220

90 Lombardi, J.V. (2000), Acute Toxicity of the Fungicide Copper Oxychloride to the Freshwater Prawn *Macrobrachium rosenbergii* De Man. Bulletin of Environmental Contamination and Toxicology 65: 383-390

91 Magalhaes, C. (1988), The larval development of palaemonid shrimps from the Amazon region reared in the Laboratory. II Extremely abbreviated larval development in *Euryrhynchus* Meirs, 1877 (Decapoda, Euryrhynchinae). Crustaceana 55(1): 39-52

92 Magalhaes, C. & Walker; I. (1988), Larval development and ecological distribution of central Amazonian palaemonid shrimps (Decapoda, Caridea). Crustaceana 55: 279-292

93 Mariappan, P., Balasundaram, Ch. & Trilles, J.-P. (2003), Infection of the isopod *Tachea spongillicola* on freshwater prawns *Macrobrachium* spp. In southern India. Diseases of Aquatic Organisms 55: 259-260

94 Marino-Balsa, J.C. , Poza, E., Vazquez, E. & Beiras, R. (2000), Comparative toxicity of dissolved metals to early larval stages of *Palaemon serratus*, Maja squinado and Hommarus gammarus (Crustacea: Decapoda). Arch. Environ. Contam. Toxicol. 39: 345-351

95 Matjasic, J. (1956), Ein neuer Höhlendecapode aus Jugoslawien. Zoologischer Anzeiger 157: 65–68

96 Mejia-Ortiz, L.M, et al. (2001), Fecundity and distribution of freshwater prawns of the genus *Macrobrachium* in the Huitzilapan river, Veracruz, Mexico. Crustaceana 74(1): 69-77

97 Nazari, E.M., et al. (2000), Embrionic development of *Palaemonetes argentinus* Nobili, 1901 (Decapoda, Palaemonidae), reared in the Laboratory. Crustaceana 73(2): 143-152

98 Ng, N.K. & Cai, Y. (2000), Two new species of Atyid Shrimps from southern China (Crustacea: Decapoda: Caridea). The Raffles Bulletin of Zoology 48(1): 167-175

99 Niwa, N., et al. (2005), The first record of the ectosymbiotic branchiobdellidan *Holtodrillus truncatus* (Annelida, Clithellata) and on the freshwater shrimp *Neocaridina denticulata denticulata* (Caridea, Atyidae) in Japan. Fisheries Science 71: 685-687

100 Obermüller, B. (1978) Untersuchungen über den Ionenhaushalt der Süßwassergarnele *Palaemonetes antennarius*. Hausarbeit aus Zoologie im Rahmen des Leramtsstudiums an der Universität Innsbruck

101 Pereira, G. (1985), Freshwater shrimps from Venezuela III: *Macrobrachium quelchi* (De Man) and *Euryrhynchus pemoni*, n. sp.; (Crustacea: Decapoda: Palaemonidae) from La Gran Sabana. Proceedings of the Biological Society Washington 98: 615-621.

102 Phone, H., Suzuki, H. & Ohtomi, J. (2005), Reproductive biology of the freshwater palaemonid prawn, *Macrobrachium lanches-*

teri (De Man, 1911) from Myanmar. Crustaceana 78(2): 201-213

103 Powell, C. B. (1979), Supression of larval development in the african freshwater shrimp *Desmocaris trispinosa* (Decapoda, Palaemonidae). Crustaceana, Suppl. 5: 185-194

104 Schöffl, H. (2004) Blei aus Küchen- und Badezimmerarmaturen im Trinkwasser. AK Wien, 53/2004

105 Short, J.W. (2004), A revision of Australian river prawns, *Macrobrachium* (Crustacea: Decapoda: Palaemonidae). Hydrobiologia 525: 1-100

106 Sollaud, E. (1914), Sur deux nouveaux palaemonides, a developpement condense, vivant dans les eaux douces du Tonkin: *Leander mani* n.sp. et *Coutierella tonkinensis* n.g. n.sp.. Bulletin de la Societe Zoologique de France 39: 315-124, figures 1-4

107 Steffen, G.F. (1939), Untersuchungen über Morphologie, Lebensweise und Verbreitung von *Atyaephyra desmaresti* Millet (Dekapoda, Natantia, Atyidae). Inaugural-Dissertation zur Erlangung des Doktorgrades, Buchdruckerei Riehl & Fieseler, Mülheim

108 Stenth, N.E. (1976) A Review of the Systematics and Zoogeography of the Freshwater Species of *Palaemonetes* Heller of North America (Crustacea: Decapoda). Smithsonian Contributions to Zoology, 228

109 Tiefenbacher, L. (1978), Zur Systematik und Verbreitung der Eurhynchinae (Decapoda, Natantia, Palaemonidae). Crustaceana 35(2): 177-189

110 Tiwari, K.K. (1958), New species and subspecies of indian freshwater prawns. Records of the Indian Museum 53: 297-300

111 Tiwari, K.K. (1955), Distribution of the Indo-Burmese freshwater prawns of the genus *Palaemon* Fabr. and its bearing on the Satpura hypothesis. Bulletin of the National Institute of Science of India, New Delhi, 7:230-239

112 Tiwari, K.K. (1955), Trends of evolution in the *hendersoni* group of species of *Palaemon* Farbr. (Crustacea: Decapoda). Bulletin of the National Institute of Science of India, New Delhi, 7:189-197

113 Tiwari, K.K. (1952), Diagnosis of new species and subspecies of the genus *Palaemon* Fabricius (Crustacea: Decapoda). The annals and magazine of natural history 12(5): 27-32

114 Tiwari, K.K. & Pillai, R.S. (1970), Atyid shrimps of the genus *Caridina* H.Milne Edwards, 1837, from the Andaman Islands (Decapoda, Caridea). Crustaceana 21: 79-91

115 Villalobos, F.A. (1960), Un nuevo genero de Atyidae (Crustacea, Decapoda), prescente de la Isla de Cocos. Anales del Instituto de Biología de México 30: 331-347

116 Villalobos, F.A. (1959), Contributión al conocimiento de los Atyidae de Mexico, II (Crustacea, Decapoda): Estudio de algunas especies del género *Potimirim* (=*Ortmannia*) con description de una especie nueva en Brasil. Anales del Instituto de Biología de México 30: 269-330

117 Vogt, G. (1999), Hypogean life-style fuelled by oil. Naturwissenschaften 86: 43-45

118 Williams, N.J., Kool, K.M. & Simpson, R.D. (1991), Copper toxicity to fishes and an extreme sensitive shrimp in relation to a potential australian tropical mining-waste seep. International Journal of Environmental Studies 38: 165-180

119 Woltereck, E. (1937), Systematisch-variationsanalytische Untersuchungen über die Rassen- und Artbildung bei Süßwassergarnelen aus der Gattung *Caridina* (Decapoda, Atyidae). Internationale Revue der gesamten Hydrobiologie und Hydrografie 34: 208–262

120 Woltereck, E. (1937), Zur Systematik und geographischen Verbreitung der Caridinen. Internationale Revue der gesamten Hydrobiologie und Hydrografie 34: 294–330

121 Wong, J.T.Y. (1994, Larval development of the palaemonid prawn, *Macrobrachium lanchesteri* (De Man) reared in the laboratory (Decapoda, Caridea). Crustaceana 67(3): 297-315

122 Wowor, D. & Choy, S.C. (2001), The freshwater prawns of the genus *Macrobrachium* Bate, 1868 (Crustacea: Palaemonidae) from Brunei Darussalam. The Raffles Bulletin of Zoology 49(2): 269-289

123 Yam, R.S. W. & Dudgeon, D. (2005), Genetic differentiation of *Caridina cantonensis* (Decapoda: Atyidae) in Hong Kong streams. Journal of the North American Benthological Society 24(4): 845–857

124 Yam, R.S.W. & Cai, Y. (2003), *Caridina trifasciata*, a new species of freshwater shrimp (Decapoda: Atyidae) from Hong Kong. The Raffles Bulletin of Zoology 51(2): 277-282

125 Yeo, D.C. J., Cai, Y. & Ng, P.K.L. (1999), The freshwater and terrestrial Decapod Crustacea of Pulau Tioman, Peninsular Malaysia. The Raffles Bulletin of Zoology, Supp. No.6: 197-244

126 Yu, S.C. (1938), Study on the Chinese *Caridina* with description of five new species. Bulletin of the Fan Memorial of the Institute of Biology, Zoology Series, 8(3): 275-310

127 Zitzler, C. & Cai, Y. (2006), *Caridina spongicola*, new species, a freshwater shrimp (Crustacea, Decapoda, Atyidae) from the ancient Malili lake system of Sulawesi, Indonesia.The Raffles Bulletin of Zoology 54(2): 273-278

128 Cai, Y., Ng, P.K.L. & Choy S. (2007), Freshwater shrimps of the family Atyidae (Crustacea: Decapoda: Caridea) from Peninsular Malaysia and Singapore. The Raffles Bulletin of Zoology 55(2): 277-309

129 Cai, Y., Anker, A. (2004), On a collection of freshwater shrimps (Crustacea: Decapoda: Caridea) from the Philippines, with descriptions of five new species. Tropical Zoology 17: 233-266

130 Yeo, D.C. J., Ng, P.K.L. (1997), The alpheid shrimp genus *Potamalpheops* Powell, 1979, (Crustacea: Decapoda: Caridea: Alpheidae) from Southeast Asia, with descriptions of three new species. Journal of Natural History, 31 (2): 163-190

131 Wang, L., Liang, X. & Li, F. (2008), Descriptions of four new species of *Caridina* (Decapoda: Atyidae) from China. Zootaxa 1726: 49-59

132 Klotz, W. (2010), Freund oder Feind? Saugwürmer als Ektosymbionten auf Süßwassergarnelen. *Caridina* 01/2010: 48-51

133 De Grave, S. &. Fransen C. H.J.M. (2011), Carideorum catalogus: the recent species of the dendrobranchiate, stenopodidean, procarididean and caridean shrimps (Crustacea: Decapoda). Zool. Med. Leiden 85(9): 195-589 figs 1-59

134 von Rintelen, K., et al. (2012). Drawn to the dark side: a molecular phylogeny of freshwater shrimps (Crustacea: Decapoda: Caridea: Atyidae) reveals frequent cave invasions and challenges current taxonomic hypotheses. Molecular Phylogenetics and Evolution, 63: 82-96

135 von Rintelen, K. & Cai, Y. (2009). Radiation of endemic species flocks in ancient lakes: Systematic revision of the freshwater shrimp *Caridina* H. Milne Edwards, 1837 (Crustacea: Decapoda: Atyidae) from the ancient lakes of Sulawesi, Indonesia, with the description of eight new species. The Raffles Bulletin of Zoology, 57, 343–452

136 Richard, J. & Clark, P. F. (2010). *Caridina* H. Milne Edwards, 1837 (Crustacea: Decapoda: Caridea: Atyoidea: Atyidae) – freshwater shrimps from eastern and southern Africa. pp. 305–337. In: De Grave S and Fransen C H J M (Eds) Contributions to shrimp taxonomy. Zootaxa 2372: 1-414

137 Han, C. C. , et al. (2011). Population dynamics of a land ocked and amphidromous freshwater shrimp, *Caridina gracilipes* (Caridea: Decapoda) in subtropical waters. Journal of Crustacean Biology, 31(2): 278-285

138 Richard, J. & Clark, P.F. (2005). *Caridina nilotica* (P. Roux, 1833) (Crustacea: Decapoda: Caridea: Atyidae) from East Africa, with descriptions of four new species. Proceedings of the Biological Society of Washington, 118(4), 706–730

139 Cai, Y. & Ng, P.K.L. (2007). A revision of the *Caridina gracilirostris* De Man, 1892, species group, with descriptions of two new taxa (Decapoda : Caridea : Atyidae). Journal of Natural History 41(25-28) : 1585-1602

140 Cai, Y. & Ng, P.K.L. (2009). The freshwater shrimps of the genera *Caridina* and *Parisia* from karst caves of Sulawesi Selatan, Indonesia, with descriptions of three new species (Crustacea: Decapoda: Caridea: Atyidae). Journal of Natural History 43: 1093-1114

141 Guo, Z.-L. & He, S.-L. (2007). A new species and a new record of *Caridina* (Decapoda, Atyidae) from Guangdong, China. Acta Zootaxonomica Sinica 32: 47-51

142 Evers, H.G. (2009) Zwerggarnelen aus dem Poso See. *Caridina* 2/2009: 45-48

143 Garcia Munoz et al. (2009). Genetic evidence for cryptic speciation in the freshwater shrimp genus *Atyaephyra* de Brito Capello (Crustacea, Decapoda, Atyidae). Zootaxa 2025: 32-42

144 Blanco, G. J. (1939). Four new Philippine species of freshwater shrimps of the genus *Caridina*.—Philippine Journal of Science 70: 389–395, pls. 1–3

145 De Grave, S., et al. (2009). A classification of living and fossil genera of decapod crustaceans. Raffles Bulletin of Zoology Suppl. 21: 1-109

146 Wowor, D. & P.K.L. Ng, (2010). On two new genera of Asian prawns previously assigned to *Macrobrachium* (Crustacea: Decapoda: Caridea: Palaemonidae). In: De Grave, S. & C. H.J.M. Fransen (eds.), Contributions to shrimp taxonomy. Zootaxa 2372: 37-52

147 Klotz, W. (2008) *Macrobrachium agwi* – a new species of freshwater prawn (Decapoda: Palaemonidae) from East Bengal, India. Zootaxa 1844: 47-54

148 Yeo, D.C. J. & Ng, P.K.L. (1996). A new species of freshwater snapping shrimp, *Alpheus cyanoteles* (Decapoda: Caridea: Alpheidae) from Peninsular Malaysia and a redescription of *Alpheus paludicola* Kemp, 1915. Raffles Bulletin of Zoology 44: 37-63

149 Christodoulou et al. (2012). Revision of the freshwater genus *Atyaephyra* (Crustacea, Decapoda, Atyidae) based on morphological and molecular data. ZooKeys 229: 53–110

Abkürzungen

AB Antennenbasis
BSA Erstes Basalsegment der Antennen (engl. antennular basal segment)
PL Schwimmbeine, Pleopoden (engl. pleopods)
PW Pterygostomialwinkel (engl. pterygostomial margin)
RF Rostrumformel (nach Chace & Bruce)
UD Uropodenfalte (engl. uropodal diaeresis)

Caridina spinata.

Foto: C. Lukhaup

Register

Handbücher über Wirbellose im Aquarium

www.facebook.com/aquaristik.caridina

Chris Lukhaup / Reinhard Pekny

Süßwasserkrebse aus aller Welt

2., völlig neubearbeitete und erweitere Auflage (2008), 292 Seiten, 600 Abbildungen, geb., ISBN 978-3-935175-40-1

Das weltweit erste umfassende Werk über alle Flusskrebs-Arten neu bearbeitet, auf den aktuellen Stand gebracht und mit fantastischen neuen Fotos versehen. Jede Art wird präzise beschrieben, ihre Lebensweise und Verbreitung dokumentiert.

Chris Lukhaup / Reinhard Pekny

Krebse im Aquarium

Haltung und Pflege im Süßwasser

2. , bearbeitete Auflage (2005), 160 Seiten, 200 Farbfotos, geb., ISBN 978-3-935175-31-9

Die Autoren stellen die wichtigsten und für das Aquarium geeigneten Arten ausführlich vor und vermitteln die wesentlichen Grundkenntnisse zur Haltung und Pflege.

Carsten und Frank Logemann

Garnelen-Fibel

Süßwassergarnelen für Anfänger und Fortgeschrittene

4., bearbeitete und erweiterte Auflage (2011), 96 Seiten, 150 Farbfotos, geb. ISBN 978-3-935175-38-8

In dieser Grundlagenfibel vermitteln die Autoren das notwendige Wissen über Haltung, Pflege, Einrichtung, Technik, Futter, Paarung und Vermehrung auf unterhaltsame und anschauliche Art und Weise.

Monika Rademacher / Oliver Mengedoht

Krabben-Fibel

Die schönsten Krabben für das Aquaterrarium

96 Seiten, 160 Farbfotos, geb., ISBN 978-3-935175-67-8

In dieser handlichen Fibel findet man alle Informationen zu diesen faszinierenden und farbenfrohen Lebewesen. Mit Hinweisen zur richtigen Haltung, Pflege und Vermehrung.

www.caridina.eu

Dähne Verlag